川濱 昇／大橋 弘／玉田康成［編］

モバイル産業論
その発展と競争政策

Mobile Telecommunications: competition policy and innovation

東京大学出版会

Mobile Telecommunications: competition policy and innovation
Noboru KAWAHAMA, Hiroshi OHASHI
and Yasunari TAMADA, Editors
University of Tokyo press, 2010
ISBN 978-4-13-040249-1

まえがき

　本書はモバイル市場の特性と現状を分析し，将来の発展のためのあるべき競争政策を検討するものである．

　20世紀の終盤から現在に至るまでわれわれの日常生活の風景をもっとも変化させたものの一つが携帯電話の普及であり，その普及の原動力は多機能化・高性能化の著しい進展であることは疑いない．本書が「モバイル市場」と呼んでいるのは，それを携帯電話市場とよぶのはあまりにその影響を過小評価しているように聞こえるからである．モバイル市場の急速な発達はいわゆる先進国だけの現象ではない．電気通信インフラの構築が遅れていた発展途上国においても，モバイル市場は急速な発展を遂げている．

　これまで電気通信事業の状況や規制のあり方を包括的に検討した優れた書物は多数あるが，モバイル市場に特化してその規制のあり方を論じたものは見当たらない．それらの書物では固定市場を中心に検討が行われており，補足的にモバイル市場が言及される程度である．確かに固定市場とモバイル市場は相互に関連性を有し，またプレーヤもかなりの程度オーバーラップしている．

　しかしながら，両者の市場は大きく異なる点がある．すなわち，固定市場ではほとんどの国で政府の直接的関与と広範な競争制限的規制を出発点としているのに対し，モバイル市場では多くの国で比較的初期の段階から競争が導入され，緩やかな規制をその出発点としているのである．上述した発展途上国におけるモバイル市場の急速な発展も，競争が強力な推進力になっているといわれている．競争を推進力とするには，競争を緩和したり排除したりする行為を規制するとともに，競争が利用できるような環境を整えてやる必要がある．モバイル市場における特色として周波数割当問題が注目され，それに関連してオークションの導入・設計が注目されることが多いが，競争政策における話題はこれだけにとどまらない．オークションを採用する国々においても，周波数の割当以外の分野で競争を歪曲する行為や市場環境が公共政策上の関心事となっているのである．また，モバイル市場に顕著な特色を解明する経済理論が近時急

速に発達し，それらの成果を法運用の局面でどのように活用するかについても世界的に関心がもたれているところだ．

　経済学と法学の広範な問題に関わる上，進展の早いモバイル市場の特性を正確に把握するのは簡単ではない．そこで，情報通信総合研究所の小向太郎氏と編者らは，モバイル市場の現状分析について情報通信総合研究所のスタッフの助力を得ながら，この問題に強い関心のある法学者・経済学者らとで共同研究を行うことにした．本書はその2年間にわたる共同研究の成果である．モバイル市場の現状を最新の経済理論で分析し，競争政策上の問題点を解明した学術的な書物ではあるが，変化の激しいモバイル市場についてその特性を理論的に見定めた上で今後の展望を示したものとして，ビジネスの現場で活躍する人々にとっても役立つ内容になったと自負している．モバイル産業に関心のある多くの方々に一読いただければと思っている．

　共同研究がインテンシブかつ能率的に遂行することができたのは，情報通信総合研究所及びそのスタッフとりわけ小向太郎氏と左貝裕希子氏のご尽力のおかげであり，心から御礼申し上げたい．

　また，綿密な編集作業によって共同研究後速やかに本書の出版を可能にして下さった岸純青氏に対しても，厚く感謝申し上げたい．

2010年2月

編者

目次

まえがき .... *i*

序　章　モバイルの成長と競争 *1*
 1　生活・社会を変えた携帯電話の発展 *1*
 2　iモードの成功とビジネスモデル *1*
 3　アップル，グーグルの進出 *2*
 4　今後のモバイル市場の発展とビジネスモデル *3*
 5　モバイル産業における競争政策はどうあるべきか *4*
 6　本書の構成 *5*

第Ⅰ部　モバイル産業の市場構造と制度 *7*

第1章　モバイル市場の動向 *9*
 1.1　日本の動向 *9*
  1.1.1　日本のモバイル市場の概況 *9*
  1.1.2　基礎的なデータ（バックデータ） *10*
 1.2　海外の動向 *13*
  1.2.1　欧米主要国の携帯電話加入数の推移 *13*
  1.2.2　米国 *14*
  1.2.3　英国 *15*
  1.2.4　フランス *16*
  1.2.5　ドイツ *16*

　　　　1.2.6　携帯電話の新興国における動向 17
　1.3　モバイル産業の構造変化と今後の展望 19
　　　　1.3.1　相次ぐアプリケーションストアの開設 19
　　　　1.3.2　通信事業者の追随 20
　　　　1.3.3　アプリケーションストアにみる携帯電話端末の新たな可能性 21
　参考文献 23

第2章　モバイル産業の規制・競争政策 24
　2.1　モバイル産業の規制——その概要 24
　2.2　主要国のアプローチ 26
　　　　2.2.1　欧州 26
　　　　2.2.2　米国 28
　　　　2.2.3　日本 29
　2.3　各国による新しい試み 31
　参考文献 33

第3章　モバイルの産業構造と競争政策上の課題 35
　3.1　モバイルの産業組織 37
　　　　3.1.1　モバイル産業の黎明期——音声通話の時代 39
　　　　3.1.2　モバイル産業の成長期——データ通信の時代 41
　　　　3.1.3　モバイル産業の成熟期——水平分業型とのハイブリッドへ 44
　　　　3.1.4　モバイル産業の今後——さらなる垂直統合型モデルを目指して 47
　3.2　モバイル産業における競争政策のあり方 50
　　　　3.2.1　指定電気通信設備制度——シェアと競争性との関係について 51
　　　　3.2.2　通信プラットフォーム・コンテンツ配信における規制のあり方——ネットワーク効果とイノベーションの活性化 　55

  3.2.3 固定通信と移動通信との融合時代における規制のあり方——イノベーション時代における市場画定の妥当性... *56*
 3.3 まとめ *59*
 参考文献 *60*

第 4 章　独禁法の規制枠組み *62*
 4.1 独禁法と事業法 *62*
 4.2 独禁法の規制のあらまし *63*
  4.2.1 市場支配力問題 *63*
  4.2.2 市場支配力をもたらす行為 *64*
  4.2.3 市場支配力分析の前提としての市場画定 *65*
 4.3 独禁法による規制の特色と限界 *67*
  4.3.1 禁止と措置 *67*
  4.3.2 市場支配力の濫用 *67*
  4.3.3 事業法による市場支配力規制の特色 *68*
 参考文献 *69*

第 II 部　垂直統合型モデルと水平分業型モデル *71*

第 5 章　新規参入とオープン化 *73*
 5.1 モバイル・ネットワークにおけるオープン化の潮流 *73*
  5.1.1 オープン化の定義 *73*
  5.1.2 オープン化の動向 *74*
 5.2 新たなビジネスモデルの台頭 *76*
  5.2.1 iPhone の垂直統合型モデル *76*
  5.2.2 Android の水平分業（協働）型モデル *77*
  5.2.3 デバイス MVNO の登場 *78*
 5.3 日本の動向と今後の方向性 *79*
  5.3.1 日本型携帯エコシステム *79*
  5.3.2 オープン化に向けて *81*
 参考文献 *83*

第 6 章 モバイル産業における中立性問題 ... 84
6.1 市場の開放性とワイヤレス・カーターフォンルール ... 85
6.1.1 競争と開放性 ... 85
6.1.2 ワイヤレス・カーターフォンルール ... 86
6.2 モバイル産業における競争政策的課題 ... 88
6.2.1 サービス内容の十分な説明 ... 88
6.2.2 端末の制約を通した競争制限 ... 89
6.2.3 コンテンツ・アプリケーションの制約を通した競争制限 ... 93
6.2.4 中立性規制の反対論 ... 95
6.3 オープンアクセス規制 ... 96
6.3.1 700 MHz オークションでの議論 ... 96
6.3.2 プラットフォーム共通化の議論 ... 98
6.4 モバイル産業における事業法規制のあり方 ... 99
6.4.1 動態的な市場における規制のあり方 ... 99
6.4.2 寡占市場における規制のあり方 ... 100
6.4.3 非差別義務——事業法における伝統的規制手法 ... 101
6.5 まとめ ... 102
参考文献 ... 103

第 7 章 モバイル産業におけるネットワーク効果——価格構造と垂直統合型モデル ... 105
7.1 モバイル産業の特徴——ネットワーク効果と多面的市場に焦点を当てて ... 106
7.1.1 ネットワーク効果とは ... 106
7.1.2 多面的プラットフォーム ... 110
7.1.3 多面性という概念の経済学的な定義 ... 111
7.1.4 価格戦略と事業構造 ... 113
7.2 多面的プラットフォームの価格戦略 ... 115
7.2.1 多面的プラットフォームの価格戦略 ... 115
7.2.2 モバイル産業の価格付け ... 121
7.2.3 競争政策上の問題 ... 123

7.3	事業構造に関する議論	*123*
	7.3.1　垂直的統合のメリット	*124*
	7.3.2　垂直的統合のデメリット	*126*
	7.3.3　垂直的統合の程度	*127*
	7.3.4　モバイル産業における事業構造の評価	*128*
7.4	オープン化の事業構造への影響とオープン化の評価	*131*
参考文献		*133*

第III部　プラットフォームの発展と課題　　*135*

第8章　モバイルプラットフォームの高度化連携　　*137*

8.1	モバイルプラットフォームの概念整理	*137*
	8.1.1　システム機能に着目した概念	*138*
	8.1.2　取引市場の機能に着目した概念	*139*
8.2	モバイルプラットフォームの相互運用性・多様性の確保とその目的	*140*
	8.2.1　多様性の確保	*141*
	8.2.2　相互運用性の確保	*143*
8.3	モバイルプラットフォームと競争政策	*143*
参考文献		*144*

第9章　プラットフォームに関わる競争政策の問題点　　*145*

9.1	プラットフォーム概念の多義性と議論の整理	*147*
	9.1.1　プラットフォームの多義性	*147*
	9.1.2　競争政策との対応	*150*
9.2	プラットフォームの確立と互換性の確保	*151*
	9.2.1　競争促進的傾向	*151*
	9.2.2　反競争効果	*154*
9.3	プラットフォームアクセスの問題	*155*
	9.3.1　独禁法による対応	*156*
	9.3.2　事業法によるプラットフォームオープン化の問題	*158*

9.4 多面的市場にかかる独禁法の適用 *159*
9.4.1 市場画定問題 *159*
9.4.2 価格設定活動の評価 *160*
参考文献 *162*

第10章 モバイルプラットフォームとエッセンシャルファシリティ理論 *165*
10.1 プラットフォームとボトルネック *165*
10.2 米国における EF 理論 *167*
10.2.1 判例における EF 理論の形成と展開 *167*
10.2.2 EF 理論と取引拒絶 *171*
10.3 欧州における EF 理論 *174*
10.3.1 委員会による EF 理論の発展 *174*
10.3.2 市場支配的地位の濫用と EF *181*
10.4 EF とモバイル *185*
10.4.1 取引拒絶と EF *185*
10.4.2 モバイルプラットフォームと EF *191*
参考文献 *194*

第 IV 部　技術開発をめぐる競争 *197*

第11章 モバイル通信技術の動向 *199*
11.1 通信方式（世代）の変遷 *199*
11.1.1 携帯電話の通信方式（世代） *199*
11.1.2 第1世代 (1G) *201*
11.1.3 第2世代 (2G) *202*
11.1.4 第3世代 (3G) *203*
11.1.5 第4世代 (4G) *204*
11.2 次世代技術の開発と高速化・サービスの多様化 *204*
11.2.1 LTE とモバイル WiMAX *204*
11.2.2 4G におけるサービスの可能性 *206*
11.2.3 フェムトセル *206*

11.3　世代交代と設備競争 *207*
　　参考文献 *208*

第 12 章　オープン化を巡る端末・OS 開発の動向 *209*
　　12.1　携帯電話 OS のオープン化とそのメリット *209*
　　12.2　スマートフォン市場の歴史とその規模 *210*
　　12.3　携帯電話向け汎用 OS の提供者とそのトレンド *211*
　　　　12.3.1　各 OS/プラットフォーム陣営の参入——理由と戦略 ... *211*
　　　　12.3.2　OS の無償化，オープンソース化の流れ *211*
　　　　12.3.3　アプリケーションストア・ブームの到来 *214*
　　12.4　スマートフォンの台頭がもたらす業界変革 *214*
　　参考文献 *216*

第 13 章　競争政策から見た標準化と知的財産権 *217*
　　13.1　標準化と知的財産権との相克 *217*
　　13.2　問題の所在 *219*
　　13.3　ホールドアップ問題への対処と関連する法的問題 *221*
　　　　13.3.1　SSO によるホールドアップ問題への対処 *221*
　　　　13.3.2　ホールドアップへの対処に関わる法的問題の概観 *223*
　　13.4　標準採択後の特許権主張への反トラスト法の適用 *225*
　　　　13.4.1　事例の動向 *225*
　　　　13.4.2　若干の分析 *229*
　　　　13.4.3　RAND ないし FRAND 条件の具体化の必要性 *230*
　　13.5　ライセンス条件の事前開示等への反トラスト法の適用 *231*
　　　　13.5.1　問題の所在 *231*
　　　　13.5.2　判決例と議論の現状 *232*
　　　　13.5.3　現状の評価 *237*
　　13.6　モバイル産業における問題の解決 *238*
　　13.7　むすびにかえて *240*
　　参考文献 *240*

索引 *245*

執筆者紹介 *252*

序　章

モバイルの成長と競争

1　生活・社会を変えた携帯電話の発展

1人に1台,どこにでも持ち歩ける電話——携帯電話は,家の中から外へ,家族のものから個人のものへと電話を変えた.そして今では,携帯電話は「電話」の枠を超え,カメラにも音楽プレーヤにもなるし,テレビや財布にもなる,生活に欠かせないツールとなっている.

しかし,携帯電話の契約者数が1,000万を超え,一般の人が普通に使うようになったのは1990年代後半であり,ほんの10年少し前のことである.それから技術の進化に伴って,通信速度はどんどん高速化し,新しいサービス・機能が次々と生まれた（図1）.携帯電話は短期間のうちに急速に普及・発展し,人々の生活や社会を大きく変えてしまったのである.

2　iモードの成功とビジネスモデル

とりわけモバイルインターネットは,人々のライフスタイルに大きな影響を与えた.1999年2月にNTTドコモがiモードのサービスを開始するやいなや,契約者数は半年で100万契約,1年半で1,000万契約を突破した.KDDI（au）のEZweb,Jフォン（当時）のJ-SKYも同じく1999年にサービスを開始し,モバイルインターネットの利用者は急速に増えていった.

モバイルインターネットが成功した大きな理由の1つとして,携帯電話事業者がコンテンツ事業者や端末メーカと連携して利便性の高いサービスを実現したことが挙げられる.携帯電話事業者が,インターネット接続,ポータルサイト,認証・課金といった機能を提供することにより,コンテンツ事業者はコンテンツを提供しやすくなり,豊富なコンテンツが取り揃えられた.端末も,モ

2　序章

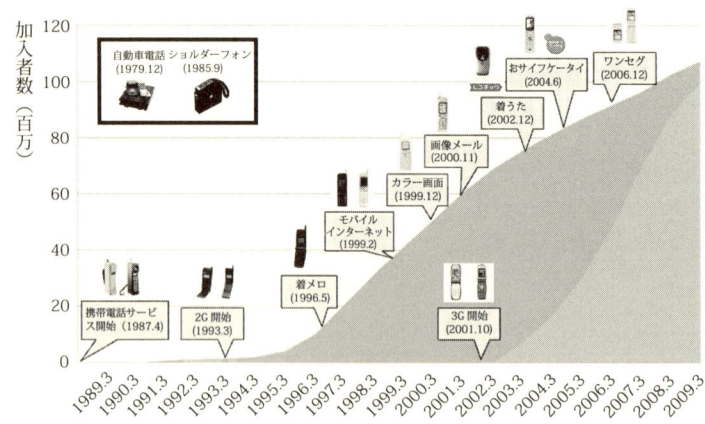

図1　携帯電話加入数の推移と主なサービスの変遷

2007年3月末以前の加入数は総務省「情報通信統計データベース　携帯・PHSの加入契約数の推移」、2008年3月末以降の加入数は電気通信事業者協会「携帯電話・PHS契約数」を基に作成．各サービスの開始時期は各社報道発表資料等を基に作成．

バイルインターネットの機能を簡単な操作で利用できるようにつくられており，新しい機能が出るたびに短いサイクルで対応端末が開発され，店頭に並んだ．携帯電話事業者が強いイニシアティブを発揮し，各事業者間で差別化を図ろうと競争することによって，技術開発が促進され，「着うた」「写メール」などのヒットサービスが生まれたといえるだろう．

　このように，端末，ネットワーク，コンテンツ・アプリケーション等の各機能を一体的に提供するビジネスモデルは，垂直統合型ビジネスモデルと呼ばれるが，すべての機能を単独の事業者が提供するわけではない．携帯電話事業者はコンテンツ事業者に対して，加入者や端末を識別するIDを利用できるようにしたり，アプリケーションの仕様を公開したりして，オープンな環境の提供を進めてきた．

3　アップル，グーグルの進出

　2008年7月，世界的なブームとなったアップルのiPhoneが日本に上陸した．2009年7月には，グーグルらが開発した携帯電話向けOS「Android」を搭載した端末が発売された．

　iPhoneは端末のデザインや操作性が話題を呼んだが，これは，携帯電話事業

者が提示した仕様に基づいて端末メーカが端末を開発・製造するというこれまでの構図のもとでつくられたものではない．iPhoneは，端末，OS，アプリケーション，ネットワーク等を統合した，ある意味では徹底した垂直統合型ビジネスモデルを採っているが，主導権を握っているのは，携帯電話事業者ではなく端末メーカのアップルである．

また，垂直統合型ビジネスモデルに対して，端末，ネットワーク，コンテンツ・アプリケーション等の各機能をそれぞれ選んで組み合わせるビジネスモデルは，水平分業型ビジネスモデルと呼ばれる．たとえば，Androidは，オープンソース・ソフトウェアとして無償で公開されており，第三者が自由にアプリケーションや端末を開発することができる．

Androidが提供するオープンな技術や開発環境は，水平分業型ビジネスモデルと実現する可能性を秘めている．

海外からやってきたアップルやグーグルの動きは，これまでの携帯電話事業者主導の垂直統合型ビジネスモデルとは異なるビジネスモデルを生み出し，携帯電話事業者間の競争だけでなく多様なプレーヤによる新たな競争環境を創出しようとしている．

4　今後のモバイル市場の発展とビジネスモデル

新機種のラインナップには，iモードなどが使える従来の「ケータイ」とiPhoneやAndroid搭載端末などの「スマートフォン」とが並び始めている．いずれは「スマートフォン」が「ケータイ」に取って代わり，垂直統合型ビジネスモデルから水平分業型ビジネスモデルに移行していくのだろうか．

答えはそう簡単ではない．そもそも，垂直統合型と水平分業型とがきれいに分かれるわけではない．従来の「ケータイ」やiPhoneもコンテンツ・アプリケーションに対するオープン化を図っている一方で，グーグルはAndroidと端末，アプリケーションストアなどを統合的に提供しようとしている．

垂直統合型ビジネスモデルと水平分業型ビジネスモデルにはそれぞれメリットがあり，今後モバイル産業が発展していくためには，両者がお互いのメリットを活かしながらどのように共存していくかが問われている（図2）．

そのなかで，今後のビジネスモデルの鍵を握ると注目されているのが，プラットフォーム機能である．iPhoneやAndroid搭載端末は，さまざまな人によっ

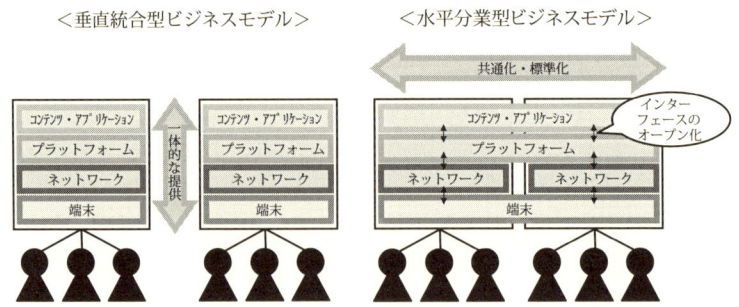

図 2　垂直統合型ビジネスモデルと水平分業型ビジネスモデル

て開発されたアプリケーションを端末にダウンロードして利用することができる．アップルやグーグルは，これらのアプリケーションを集めて配信するアプリケーションストアを提供している．これは，iモードのポータルサイト，認証・課金などの機能と同じく，コンテンツの提供を円滑にするプラットフォームの役割を果たすものである．

これに対して，携帯電話事業者もアプリケーションストアを提供する動きが見られ始めている．将来的には，まったく別のプレーヤが参入してくるかもしれない．プラットフォームをめぐる主導権争いは，今後ますます激しくなると予想される．

5　モバイル産業における競争政策はどうあるべきか

モバイル市場では，今後も技術革新が進み，新しいサービスが生まれてくるだろう．ネットワークは次世代，次々世代へと移行していき，固定通信と移動通信の融合が進めば，設備や端末の自由度が高まり，実現できるサービスの幅も広がるだろう．モバイルは，これまで以上に人間の活動を空間の制約から解放し，より自由にする可能性を秘めている．

さらに，中国・インドやアフリカなどでは携帯電話が爆発的に普及しつつあり，これまで国内市場を中心に高度な技術・サービスを発展させてきた日本のモバイル産業が，いかにグローバル展開を図り，国際競争力を強化していくかという戦略も必要とされている．

では，モバイル産業における競争政策はどうあるべきだろうか．携帯電話事業者間の競争が中心だったモバイル市場は，多様なプレーヤの参画により競争

の構図が変化しようとしており，これからますます市場の不確定要素が増えるなかで，従来の延長線上で考えることには限界があるのではないか．規制や政策によって，イノベーションやグローバル化を阻害することがあってはならないだろう．

6 本書の構成

これからの競争政策を考えるためには，モバイル産業にどのような特性があり，モバイル産業の市場構造が競争にどのような影響を及ぼすのかを明らかにしていく必要があるのではないか．本書は，このような問題意識をもとに，モバイル市場の発展過程と現在進展しつつある環境変化を踏まえ，法学や経済学の観点から，モバイル競争政策について検討を加えるものである．

第Ⅰ部「モバイル産業の市場構造と制度」は，モバイル産業の過去・現在・未来を読み解く，本書の総論となる部分である．第Ⅱ部以降は，モバイル競争政策を検討するうえで重要な3つの視点——ビジネスモデル，プラットフォーム，技術開発——を切り口としている．第Ⅱ部「垂直統合型モデルと水平分業型モデル」はモバイル産業におけるビジネスモデルの多様化について，第Ⅲ部「プラットフォームの発展と課題」は近年注目を浴びながら議論が整理されていないプラットフォームという概念について，第Ⅳ部「技術開発をめぐる競争」は次々と世代移行が進むモバイル市場の技術開発について考察する．

モバイル産業は，現代における主要産業の1つとなっており，社会的影響が大きく，競争政策上も重要であるにもかかわらず，これまで必ずしも研究対象として十分に取り上げられてこなかった．本書は，このような研究の礎となるべく，モバイル競争政策に関するテーマを多角的な視点から取り上げることにより，今後の検討の嚆矢となることを目指している．

第I部
モバイル産業の市場構造と制度

　ブロードバンド化・IP化が進展するなかで，モバイル産業を取り巻く環境は大きく変化している．第I部では，モバイル産業の市場構造と制度を概観し，競争政策上の検討課題を論じる．まず，国内外のモバイル市場の動向について，関連データを交えて発展の歴史を振り返り，近年注目されているアプリケーションストアを手がかりに今後の可能性を展望する（第1章）．これまで市場原理に任されてきたモバイル市場について，その構造変化から新たな規制のアプローチが検討されている状況を説明する（第2章）．さらに，モバイル産業の発展過程を産業組織論の観点から捉え，黎明期，成長期，成熟期，今後のそれぞれの段階に応じたビジネスモデルのあり方を論じ，今後の競争政策について経済学的な考察を加える（第3章）．最後に，法学的観点から競争政策を検討する視点として，独禁法と事業法の関係や独禁法の枠組みについて整理する（第4章）

第1章
モバイル市場の動向

1.1 日本の動向

1.1.1 日本のモバイル市場の概況

　日本における商用携帯電話サービスの始まりは，1979年12月にアナログ方式で自動車電話サービスが提供されたときにまで遡ることができる．NTTドコモが公表する資料によると，自動車電話サービスが開始された当時の電話端末は7kgであり，その名のとおり自動車に搭載される形態であったため，まだ個人で持ち歩いて利用するものではなかった．1985年から1988年にかけて，持ち運べる形の携帯電話が発表された．端末の重量は2～3kg程度であり，「ショルダーフォン」と呼ばれるように肩がけの形態であった．

　1990年代に入ると，携帯電話端末の小型化が進むととともに，その購入方法が変化した．NTTドコモを例にすると，ユーザが携帯電話を購入する際には初期費用として保証金10万円が必要であり，携帯電話端末もレンタル代金を支払って借りる形であったが，1993年には保証金が，またその翌1994年にはレンタル制度が廃止され携帯電話端末を買い上げる制度が採用された．その結果，携帯電話導入時の負担が軽減されることになった．端末の軽量化や携帯電話利用に関する初期費用の低下が，わが国における携帯電話普及の一因となったと考えられる．

　1990年代後半のモバイル市場における最も大きな出来事は，NTTドコモのiモード（1999年2月サービス提供開始）やauのEZweb（1999年4月サービス提供開始）など携帯電話向けのインターネットサービス（モバイルインターネット）が開始されたことであろう．それまで携帯電話の利用目的は，外出や

移動中の通話が主たる目的であったが，モバイルインターネットサービスが開始され，インターネットメールの送受信や携帯電話向けウェブサイトの閲覧など，データ通信端末として利用する新たな利用方法が開始された．

2000 年代に入ると，第 2 世代の通信方式である PDC 方式よりも高速なデータ通信が可能な第 3 世代方式の導入が各社で進んだ．2001 年 10 月に NTT ドコモが世界に先駆けて第 3 世代 (W-CDMA) の携帯電話サービス「FOMA」の提供を開始した．翌 2002 年 4 月には au が CDMA2000 1x 方式で第 3 世代サービスの提供を開始し，また同年 12 月には J フォン（現ソフトバンクモバイル）が W-CDMA 方式で第 3 世代携帯電話サービスの提供を開始した．各世代の通信方式については第 11 章で詳しく説明する．

2003 年 3 月に au が携帯電話からのモバイルインターネットが定額となるサービスの提供を開始すると，2004 年には NTT ドコモ，ボーダフォン（2003 年 10 月にブランド名称を J フォンからボーダフォンに変更）も同様の定額制サービス提供を開始した．定額制の導入によりモバイルインターネットの利用が拡大するとともに，携帯電話の着信音などの携帯電話向けコンテンツ販売も広がることになった．

近年の端末およびサービス動向で着目すべき点としては，わが国ではソフトバンクモバイルから 2008 年 7 月に発売されたアップルの「iPhone 3G」が挙げられる．同端末の特徴的な点はこれまで携帯電話端末に搭載されていた各種ボタンを取り去り，直接タッチパネル画面に触れることで電話，インターネット利用などの操作を可能にした点にある．また，第三者が iPhone 向けに開発したソフトウェアをユーザがアプリケーションストアからダウンロードして利用可能であり，よりパソコン（パーソナルコンピュータ）に近い利用が可能となっている．iPhone 発表以降，海外の端末メーカがタッチパネル方式の携帯電話を次々に開発，提供しており，携帯電話端末の形に限らずそのビジネスモデルにおいても新たな潮流を生み出す可能性が高い．詳細については 1.3 節で触れる．

1.1.2 基礎的なデータ（バックデータ）

本項では，日本のモバイル市場について，統計数値を用いてその推移を概観することにする．

携帯電話加入数の推移は図 1.1 のとおりである．人口普及率を計算すると 2008

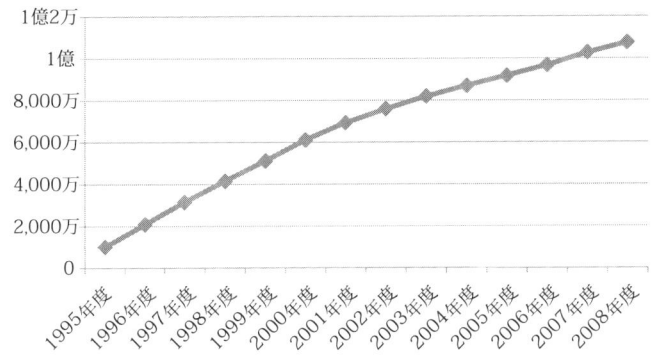

図 1.1 日本における携帯電話の加入数の推移
各年度末の数値,出典:電気通信事業者協会(各年)より作成.

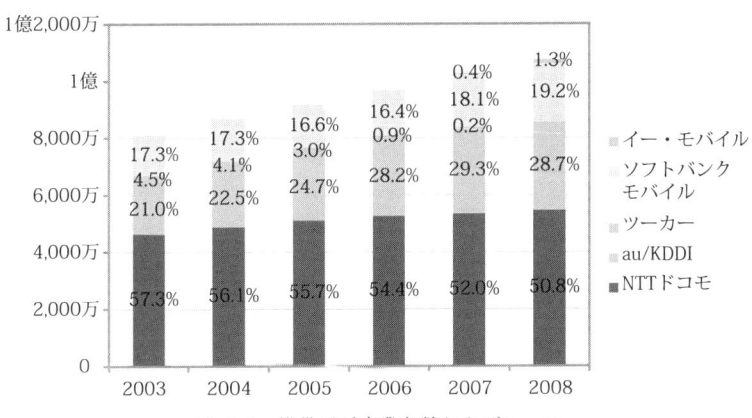

図 1.2 携帯電話事業者数およびシェア
各年度末の数値,出典:電気通信事業者協会(各年)より作成.

年度末で 84.3% となっている.

次に携帯電話事業者数およびシェアの推移については,図 1.2 のとおりである.2006 年 3 月にはソフトバンクがボーダフォンを買収する形で,携帯電話事業に参入し現在に至っている.また,2007 年 3 月からは第 3 世代網を利用したデータ通信サービスを主に提供するイー・モバイルが参入しており,新たな様相を見せ始めている.

次にデータ通信サービスの加入数は図 1.3 のとおりである.NTT ドコモが携帯電話を用いたデータ通信サービスである i モードを 1999 年 2 月に開始,同年 4 月には au が EZweb を開始しており,携帯電話からのデータ通信利用は

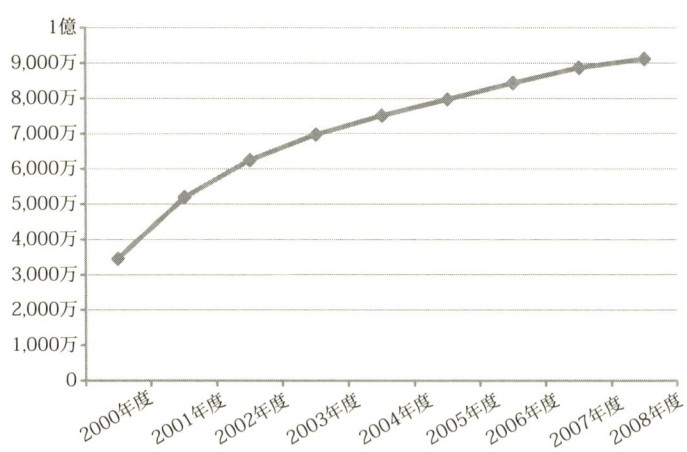

図 1.3　データ通信サービス加入者数
各年度末の数値，出典：電気通信事業者協会（各年）より作成．

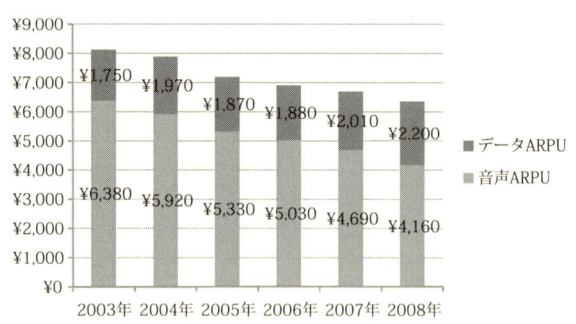

図 1.4　NTT ドコモの各種 ARPU
各年度末の数値，出典：NTT Docomo（各年）より作成．

2009 年時点で 10 年ほどの歴史がある．2008 年度末の携帯電話加入者数に占めるデータ通信サービス加入数は約 85％となっており，携帯電話を通じてのデータ通信サービスが普及していることがうかがえる．

　主要携帯電話事業者 3 社（NTT ドコモ，au，ソフトバンクモバイル）の ARPU（Average Revenue Per User: 加入者 1 人当たりの平均的な収入）は図 1.4〜1.6 のとおりである．競争の影響などにより，各社の通信料金が低下した結果，全体の ARPU は減少している．一方，データ ARPU（データ通信利用の ARPU）に着目すると，各社とも緩やかながら，ARPU が上昇していることが

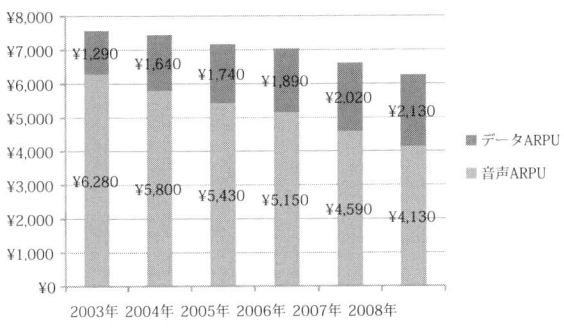

図 1.5 au の各種 ARPU
各年度末の数値,出典:KDDI(各年)より作成.

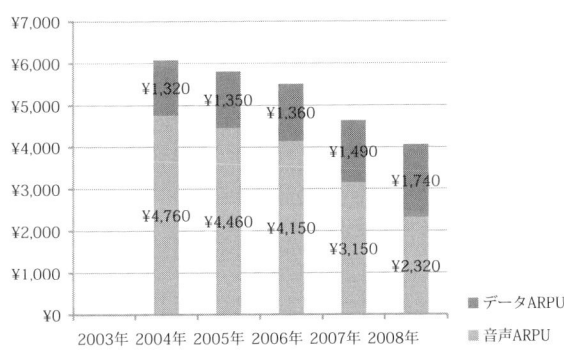

図 1.6 ソフトバンクモバイルの各種 ARPU
各年度末の数値,出典:SoftBank(各年)より作成.

わかる.

1.2 海外の動向

1.2.1 欧米主要国の携帯電話加入数の推移

米国では 2005 年に 2 億加入を超え,引き続き加入数は増加しているが,2007 年から 2008 年の加入数の増加を見ると,その増加率は低下しつつあることがわかる.また,英国,フランスについても加入数は増加しているものの,その増加率は高くないことがわかる(図 1.7).

1.2.2 米国

米国の携帯電話加入数は 2008 年末で，約 2 億 7,000 万存在する．米国の主要な携帯電話事業者は AT&T（7,700 万加入），ベライゾン・ワイヤレス（7,200 万加入），スプリント・ネクステル（4,927 万加入），T モバイル USA（3,280 万加入）の 4 社になる（図 1.8）．2009 年 1 月にベライゾン・ワイヤレスが加入数で第 5 位であったオールテルの買収を完了させたため，2009 年 1 月以降，ベライゾン・ワイヤレスが全米で最大の加入数を有する携帯電話事業者となっている．

図 1.7 のグラフで見たように，米国の携帯電話加入数は飽和に向かっていると考えられる．そのため，各事業者は加入数の拡大に向けた施策が求められている．その一例として，AT&T とベライゾン・ワイヤレスは小型・軽量なラップトップパソコン（ネットブック）と無線データ通信サービスをバンドルしたサービスを開始している．その他にも，第 3 世代網を活用した小型で持ち運び可能な無線ルータ (Mi-Fi) をスプリント・ネクステルやベライゾン・ワイヤレスが相次いで販売を開始するなど，無線データ通信利用を促すような機器の販売が行われている．

また，iPhone（米国では AT&T から 2007 年に販売開始）が発売されたこと

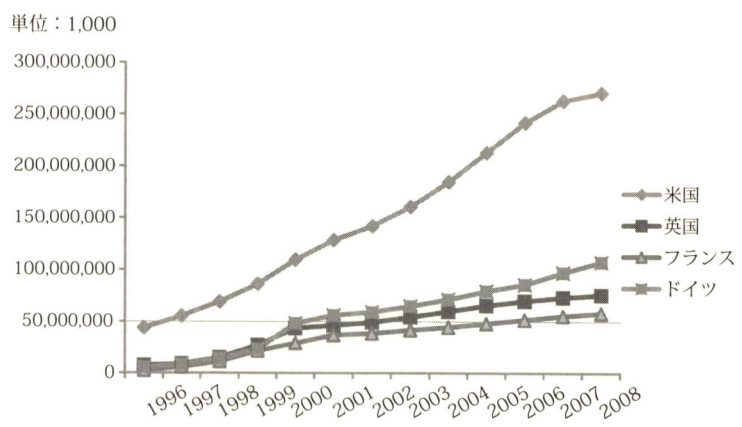

図 1.7　米，英，仏，独の携帯電話加入数の推移
数値は各国における年度末の加入数，出典：ITU（各年）より作成．

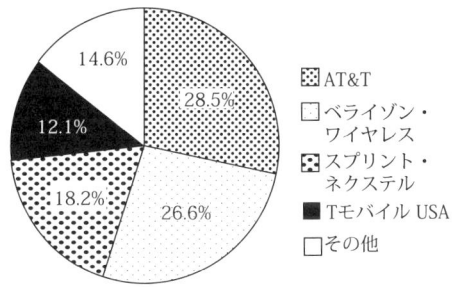

図 1.8　2008 年 12 月の米国におけるシェア
出典：各社プレスリリース等より作成．

に影響を受けて，スマートフォンへの注目が高まりつつある．ベライゾン・ワイヤレスは同社が提供する携帯電話端末のうち 40%がスマートフォンであると発表しており，その注目度の高さがうかがえる．

1.2.3　英国

英国の 2008 年末の総加入数は約 7,700 万加入になる．主要な事業者は，O2 (1,947 万加入)，ボーダフォン (1,917 万加入)，T モバイル UK (1,680 万加入)，オレンジ (1,560 万加入)，ハチソン 3G (583 万加入) になる (図 1.9)．

英国市場の特徴は，大手 4 社がほぼ同じシェアを有しており，首位の交代を繰り返すところにあるが，2009 年 9 月に T モバイル UK とオレンジの合併が発表された．合併完了後には英国で最大の携帯電話事業者が登場することになり，英国内の競争に影響を与える可能性が高い．

ハチソン 3G は英国の携帯電話事業者の中でもユニークな戦略を展開している．ハチソン 3G は同社が提供する携帯電話端末に VoIP (Voice over IP: IP 電話) のソフトウェアである Skype を搭載させ，定額料金を支払えば Skype ユーザ同士との通話料が無料になるサービスを提供している．このようなサービスは，音声サービスからの収入が減少する懸念があるため敬遠されるのが一般的である．しかし，同社のシェアは他の 4 社と比較すると小さいため，他社からの加入者拡大のために大胆な戦略を実施していると考えられる．

16　第 1 章　モバイル市場の動向

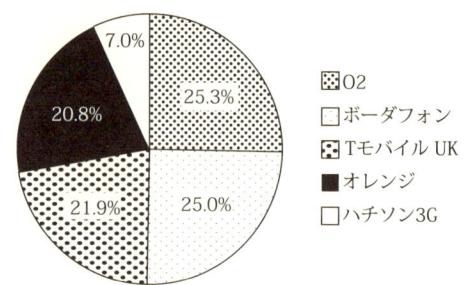

図 **1.9**　2008 年 12 月の英国におけるシェア
出典：各社プレスリリース等より作成．ただし，ハチソン 3G のみ 2009 年 3 月末の値．

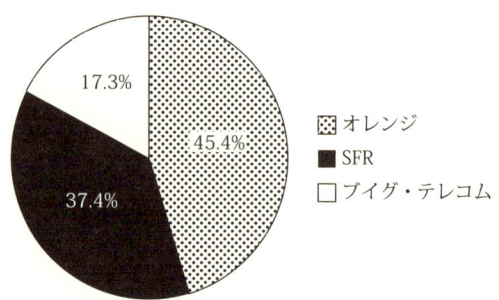

図 **1.10**　2008 年 12 月のフランスにおけるシェア
出典：各社プレスリリース等より作成．

1.2.4　フランス

フランスの総加入数は約 5,800 万加入になる．同国の主要な携帯電話事業者は，オレンジ（2,520 万加入），SFR（2,078 万加入），ブイグ・テレコム（959 万加入）になる（図 1.10）．

欧州各国の携帯電話の人口普及率は 100％を超えるところが少なくないが（EU 加盟国平均では 2008 年 10 月現在で 119％），フランスの 2008 年 10 月の人口普及率は 88％と EU 加盟国の中でも普及率がそれほど高くない．

1.2.5　ドイツ

ドイツの携帯電話の総加入数は約 1 億加入であり，主要な携帯電話事業者は，T モバイル（3,910 万加入），ボーダフォン D2（3,617 万加入），E プラス（1,778

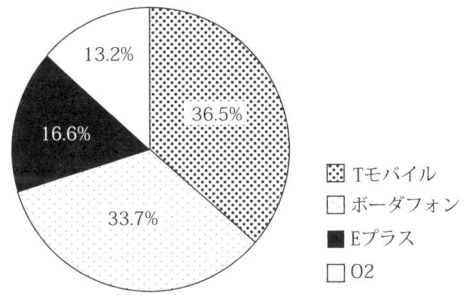

図 1.11 2008 年 12 月のドイツにおけるシェア
出典：各社プレスリリース等より作成．

万加入），O2（1,420 万加入）の 4 社となっている（図 1.11）．

ドイツでは，2005 年以降，携帯電話事業者 (MNO: Mobile Network Operator) から，設備等を借り受けて携帯電話サービスを提供する MVNO[1] (Mobile Virtual Network Operator) による，低料金サービス提供の動きが活発である．この動きを受けて，大手の携帯電話事業者も別ブランド名で安価な料金でのサービスを提供し始めている．大手携帯電話事業者の別ブランド名としては，T モバイルが 2007 年 8 月に携帯電話サービスとブロードバンドを提供する「Congstar」を，O2 が同年 8 月に「Fonic」というブランドを立ち上げている．

1.2.6 携帯電話の新興国における動向

ここでは視点を変えて，上記した欧米主要国以外の国に着目する．

表 1.1 から，5 年前の 2003 年には上位 30 位に入らなかった国が多く加入数を伸ばしていることが読み取れる．特に，BRICs と呼ばれるブラジル，ロシア，インド，中国が上位 5 ヵ国中のうち 4 ヵ国を占めていることは注目に値する．なかでもインドは 2003 年時点での順位は 11 位（3,369 万加入）であったが，2008 年時点では米国を上回っている．

その他，中東，アフリカ，東欧などの地域の国が加入数を伸ばしてきていることがわかる．このような動きに着目した通信事業者が，これらの国へ進出を開始している．フランスの主要通信事業者であるフランス・テレコムはアフリカへ，ドイツの主要通信事業者であるドイツ・テレコムは東欧や中欧といった

---

1) MVNO とは，仮想移動通信事業者とも呼ばれ，「移動通信事業者の無線ネットワークを活用して多用なモバイルサービスを提供する事業者」をいう．

表 1.1 諸外国の携帯電話加入数（223 ヵ国中上位 30 位）

順位	国名	加入数	2003 年の順位	順位	国名	加入数	2003 年の順位
1	中国	634,000	1	16	ナイジェリア	62,989	52
2	インド	346,890	11	17	タイ	62,000	17
3	米国	270,500	2	18	フランス	57,972	8
4	ロシア	199,522	10	19	ウクライナ	55,695	40
5	ブラジル	150,641	7	20	スペイン	49,678	9
6	インドネシア	140,578	18	21	アルゼンチン	46,509	31
7	日本	110,395	3	22	韓国	45,607	12
8	ドイツ	105,523	4	23	南アフリカ	45,000	20
9	イタリア	90,341	5	24	バングラディッシュ	44,640	73
10	パキスタン	88,020	58	25	ポーランド	43,926	19
11	英国	77,361	6	26	イラン	43,000	51
12	メキシコ	75,305	13	27	コロンビア	41,365	42
13	ベトナム	70,000	55	28	エジプト	41,273	43
14	フィリピン	68,117	16	29	サウジアラビア	36,000	36
15	トルコ	65,824	14	30	アルジェリア	31,871	70

出典：ITU "ICT Statistical Database" より作成.

携帯電話における新興市場へ進出を開始している．

　上記のように，世界各地で携帯電話の普及が進んでおり，一部の国では重要な社会的インフラストラクチャーとして携帯電話が利用されている．たとえば，アフリカのケニアの通信事業者であるサファリコムはショートメッセージサービス（以下，SMS）を活用した送金システムである M-PESA[2]を提供している．The Economist の記事によると，M-PESA は都会で働く若者が故郷に送金する手段として導入が進んだとあるが，現在では，決済手段として広く利用されるとともに，現金を安全に保管するという意味で銀行としての機能を果たすようになってきているという（ただし利子はつかない）．

　携帯電話を利用した送金サービスは，ケニア以外でもフィリピンなど，現時

---

[2] 送金を行いたいと思うユーザは，まず M-PESA サービスの代理店にお金を預け入れる．送金する際は，携帯電話から M-PESA のメニューを呼び出し，送金相手の番号，金額，パスワードを入力する．送金がすむと，送金者と送信相手に確認の SMS が届く．届いたお金を引き出す場合は，最寄りの M-PESA サービスの代理店に行くか，提携する ATM から引き出す．
　一度に送金可能な金額は日本円で約 120 円（100 ケニアシリング）から約 4 万 2,000 円（3 万 5,000 ケニアシリング）である．送金の際には手数料がかかり，M-PESA 登録ユーザ同士での送金の場合，1 回約 36 円（30 ケニアシリング）が必要となる．
　サファリコムの発表によると，M-PESA の登録ユーザは 2009 年 2 月末で，581 万である（2008 年末のサファリコムの加入数は 1,283 万加入）．

点では銀行という生活に必要なインフラストラクチャーの整備が十分に進んでいない国において導入されている例が存在する．携帯電話を活用した送金サービスは手数料が比較的安価で，銀行に出向く必要がないため，所得の低い人々にとっては金銭的にも時間的にも節約ができ，生活の質の改善をもたらすインフラストラクチャーとしての役割も担っている．

1.3 モバイル産業の構造変化と今後の展望

1.3.1 相次ぐアプリケーションストアの開設

2008年7月から開始されたアップルのアプリケーションストア「App Store」に牽引され，海外ではグーグル，ノキア，サムスン，LG等のベンダによるアプリケーションストアの開設が相次いだ．

アプリケーションストアとは，携帯電話端末にダウンロードして利用するアプリケーション（以下，モバイルアプリケーション）を販売しているポータルであり，パソコンもしくは携帯電話端末経由でモバイルアプリケーションをダウンロードができる．従来，このようなモバイルアプリケーションは通信事業者を中心に開発・販売されていたが，ベンダ各社が開設したアプリケーションストアは，サードパーティ開発者によるアプリケーション開発・販売が中心となっている．アプリケーションストアを開始したベンダは，SDK (Software Development Kit) を公開し，さらに，サードパーティ開発者との間で有料のモバイルアプリケーションから得られた収入を分け合う「レベニューシェア」を導入するなど，サードパーティ開発者がアプリケーションを開発に参入しやすい環境を整えた．これにより，多くのモバイルアプリケーションが急速に開発されることが期待されている．

ベンダによるアプリケーションストアの参入目的は，端末メーカとソフトウェア・ベンダで違いがあるが，各ベンダが持つ既存の端末，ソフトウェアに対して付加価値をつけるという観点では同じである．特に端末メーカは，2008年末から世界各国に不況の波が押し寄せた影響を強く受け，成長が鈍化する傾向にある．そこで，端末メーカは，アプリケーションストアを開設し，携帯電話端末とアプリケーションサービスの双方を提供する垂直統合型モデルを導入することで，携帯電話端末の販売促進およびアプリケーションストアからの新たな

表 1.2 ベンダによるアプリケーションストアの開設

企業名	アプリケーションストア名	開始（予定）時期
アップル（米）	App Store	2008年7月開始
グーグル（米）	Android Market	2008年10月開始
RIM	BlackBerry（加） Application Center	2009年3月開始
ノキア（フィンランド）	Ovi Store	2009年5月開始
ソニーエリクソン（英）	PlayNow arena	2009年6月開始
マイクロソフト（米）	Windows Marketplace for Mobile	2009年7月開始
LG（韓）	LG Application Store	2009年7月開始
Palm（米）	App Catalog	2009年8月開始
サムスン（韓）	Samsung Application Store	2009年9月開始

報道発表，ヒアリング等より情報通信総合研究所調べ，2009年9月．

収入を確保することを目指した．他方，ソフトウェア・ベンダは，自社のモバイル OS に付加価値をつけることを目的にアプリケーションストアを開設している．

端末メーカによるアプリケーションストアの代表例としてはアップルの「App Store」，ソフトウェア・ベンダによるアプリケーションストアの代表例としてはグーグルの「Android Market」がある．これらのアプリケーションストアの戦略については第5章で詳しく説明する．

1.3.2 通信事業者の追随

端末メーカおよびソフトウェアベンダが相次いでアプリケーションストアの開始を発表するなか，通信事業者もアプリケーションストア導入に踏み出している．従来，通信事業者は，（通信事業者による）独自開発，ソフトウェア・ベンダとの提携・パートナーシップなど，厳選したアプリケーションを提供してきた．通信事業者も，アプリケーションストアを開設することで，アップルの App Store のように，サードパーティ開発者による多くのアプリケーションをユーザに提供することを目指している．

海外の事業者のなかでも早い段階でアプリケーションストアの提供を開始し，注目されているのが中国移動である．中国移動は，2009年8月に「Mobile Market」を正式に開始し，他のアプリケーションストアと同様に，収益の70％を開発者に配分する構造を取っている．「Mobile Market」の大きな特徴は，中国移動が提供している携帯電話端末のほとんどでモバイルアプリケーションが利用可能なことである．ベンダによるアプリケーションストアは，App Store

表 1.3 携帯電話事業者によるアプリケーションストアの開設

企業名	アプリケーションストア名	開始（予定）時期
オレンジ	Orange Application Store	2009 年 4 月開始（地域限定）
中国移動	Mobile Market	2009 年 8 月開始
SK テレコム	T Store	2009 年 9 月開始
テレストラ	未定	2009 年 2 月発表（開始未定）
AT&T	AT&T Apps Beta	2009 年 4 月ベータ・テスト開始（開始未定）
ボーダフォン	未定	2009 年 5 月発表（開始未定）
ベライゾン	VCast App Store	2009 年 7 月発表（第 4 四半期開始予定）

報道発表，ヒアリング等より情報通信総合研究所調べ，2009 年 9 月．

ならば iPhone もしくは iPod Touch，Ovi はノキア製の携帯電話端末と，各社が提供している携帯電話端末のみでの利用となっている．他方，中国移動の「Mobile Market」では，ノキアやサムスンなど 40 種類以上の携帯電話端末から利用可能となっている．なお，同社は，開始当初は，ダウンロードする際の通信費を無料にするなど，自社のアプリケーションストアの利用を促す戦略を選択している．

中国移動以外にも，米国のベライゾン・ワイヤレスや AT&T，英国のボーダフォンなど，続々とアプリケーションストアの開設を発表しており，今後の展開が注目されている．

1.3.3 アプリケーションストアにみる携帯電話端末の新たな可能性

アプリケーションストアの開設は，モバイルアプリケーションの開発を大きく促進した．世界中のサードパーティ開発者は，アプリケーションストアを通して，ビジネス向けのアプリケーション，コミュニケーション・ツール，ゲームなど，さまざまなジャンルで，数多くのモバイルアプリケーションを提供している．また，多くのユーザが，これらのアプリケーションをダウンロードしており，アップルは 2009 年 9 月 28 日に，「App Store」の登録アプリケーション数が 8 万 5,000 件以上に達し，ダウンロード数が「20 億件」を突破したと発表した．アプリケーションストアの人気に伴い，モバイル業界，さらには，インターネット事業者，ゲームメーカ，ヘルスケア業界といったモバイル業界以外からも，アプリケーションストアにモバイルアプリケーションを提供するようになった．モバイルアプリケーションの種類が増えたことにより，通話機能のみならず，スケジュール管理から健康管理まで，今まで以上に，携帯電話端

末が生活・ビジネスシーンにおける「ハブ的」役割を担うまでになりつつある．このなかで，今後もさまざまな業界からの参入が期待されており，なかでも注目されているのが家電業界である．

　今まで，家電に通信機能を持たせ，家電製品をブロードバンド回線やWi-Fi等のワイヤレス回線で繋げる試みは進められてきた．しかし，その試みは，大規模な普及に至らなかった．普及に至らなかった大きな理由の1つとして，繋がった家電機器を連動させるアプリケーションが少なかったことが挙げられる．携帯電話端末に家電と連動することが可能なモバイルアプリケーションをアプリケーションストアからダウンロードすることで，たとえば，家電からの情報を同端末で受け，インターネットの情報と連動させるといったサービスが可能となる．家電業界がアプリケーションストアにモバイルアプリケーションを提供し，さらに，同ストアを利用しているサードパーティ開発者が改良を重ねることで，さまざまな家電が携帯電話端末と連動することが可能になり，携帯電話端末の「ハブ的」位置づけが強まる可能性がある．

　アプリケーションストアの発展がモバイル業界のみならず，他の業界に大きな影響力があると期待されているが課題もある．そのなかでも重要な課題と成り得るのがセキュリティの問題である．携帯電話端末が生活・ビジネスのすべてをコントロールするハブ的役割を強めることは，同時に，セキュリティリスクが大きくなると考えられる．アプリケーションストアで提供されているモバイルアプリケーションに対する審査は，アプリケーションストアによって違いがある．審査が緩いアプリケーションストアだと，悪意のあるモバイルアプリケーションが広がりやすい環境になる．事実，アップルのiPhoneウィルスが2008年1月から複数発見されるなど，悪意のあるプログラムが出回るようになっている．

　サードパーティ開発者が開発したモバイルアプリケーションに対する審査を強化することで，セキュリティを確保することが可能になるが，一方でアプリケーションストアの強みである短期間での開発・市場投入の妨げになる可能性がある．携帯電話端末が生活・ビジネスにおけるハブ的役割を強めるなか，短期間での開発・市場投入が可能となる強みを活かしつつ，セキュリティが確保されたアプリケーションストアが求められるようになると考える．

参考文献

[1] 電気通信事業者協会（各年）「契約数 携帯電話/IP 接続サーボイス（携帯）/PHS/無線呼出し契約数」
[2] 電気通信事業者協会 (2008)『テレコムデータブック』
[3] ITU（各年）「ICT Statistical Database」
[4] 情報通信総合研究所 (2009)『InfoCom モバイル通信 T&S World Data book』
[5] KDDI（各年）「アニュアルレポート」
[6] NTT Docomo「NTT ドコモ歴史展示スクエア」
[7] NTT Docomo（各年）「アニュアルレポート」
[8] SoftBank（各年）「アニュアルレポート」
[9] The Economist (2009) A special report on telecoms in emerging market - Mobile marvels: SEPTEMBER 26

第2章
モバイル産業の規制・競争政策

　モバイル市場の変遷は急速である．ネットワークは端末を含む全体が世代交代を頻繁に繰り返しており，それがこの市場の特徴ともなっている．市場が市場原理の下で順調に拡大を続けている間は，概して規制介入の果たす役割は小さい．成熟期を越えたモバイル市場には，ブロードバンド化とともに未知の構造変化が起こりつつある．市場は大型のインターネット・プレーヤの参入を迎え，激烈化するMNO間の競争は市場集中の動きに転じている．こうした動きを前に，従来の規制アプローチを見直すべきだとの認識は主要国当局に共有されている．

　本章の構成は以下のとおりである．まず現在のモバイル規制の概要を述べる（2.1節）．次いで欧米日の制度の簡単な比較を行い，モバイルインターネット・アクセスやプラットフォームのオープン化にフォーカスする日本の積極的な規制アプローチが確認される（2.2節）．最後に，海外で始まった規制・政策の新たな動きを概観する（2.3節）．

2.1　モバイル産業の規制——その概要

　モバイルサービスへの政策・規制が関わる局面を，便宜的に，①周波数，②ネットワーク，③ユーザ契約および端末の3種に分類することができる．これらは，順次，生産資源の配分，卸売サービス市場，小売サービス市場の規制に対応している．

　周波数は，無線サービスの本源的な生産資源であり，周波数配分および監理はその国の参入政策の基本となる．事業者は各々に付与された周波数をインプットとしてユーザにアクセスし，特定の技術を用いてサービスを提供する．アク

セス手段としての周波数は，固定通信における加入者回線と同様に位置づけられるものであり，同一の無線方式の下では，各事業者が収容可能な最大加入者数や，提供可能なサービスの種類や質は，付与される周波数の帯域幅に依存している．有限資源である周波数配分には，従来，事業者数を制限するという明確な目的があり，事業者の規模，究極的な市場シェアは当局決定により定まってしまうため，それ自体が参入障壁となる性質がある．モバイル市場はこうした制度的参入障壁の内側に成立してきた．携帯電話の周波数は，アナログ方式が1980年代に各国市場で1ないし2事業者（多くは既存固定事業者の子会社）に配分された．引き続き新規事業者も迎え，デジタル方式が，1990年代初期に第2世代として，2000年代初期に第3世代として配分された．普及率が多くの国で100％を超えた現在も，ブロードバンド需要を背景とした無線技術の発展と周波数重要の増大は止まないため，周波数政策の見直しによる参入障壁のさらなる低下が課題となっている．近年では，周波数免許の追加付与だけでなく，周波数免許の技術中立化，免許不要帯域の拡大，免許の2次取引許容といった，周波数監理の弾力化が各国で検討されている (FCC, 2002)．この方法では，当局が周波数政策によって事業者数を厳密に管理しないことも可能となる．米国，英国，オーストラリアはその例である．

　第2の局面であるネットワークは，通信サービスを他の事業者向けに提供する卸売市場が対応する．ここではモバイルサービスを提供しようとする他プレーヤへの参入障壁の低下が規制の目的となる．この市場にはアクセス（加入者回線）と発信・着信相互接続の卸売サービスが含まれる．

　アクセスの卸売は，MNOの加入契約を，他社が小売市場で販売するというリセラー/MVNOビジネスを可能にする．相互接続は，自己の網の発信あるいは着信サービスを，他のネットワーク事業者へ卸売サービスとして提供するものである．加入者数に大きな格差がある場合や片方が新規参入者である場合は，既存事業者の接続インセンティブは低く，接続における差別，すなわち自己の網への接続料金を高額に設定したり，接続を拒否するなどの行動が懸念される．さらに，自己の着信サービスについては事業者の大小にかかわらず着信料に低下の圧力がないとして，EUでは強い規制対象とされている．これは，着信網にはボトルネック独占性が生じるうえ，事業者はライバル事業者への対抗上，接続料を高額に設定し，引き下げインセンティブが働かないためである．このよ

うな悪影響を防ぐ事前規制のツールとして，非差別性の義務付けや料金規制などの相互接続規制が行われる．

第3の局面は，ユーザ契約および通信端末であり，MNOと消費者が出会う小売市場に対応する．この市場に関わる規制は，消費者保護および競争促進を目的とし，基本的に事業者規模にかかわらず，全事業者が規制対象となる．これらには，スパム対策，プライバシー保護，未成年保護を含むサービス規律を定めるものと，スイッチング障壁の低下やロックインの弊害阻止を目的とした競争ルールを定めるものがある．後者には番号ポータビリティ，端末補助・SIMロック[1]，早期解約金問題などへの対策がある．なかでもナンバーポータビリティは各国とも制度的な義務付けが行われている．

2.2 主要国のアプローチ

表2.1では，欧米日のモバイル市場に関する規制の概要を挙げた（2009年10月現在）．欧州についてはEU指令ほかのEUレベルの規制を，米国については通信法，FCCルールなど連邦レベルの規制を，日本については電気通信事業法，ガイドラインほか総務省発表をもとに記載している．

以下に，各国のアプローチについて簡単に述べる．

2.2.1 欧州

EUでは競争法的アプローチによる規制制度を2003年から施行しており，規制の適否や規制措置の採用を市場の競争状態を分析した結果に基づいたものとしている．各国当局は欧州委員会「関連市場勧告」(European Commission, 2007)に掲載される潜在的な規制対象市場のリストについて，有効競争が機能するか否かを判定する．2007年12月採択の最新の委員会関連市場勧告における市場数は18から7へと大幅な減少となった．移動通信は個別携帯電話事業者への音声着信の1卸売市場のみが記載され，全事業者を対象とする料金規制

---

1) 事業者は顧客獲得において新規加入者に対しては，新規端末をコスト以下の低価格で提供し（端末補助金の提供），生じた赤字を一定の加入期間をかけてサービス収入から回収するという方法を取る．すなわち，購入された携帯電話端末とネットワーク加入契約に一意的に結びつけ，他のネットワークでは作動しないようにして，消費者のスイッチングを禁止する．加入契約が端末内蔵のSIMカードに記載されるため，これをSIMロックと呼んでいる．

表 2.1 欧米日のモバイル市場規制制度

	適用	EU	米国	日本
周波数	免許付与方式	オークション 比較審査	オークション(特定帯域において,端末,アプリケーションへのオープン化条件(2007年))	比較審査
	用途	技術中立	技術中立	指定
	2次取引	許容(2010年の制度整備へ向け提案中.一部加盟国ではすでに導入)**	許容	不可
	MNO数 (2G, 3G)	2〜6社	4社 (全国規模事業者)	4社
ネットワーク (卸売市場)	アクセスおよび発信相互接続	—*	—	・対 ISP, CP 非差別性 (NTT ドコモ, 2001年) ・MVNO 相互接続義務 (2008年)
	着信相互接続	料金規制(全事業者対象, 2002年)	—	・料金規制(NTT ドコモ, KDDI) ・全事業者共通の料金算定ルール策定見通し(2009年)
ユーザ契約・端末(小売市場)	ナンバーポータビリティ	2003年導入(大半の加盟国はそれ以前に導入済)	2003年導入	2006年導入
	端末補助・SIM ロック	透明化ガイドライン(1996年)	—	販売プランの透明化(2007年)

* 一部の加盟国では,過去の卸売規制が残存する場合がある.
** European Commission (2005).

が行われている.それまで対象であった MVNO 規制に関わるアクセス(加入回線)・発信の卸売市場は,市場が競争的との判断からリストから除外された.

ただし,この事実はモバイル市場の規制に対する当局の関心が薄れたことを必ずしも意味せず,2000年代後半から規制の焦点は,携帯電話事業者が特典的に享受してきた利潤の排除へ向かっている.欧州委員会は,国際ローミング規則 (European Commision, 2009c),移動通信網着信料規制に関する勧告 (European Commision, 2009a) などの措置を精力的に打ち出し,これら料金

の大幅な引き下げを迫った．既存の携帯電話事業者は，重要な収入源へ依存する道を断たれ，従来のビジネスモデルから新たなビジネスモデルへの転換を迫られることになった．

欧州ではデータ収入の爆発的な増大が 2007 年を境に始まっているなか，着信料引き下げには，ビジネスモデルの変化を促す効果が期待されている．着信料低下は，①音声事業収益の長期的縮小，②着信料収入を原資とする端末補助金の縮小，を招く．このため，音声の従量料金によるビジネスモデルは一層後退し，他ネットワーク向け通話も含めた定額プランが主流となると予想される．MNO は事業収入源を音声からモバイルブロードバンドへシフトするという選択肢に追い込まれつつあり，着信料勧告はこのようなビジネスの潮流を加速させるものである．

2.2.2 米国

米国では，相互接続に関する事前規制は基本的になく，事業者合併など個別事例における，競争法に基づく審査結果が規制として機能している．米国の政策は周波数制約の緩和（参入障壁の低下）と市場原理の尊重と要約できる．1980〜1990 年代に付与された携帯電話向け周波数免許は，分割・売買や，特定技術に限定しない柔軟な利用が可能だった[2]．2001 年，事業者が保有する周波数への上限（周波数キャップ）が撤廃され，事業者数の決定は市場に委ねられることになり，買収を通じた大手事業者の全国展開が進展する．さらに 2003 年からは周波数の 2 次取引が正式にルール化された（FCC, 2003）．このため米国では度重なる買収・合併の末，2004 年末に全国規模事業者数が 4 社まで減少し，現在に至っている．

米国の携帯電話事業者はコモンキャリアとしての一定の義務を負うが，相互接続に関する規制義務は事実上負わない．携帯電話事業者との接続は，厳しい相互接続義務を負っている既存固定通信事業者に接続することで，あらゆる通信ネットワークとの間で間接的接続が可能なためである（1934 年通信法 251 条）．さらに，米国は事業者間の清算制度が日欧とは異なっている．携帯電話事業者と他事業者との相互接続料金はビル＆キープに従うのが慣用であるため，事業

---

[2] 周波数免許は全国 734 のエリア別に発行される．

者間精算は行われない．着信サービスは小売サービスとして着信ユーザが料金を支払うシステムとなっている．着信料金[3]に競争が働く仕組みであることから，発信者課金の日欧と異なり，着信接続料の高騰の問題は生じない．

しかし，モバイルブロードバンドを迎えると，米国の政策に方向性が現れてくる．FCC は 2007 年 7 月，700 MHz 帯周波数オークションにおいて，特定帯域—C ブロックにおける「オープンプラットフォーム」条件を課すことを決定した (FCC, 2007)．この条件は，2005 年に FCC が打ち出した「オープン・インターネット・ポリシー」(FCC, 2005) の一環と位置づけられ，C ブロック免許人[4]に消費者が自由に選択した端末や，自由にダウンロードしたアプリケーションを使用できるように義務付けており，"any device rule"，"any application rule" と呼ばれている．以上は，MNO の垂直統合型ビジネスモデルによる障壁を崩すことを狙う，アプリケーション・プロバイダのグーグルの要望を一部受け入れたものである[5]．

2.2.3 日本

日本の制度は，インターネット接続における詳細な規制が存在する点と，MVNO接続に関して積極的な支援が行われている点が際立っているが，その背後で採用されるレイヤー別規制というアプローチが特徴である．

日本のモバイル規制に対する積極的な取り組みは 2001 年の規制見直しを機に始まったものである[6]．これを受けて，レイヤーごと規制（レイヤーごとの公正競争環境整備）アプローチが導入されるとともに，EU に倣い「電気通信事業分野における競争状況の評価」が実施された[7]．レイヤーは，ネットワーク，プラットフォーム，端末レイヤーに分けられたが，これに伴い，プラットフォームレイヤーに関して，携帯電話事業者とコンテンツ事業者等の間の取引に関わる「禁止行為」の具体化が図られ，禁止行為の詳細なリストは，公正取

---

3) 通常は発信料金と同額．
4) 結果的にベライゾン・ワイヤレスが落札．
5) 同一ポリシーの系譜にある事例としては，スカイプの訴えによる 2007 年のワイヤレス・カーターフォン問題がある．第 6 章参照．
6) 総務省 (2001)「電気通信事業分野におけるブロードバンド競争政策の在り方」(2001 年 4 月)．
7) EU にならった競争状態の分析は，「競争評価」として，第 1 期 (2003〜2005 年)，第 2 期 (2006〜2008 年) にわたり，「固定電話」，「移動体通信」，「インターネット接続」，「法人向けネットワークサービス」の分野を対象として実施．

引委員会と総務省の合同ガイドライン「電気通信事業分野における競争の促進に関する指針」(公正取引委員会・総務省, 2001) に記載された．規制対象とされたのは NTT ドコモ 1 社だが，2001 年に全事業者から ISP のゲートウェイ，およびモバイルポータル・サイトのオープン化施策が発表された[8]．プラットフォームレイヤーについて当面は一律の市場画定は行わないこととされたが，実質的に規制下におかれた．日本では一種のネットワーク中立性ルールが当時から課されていたともいえる．

その後，2007 年 1 月には総務省は「モバイルビジネス研究会」を発足させ，同年 9 月発表の「モバイルビジネス活性化プラン」で，端末販売奨励金の透明化，SIM ロック解除の義務化を検討，MVNO 参入促進，オープン化政策を打ち出した．これに伴い事業者は端末価格と通信料金の内訳を明確化した分離プランの導入要請を総務省から受け，その結果携帯電話加入における端末補助ビジネスモデルは大幅に後退することになった．活性化プランは継続的に評価が行われ，モバイルプラットフォームの相互運用性と多様性確保へ向けた施策として，ユーザの認証課金機能の連携，ID ポータビリティの実現などが検討されている (総務省, 2009a)．実現に向けては，「各レイヤーのプレーヤの参画を得てコンセンサスを醸成しつつ進めることが必要」とされ，規制主導ではなく民間協議を主体とする方向性にある．

一方，ネットワークレイヤーにおける新規市場の創出とサービス多様化に対しては，MVNO 接続に関するガイドラインを設け，これを継続的に改定，詳細化している[9]．MNO 接続は「相互接続」として扱われるため，接続応諾に関して強い規制の対象となる場合があり，MVNO への積極的支援措置となっている．

なお，2009 年には，後述する EU における着信料見直しと並行的に，事業者間の相互接続ルールの見直しが行われ，携帯電話事業間の相互接続料金の設定方法がルール化されることになった (総務省, 2009b)．この見直しにあたり市場画定，競争評価の手続きは行われない．ただし，接続料算定ルールは，支配的

[8) ただし，オープン化を実行に移したのは NTT ドコモのみであった．
9) 総務省 (2002)「MVNO に関わる電気通信事業法および電波法の適用関係に関するガイドライン」(2002 年策定，2007 年および 2008 年改定) 参照．2007 年の紛争裁定において，日本通信 (MVNO) が帯域幅課金による MVNO 接続を NTT ドコモから得たが，2008 年版はこれを反映している．

事業者（NTTドコモ，KDDI）以外のソフトバンク，イー・モバイルも「取り組むことが適当」とされ，全事業者が従うことが求められている．

このようなモバイルインターネット接続に関する積極的な介入は同市場にハンズオフの姿勢を取る欧米ではみられない[10]．しかし，モバイルインターネット接続がマス市場としてすでに成長を遂げ，データサービス収入が一定規模に到達していた日本や韓国と対照的に，欧米においてはモバイルインターネットの普及が大きく遅れ，市場規模が小さかったため，従来まで規制介入の余地はなかったものと考えられる．

2.3 各国による新しい試み

日本は早期から一種のネットワーク中立性ルールをMNOに課した国といえる．しかし，上述のとおり，従来，欧米ではモバイルインターネットに関連する規制は存在しない状態だったが，それには市場が未発達という背景があった．しかし，データトラヒックの爆発的増加，スマートフォン市場の急成長，アップル，グーグル，アマゾンなどMNO以外の強力なプレーヤの参入という新しい進展を受け，英米の当局は従来の規制アプローチの包括的見直しに着手したところである．これらの国ではモバイルインターネット市場を牽引した主役は必ずしもMNOではない点が，日本と大きく異なる．

英国のオフコムは，2008年からモバイル市場の多角的な分析に基づき規制・政策の見直しの必要性如何を検討した（Ofcom, 2008）．2009年，意見収集に基づき，オフコムはモバイル市場の競争状態は概ね良好と判断したうえで，MNO間の競争状態を新規参入状況を注視するとともに，MVNOあるいはアプリケーション・プロバイダ（日本のコンテンツ事業者を含む）など第三者アクセスに関する規制は行わない方針を明らかにした．オフコムは，今後のNGN環境下では，一層，モバイルアプリケーション（コンテンツ）が発達し，物理的ネットワークあるいは「ネットワーク・インテリジェンス」（日本の「プラットフォーム」に相当）からの独立性を高めるであろうとみており，この観点からネットワークへの規制は必要なしと結論している（Ofcom, 2009）．

---

10) EUでは加盟国のうち唯一の例として，フランス当局が2000年に規制当局が発したモバイルポータルに関する勧告がある（ARCEP, 2000）．

米国では，FCC が上述のとおり 2007 年 700 MHz オークションでインターネット・プレーヤ擁護のスタンスを表していた．2009 年 8 月，FCC はさらに，従来から行っていたモバイル市場の競争に関する年次調査の内容を一新するための意見聴取を開始した (FCC, 2009b)．見直し内容は多岐にわたり，周波数政策から卸売市場，小売市場の端末販売までと，バリューチェーンのあらゆる局面を含んでいる．モバイルインターネット接続も新しく含められ，それに伴い，端末/デバイス，アプリケーション/コンテンツといった，グーグル，アップルなどの新勢力が台頭する分野が消費者にどのような影響を与えるかが，詳細なデータをもとに分析される．さらに，特定アプリケーションを排除する端末仕様の排他性と，MNO，端末メーカ，アプリケーション・プロバイダとの関わりも問題となる．続く 2009 年 10 月には，ネットワーク中立性の見直し案が発表され，FCC は「オープン・インターネット・ポリシー」を拡充するとともに，モバイルブロードバンドを適用対象とする意向を明らかにした (FCC, 2009c)．ここに，2007 年 700 MHz 帯ブロックのオークションにおけるオープンプラットフォーム条件を，結局，実質的にすべてのモバイルインターネットに課すことが提案されたのである[11]．

なお，欧州では，米国の動きに呼応するかのように，欧州委員会レディング委員が，2009 年 10 月，ネットワーク中立性の法制化に意欲をみせると同時に VoIP サービスをブロックする MNO へ圧力をかけることを警告したところである (European Commission, 2009d)．

以上のように，米英の新たな取り組みには，モバイルビジネスのバリューチェーンにおける MNO の地位低下が反映されている．当局が注目しているのは，端末，通信ネットワーク，アプリケーション/コンテンツの各局面で台頭するプレーヤによる複数の「プラットフォーム」の対立と協調が生むダイナミックな構図と，その競争の行方が消費者に及ぼす影響である．米英ともに，競争の末，モバイル市場は大型の企業合併を経験し[12]，集中が一気に進んだ．音声市場は

---

11) ただし，端末ロックを禁じるルールが含まれないこと，デバイス，アプリケーションの接続ルールはブロードバンドに限定されるという点で，700 MHz 帯ブロックとは異なるとされる (Pgh. 169, FCC, 2007 参照)．
12) 米国では 2004 年，業界第 2 位のシンギュラーと 3 位の AT&T の大型の企業合併があり，引き続き市場集中が進んだ．英国では 2009 年業界第 3 位のオレンジと 4 位の T モバイルの合併が合意されている．

飽和化し，欧州では規制圧力による収益性低下が見込まれる．将来は周波数配分の拡大により，強力なプレーヤの参入が続く可能性もある．MNO を軸とした垂直統合型ビジネスモデルは相対化していく．そのプロセスを，競争を活かしつつ，いかに最良の方向へ導くかが課題となっている．

参考文献

[1] ARCEP (2000) Mobile Internets development Recommendations from the *Autorité de régulation des telecommunications*

[2] Cave, M., C. Doyle and W. Webb (2007) *Essential of Modern Spectrum Management*, Cambridge University Press

[3] DeGraba, P. (2000) Bill and Keep at the Central Office as the Efficient Interconnection Regime, OPP Working Paper Series No. 33, December FCC

[4] European Commission (2002a) Directive 2002/19/EC of the European Parliament and of the Council of 7 March 2002 on access to, and interconnection of, electronic communications networks and associated facilities (Access Directive)

[5] European Commission (2002b) Directive 2002/21/EC of the European Parliament and of the Council of 7 March 2002 on a common regulatory framework for electronic communications networks and services (Framework Directive)

[6] European Commission (2005) European Commission Communication (COM) 2005 400 final of September 14, 2005 on a market-based approach to spectrum management in the European Union

[7] European Commission (2007) Commission recommendation on relevant product and service markets within the electronic communications sector susceptible to ex ante regulation in accordance with Directive 2002/21/EC of the European Parliament and of the Council on a common regulatory framework for electronic communications networks and services (2007/879/EC)

[8] European Commission (2009a) Commission Recommendation of 7 May 2009 on the Regulatory Treatment of Fixed and Mobile Termination Rates in the EU (2009/396/EC)

[9] European Commission (2009b) European Commission Communication 14th report on implementation of the electronic communications regulatory framework, COM (2009) 253

[10] European Commission (2009c) Regulation (EC) 544/2009 of the European Parliament and of the Council of June 18, 2009 amending Regulation (EC) 717/2007on

roaming on public mobile telephone networks within the Community and Directive 2002/21/EC on a common regulatory framework for electronic communications networks and services

[11] European Commission (2009d) The Digital Single Market: a key to unlock the potential of the knowledge based economy, Press Release, October 1

[12] FCC (2002) Spectrum Policy Taskforce Report, ET Docket No. 02- 135

[13] FCC (2003) Promoting Efficient Use of Spectrum through Elimination of Barriers to the Development of Secondary Markets, *Report and Order and Further Notice of Proposed Rulemaking*, 18 FCC Rcd 20604 (*Secondary Markets Second R&O*)

[14] FCC (2004) 9th Annual CMRS Competition Report FCC (04-216)

[15] FCC (2005) *Internet Policy Statement*, 20 FCC Rcd at 14987

[16] FCC (2007) Second Report and Order adopted: July 31, FCC (07-132)

[17] FCC (2009a) 13th Annual CMRS Competition Report FCC (09-54)

[18] FCC (2009b) Federal Communications Commission (FCC 09-67), Notice of Iuqiry Adopted: August 27

[19] FCC (2009c) Federal Communications Commission (FCC 09-93), Notice of Proposed Rulemaking, Adopted: October 22

[20] 公正取引委員会・総務省 (2001)「電気通信事業分野における競争の促進に関する指針」(2001 年策定, 2008 年第 7 次改定)

[21] Marcus, J. S.(2004) *Call Termination Fees: The U.S. in global perspective*, Paper presented at ZEW Conference

[22] Ofcom (2008) Mobile citizens, mobile consumers; Adapting regulation for a mobile, wireless world, August

[23] Ofcom (2009) Mostly Mobile; Ofcom's mobile sector assessment Second consultation, July

[24] 総務省 (2001)「電気通信事業分野におけるブロードバンド競争政策の在り方」(情報通信新時代のビジネスモデルと競争環境整備の在り方に関する研究会報告書, 2001 年 4 月)

[25] 総務省 (2002)「MVNO に関わる電気通信事業法および電波法の適用関係に関するガイドライン」(2002 年策定, 2007 年および 2008 年改定)

[26] 総務省 (2009a)「通信プラットフォームの在り方 (通信プラットフォーム研究会報告書)」

[27] 総務省 (2009b)「電気通信市場の環境変化に対応した接続ルールの在り方について 答申」情報総務省通信審議会 (2009 年 10 月)

第3章
モバイルの産業構造と競争政策上の課題

　携帯電話の世帯普及率が90％を超え，モバイル市場が成長期から成熟期へと移行するに伴い，モバイルを取り巻くビジネス環境も新たな変革の局面を迎えている．携帯電話の契約者数が日本国内において頭打ちとなり，音声通話からの収入も下落の一途をたどる一方で，映像配信など大容量の情報を伝送するデータ通信がモバイルビジネスの中心となりつつある．データ通信の高機能化・大容量化に対応したイノベーションの進展と歩調を合わせるように消費者による携帯電話の利用形態も変化しており，モバイルの産業構造は目覚しいスピードで変貌を遂げている．

　本章ではこのダイナミックに移り変わるモバイルビジネスについて，次の2点を取り上げて論じる．まず，モバイルとその関連ビジネスを含む産業の発展過程を産業組織論の観点から大局的に俯瞰する（3.1節）．次に，モバイルビジネスの産業構造の理解を踏まえたうえで，今後のモバイルにおける競争政策のあり方について経済学的な考察を加える（3.2節）．

　3.1節では，モバイル産業の発展過程を4つの段階に分けたうえで，事業形態のあり方に注目してモバイルビジネスを産業組織論の観点から整理する．一般に産業組織論においては，その産業がおかれるリスク環境や市場規模の大きさ，そして提供される財・サービスの補完性の程度などによって，選択されるべき最適なビジネスモデルが大きく異なりうることが知られている．この節では，産業組織論の理論的側面を若干紹介することを通じて，垂直統合型から水平分業型やそのハイブリッド型へと大きくそのビジネスモデルを変えてきたモバイル産業の特性を，これまでの産業発展の段階に沿って説明を試みる．そのうえで，将来に向けてモバイル産業がとりうる方向性とそれに相応しいビジネスモデルがどのように模索されるべきかについて試験的な検討を行いたい．

3.2 節では，モバイル産業に対する競争政策について論じる．この節は3つの項で構成されている．3.2.1 項では，携帯電話事業者に対する設備規制について検討する．携帯電話事業は，国民生活などに必要不可欠な公共性の高い事業とされており，電気通信事業法などで競争性を確保するための義務などが制度化されている．特に携帯電話については，異なる通信事業者との間でのネットワーク接続を円滑に行わせるための制度として第二種指定電気通信設備制度が存在する．この制度は，だれもが電波域を取得してモバイル市場に自由に参入できるわけではないことに着目し，そうした市場では相対的に多数の加入者を持つ事業者が接続協議において他の事業者に対して強い交渉力を有する可能性があることを懸念して，「ドミナント規制」を課すものである．この項では，ドミナント規制を規定する第二種指定電気通信設備制度がこれまで果たした役割について定性的な評価を行う．また，3.1 節で論じるモバイル産業が進むべき方向性を踏まえたうえで，現行制度が将来的に直面するだろう課題についても指摘する．

3.2.2 項では，通信プラットフォームやコンテンツ配信における接続規制の考え方について議論する．相対的に多数の加入者を持つ事業者に強い交渉力が存在するのであれば，上位レイヤーにおけるコンテンツやアプリケーションの配信事業者の接続にもその影響力が及ぶおそれがあるとの見方がある．現在のところ，こうした上位レイヤーにおける接続について第二種指定電気通信設備制度のような接続義務は存在しないが，通信事業者間での接続で懸念されている問題が上位レイヤーでも浮上する可能性があることも踏まえて，その理論的な問題点や課題について論じる．異なるプラットフォームの間での競争が進展するのであれば，接続については市場における相対交渉での調整の余地があること，そしてプラットフォームにおける将来のビジネスモデルの方向性が不確定ななかで，接続のあり方がプラットフォームビジネスのあり様を規定する蓋然性が高いことを指摘する．

3.2.3 項では，次世代通信網による固定通信と移動通信との融合時代の到来を目前にして，現行の競争政策の課題をさらに深掘りして考察する．次世代の融合時代における移動体通信において，消費者行動の2つの大きな変化を押さえておく必要がある．まず第1に，消費者はもはや固定・移動通信との業態を区別しなくなる点，そして第2に消費者は上位レイヤーでのプラットフォームを

通じたさまざまなサービスを国境の分け隔てなく購入し始める点である．真に
消費者利益にかなったサービスが提供されるためには，固定通信と移動通信と
の間の垣根を取り払い，事業者が業際市場の開拓を積極的に行えるような環境
整備を進める必要がある．また利用者の関心が上位レイヤーへと移っていくに
伴い，これまで国内市場に重点が偏りがちであった移動体通信における競争政
策もグローバル化の視点が求められつつある．この項では，新たな時代の要請
にこたえるためにモバイル産業における競争政策はいかにあるべきか，試論を
展開する．3.3 節はまとめである．これまでの事業法の枠を超えて，モバイル産
業が業際的・国際的へとその外延を広げていくなかで，通信行政が今後担うべ
き役割について論じている．

3.1 モバイルの産業組織

携帯電話の加入が 1 億台を突破した日本において，もはやそれなしでの生活
が考えられないほどに携帯電話はわれわれの日常生活に浸透している．携帯電
話の技術は，電話に関する特許を獲得したグラハム・ベルの名を冠して設立さ
れたベル研究所にて誕生した．携帯電話がはじめてアメリカにて商用化された
のは 1983 年イリノイ州であったが，日本ではそれより遡ること 4 年前から商用
サービスが始まった．当時は持ち運びには適さない自動車専用電話から始まっ
た携帯電話であったが，1990 年代には軽量化・小型化に向けて携帯電話技術が
大幅に向上し，今日に至っている．固定電話が地理的な距離の制約を取り払っ
て人と人との間の会話を可能にしたことを思うと，携帯電話はさらに地理的な
制約を緩めて，電話の設置場所にとらわれることなく，移動しながらにして受
発信することを可能にしたといえるだろう．われわれの生活の自由度と利便性
とを格段に向上した意味において，携帯電話はまさに画期的な需要創出型の新
製品であるといえる[1]．

---

[1] 携帯電話がどれだけ生活利便性を向上し，消費者余剰を増大させたかについて定量的な研究を行ったものは少ない．近いものとして，Hausman (1999) が 1989 年から 1993 年までの期間における携帯電話の生活費指数 (cost of living index) を米国において計算したものがある．携帯電話の生活費指数とは，携帯電話が登場したことによる消費者便益の大きさを価格に反映させたものである．そこで携帯電話から得られる消費者の便益が大きければ，それを反映した価格指数である生活費指数は減少することになる．Hausman (1999) によれば，米国の電気通信の価格指数は分析対象期間において年率 1.1%で上昇したが，携帯電話の消費者便益を反映させた電気通信の生活

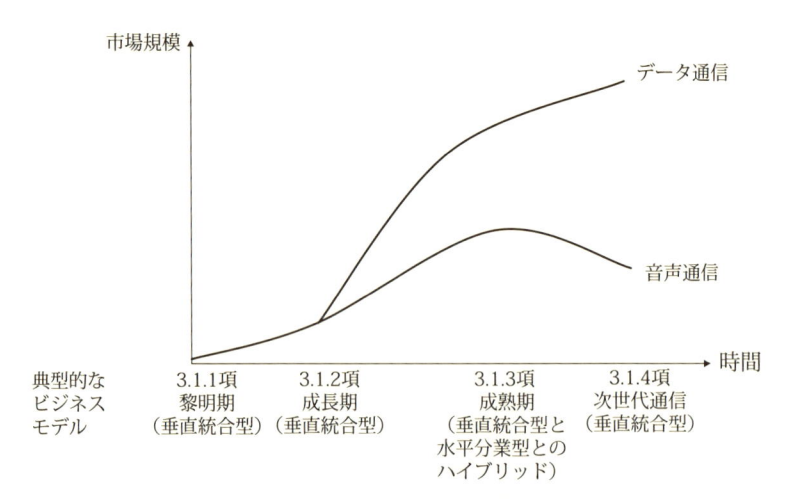

図 3.1 モバイル産業の発展段階の概念図
4つの発展段階は 3.1 節の各項に対応している．

本節は4つの項で構成されている．モバイル産業の発展過程を4つの段階に分け，それぞれの項において産業の発展を時間的経緯に沿って説明する．3.1.1項では，モバイル産業の黎明期と称して，音声通話を中心としたモバイル産業を論じる．3.1.2項ではインターネット接続サービスが登場した1999年頃を成長期として議論する．モバイル産業の黎明期・成長期においては，その典型的なビジネスモデルは携帯電話事業者が主導する垂直統合型である．同じ垂直統合型のビジネスモデルとはいえ，モバイル産業の黎明期と成長期とでは，携帯電話事業者がそのビジネスモデルを選択するうえでの経済学的な理由は異なる．3.1.1, 3.1.2項では，産業組織論の観点からなぜ携帯電話事業者が主体となって垂直統合型を選ぶことが経済合理性にかなうのかを論じる．

3.1.3項では，モバイル産業の成熟期としてデータ通信が主たる利用形態となる時期について触れている．コンテンツ配信市場がビジネスとして魅力を増してくると，アプリケーションやコンテンツを配信する事業者を積極的に取り込みつつ，双方向市場に伴うネットワーク効果を活かす動きが活発化し，非携帯電話事業者もプラットフォームを提供する状況が現出する．つまり，ビジネス

費指数を計算すると年率 0.8%で減少したことを報告し，携帯電話が消費者便益の向上に大きな役割を果たしたことを指摘した．

モデルが垂直統合型から水平分業型へと移行する傾向があることを指摘する．しかし本書第 II 部にて紹介されているように，その移行は決して単線的ではなく，水平分業により登場した非携帯電話事業者は垂直統合型を志向する傾向があることも本項にて指摘する．最後に 3.1.4 項では，次世代通信網の構築によって両者の融合が実現する世界について論じる．進展するイノベーションを取り込むための携帯電話端末の販売奨励制度のあり方についても議論しつつ，次世代の固定・移動通信の IP（インターネットプロトコル）化の時代を迎え，通信事業者が上位レイヤーでのコンテンツやアプリケーションの提供も視野に入れた更なる垂直統合型ビジネスモデルを推進することの重要性について経済学的な観点から議論する．

3.1.1 モバイル産業の黎明期――音声通話の時代

電話にはネットワーク効果（第 7 章参照）が存在することが知られている．たとえば音声通話を取り上げると，発信者と受信者との双方が存在して初めて通話が成り立つことから，そのどちらが欠けても電話はまったくの利用価値がないものとなる．他方で，電話が普及するにつれて潜在的な発信者および受信者の数は急速に増大することから，電話の価値も高まっていくこととなる．

ネットワーク効果の観点から考えると，モバイル産業の黎明期において，その普及は固定電話の場合ほどネットワーク効果からの恩恵を受けなかっただろうと予想される．なぜならば，移動体通信が商用化された 1970 年代において，すでに固定電話は日本国内において十分普及しており，移動体端末と通話できる受発信者のプールはかなり大きかったものと推測されるからだ．そこで，モバイル産業を独り立ちさせるための課題は，消費者にどうやって携帯電話端末を持ってもらうかという点に帰着する．携帯電話端末はそれ自体では機能せず，携帯電話事業者と契約を結ぶ必要がある．消費者にとって，携帯電話事業者が窓口（ゲートキーパー）であることを考えると，モバイル産業の黎明期において携帯電話事業者がその中核となって移動体通信の普及に努めることが，消費者の利便性の観点からももっとも効率的な経営戦略となっただろうことは想像に難くない．実際に，携帯電話事業者が携帯電話端末の普及からネットワークインフラの敷設までのモバイルビジネスの垂直的な繋がりの 1 つ 1 つすべてに目配りをしつつ，統合的にビジネスを行うことが主流となっていたと考えられる．

モバイル産業の黎明期をさらに丁寧に見ていくと，いくつかの象徴的な出来事が目にとまる．その初期においては，携帯電話はレンタル制であり，初期費用として高額の保証金や新規加入料が必要であった．しかし，1993年の保証金廃止を皮切りに，端末はレンタル制から買い上げ制に移行して，新規加入料も廃止された．携帯電話事業者がインフラ設備投資と携帯電話端末の普及との両方を睨みながらタイミングを判断し，料金面のハードルを下げることにより，携帯電話の加入数は急速に拡大していった．

その後も，通信エリアを拡大するためのインフラ設備投資を前倒しで行うことにより，全国津々浦々まで届く魅力的なモバイルネットワークを構築する一方で，移動体通信の利用を促進するために，販売奨励金を通じた携帯電話端末の普及へ向けて販売の梃入れを行った[2]．この販売奨励金を通じた携帯電話端末への梃入れは，モバイル産業の黎明期を過ぎると，携帯電話の普及を促進させる側面は薄れ，消費者に携帯電話端末の買い替えを促すことによってモバイルサービスの高機能化・多機能化を促進しようとする側面がより強い色彩を帯びるようになった．これを極端に推し進めたケースが，のちの「ゼロ円携帯」であろう．

こうした携帯電話端末を巻き込んだビジネスモデルは，ある程度の期間は利用者に契約を続けてもらわなければ事業としてペイしない．しかし，携帯電話の利便性を考えると，一度契約した消費者が，その後に携帯電話を手放すことは考えにくく，また契約を解除して別の携帯電話事業者と契約しなおすこともナンバーポータビリティ制度などがなかった当時は手間がかかったことから，垂直統合型のビジネスモデルはモバイル産業の立ち上がり期において，有効かつ効率的な仕組みとして機能しえたものと考えられる[3]．

---

[2] 同時に，携帯電話事業者が一括して携帯電話端末をメーカから買い取り，それをショップなどで販売するという形態もみられた．

[3] モバイル産業の黎明期において携帯電話を普及させるもう1つの有効な方法が，受信者課金である．黎明期では，携帯電話は受信以上に発信の回数が多く，また受信は発信に比べて需要の弾力性が低いことから，発信者の携帯電話への通話料を軽減することが携帯電話の普及に寄与するものと考えられる．こうした経済学的な理由か否かは別として，米国や香港などでは実際に受信者が通話料の一部を負担する料金体系となっている（Littlechild, 2004）．なお，こうした産業のライフサイクルとは関係なく，受信者課金が経済理論上望ましいとの議論がある（たとえば Hermalin & Katz, 2004 を参照のこと）．音声通話は，情報の発信者とその受け手がいて成立することを考えると，発信される情報が受信者にとっても有益なものである限り（テレマーケティングや間違い電話はその限りではないが），受発信される情報には外部性が存在することとなる．そこで，1つの

3.1.2 モバイル産業の成長期──データ通信の時代

音声通話から始まったモバイル産業は，携帯電話端末の小型化・高機能化・多機能化を通じてさらに成長を遂げることになる．今振り返ると，当時のモバイル産業の将来を占う意味で決定的な出来事は，1990年代後半から始まった携帯電話向けのインターネットサービスの登場ではないだろうか．1999年には，NTTドコモにおけるiモードサービス開始（2月），auによるEZwebサービス開始（4月），JフォンによるJ-SKYサービス開始（12月）とインターネット接続サービスが相次いで登場した．これにより，メールの受送信や携帯電話向けウェブサイトの閲覧などが可能となるなど，移動体通信は新たにデータ通信の機能を持つようになった．こうした機能の進化は，携帯電話の加入者の伸び率が次第に鈍化して音声通話の収入が伸び悩みはじめた携帯電話事業者にとって，新たなビジネス拡大への活路を切り開くこととともなった[4]．

データ通信の利用を促すためには，消費者にとってバラエティに富む魅力的なコンテンツ[5]をいかに充実させるかが重要である．質の高い多様なコンテンツが数多く提供されるようになれば，データ通信を利用する消費者も増大することが見込まれる．そしてデータ通信のトラヒックが増えれば，より優良な企業や人材がコンテンツ産業に流れ，携帯電話事業者が主導するデータ通信市場[6]におけるコンテンツ産業が活況を呈することとなる．このような（間接的）ネットワーク効果がもつ相乗効果を生み出すためには，ネットワーク効果に伴う「鶏（＝データ通信利用者の拡大）と卵（＝質の高い多様なコンテンツの提供）」の問題をどのように乗り越えて，正の相乗効果を生み出すかが携帯電話事業者の直面する問題となる．

この種のネットワーク効果をうまくビジネスに活かすための1つの有力な方

情報発信を取り上げたときに，その課金のあり方は，発信者にひとえに負わせるのではなく，受信者にも課金をする方が経済厚生上望ましいということになる．

4) なお，当時からショートメッセージサービス (SMS)，「10円メール」（「ポケットボード」端末を用いたインターネットメール），着信メロディ配信などのデータ通信サービスは存在し，iモードへと花開いていった．

5) 以下では，「コンテンツ」と標記した場合は，特に断らない限り，アプリケーションも含んで議論しているものとする．

6) 携帯電話事業者のサイトには，携帯電話事業者が承認を与えた「公式サイト」とそれ以外の「一般サイト」が存在しており，公式サイトの審査基準は，各事業者が独自に行っている．ここでは，公式サイトを念頭において議論を進めている．

法は，プラットフォームを提供する事業者自らが質の高いコンテンツを提供することで，プラットフォームの活性化の呼び水の役割を果たすことである．こうしたやり方は，ビデオゲーム業界 (Clements & Ohashi, 2005) や VTR 業界 (Ohashi, 2003) などネットワーク効果を持つさまざまな他産業においても過去に見られたことであった．たとえば，1994 年から 2002 年までの米国におけるビデオゲーム産業においては，ゲーム機が市場に投入された年には 30% のゲームソフトがゲーム機器メーカにより作られていたのに対して，その割合は翌年以降には 10% 以上低下したとの分析結果が示されている (Clements & Ohashi, 2005)．

　モバイル産業では，ビデオゲーム産業と異なり，携帯電話事業者が自らのプラットフォームへコンテンツを提供することはこれまでのところ見られていない．おそらくネットワーク形成を主としてきた携帯電話事業者にとってコンテンツビジネスへ乗り出すことの比較優位が乏しかったことが原因ではないかと推察される[7]．その代わりに，携帯電話事業者はネットワーク効果に伴う「鶏と卵」の問題を乗り越えるために，自らの公式サイトにおいてさまざまな取り組みを行っていることが知られている．たとえば，合理的な手数料水準を設定しつつ，契約条件を標準化すること等を通じて質の高いコンテンツ事業者を参加させる環境を提供していることなどである．契約条件の標準化・規格化は，不完備契約に伴う将来のホールドアップに対する配信事業者の懸念 (Grossman & Hart, 1986) を打ち消して，コンテンツ配信の供給過少を避ける意図もあったと考えられる．また多くの携帯電話事業者が劣悪なコンテンツを排除するために公式サイトにおける審査を実施していたことも知られている．データ通信の利用を促すためには，次々と生まれてくるコンテンツに付加された新たな機能に対応すべく，携帯電話事業者は端末の研究開発についてもあわせて目配りをしておく必要があっただろう．そのため，携帯電話端末についても垂直統合型ビジネスモデルを志向することが効率的な経営形態となったものと考えられる．

　データ通信におけるネットワーク効果をうまく活かすことができた携帯電話事業者は，コンテンツ配信事業においてはさまざまなビジネス機会を生み出す

[7) もちろんその他に，ネットワークレイヤーにおける市場支配力が上位レイヤーにまで及ぼされるという「レバレッジ」を懸念する規制の側からの要請により，コンテンツビジネスへの参入が妨げられていた面も指摘できる．この点については，本章の後半にて議論をする．

ことができる.この時点で,携帯電話事業者は,消費者からのデータ通信料収入だけでなく,コンテンツ事業者からの手数料収入も得ることが可能となる.携帯電話事業者はデータ通信の市場を大きくするために,データ通信料およびコンテンツ事業者からの手数料をどのようにバランスして価格付けをすべきであろうか? この点を考えるうえで,ビデオゲーム産業の例を振り返ることが参考となる.ここでは特にうまく売上げを伸ばせず埋没していった3DOという規格が辿った経験を踏まえて,あるべき経営戦略について考えてみたい[8].

3DO Company は,1991年に Trip Hawkins により設立された会社である.彼は,ゲームソフトの大手エレクトリック・アーツ社を立ち上げた人物としても知られている.Hawkins は,カートリッジ型のゲームソフトに飽き足らず,より容量の大きい CD-ROM 型のゲームを開発したいと思い立ち,1993年に 3DO として発売した.3DO は,当時としては最高性能の 32 ビット型のゲームであり,それまで不可能だった 3 次元映像を可能とした.ソニー,セガともに,同じ性能のゲーム機を開発したのが 2 年後であることを考えると,3DO がいかに先駆的な製品だったかがわかるだろう.

当時の既存ゲーム機メーカ(セガ,ソニー,任天堂)は,ゲーム機を安く売り,ソフト制作会社が供給するゲームソフトの売上げから発生するライセンス収入で利鞘を稼ぐというビジネスモデルをとった.

Hawkins はまったく別の方法で売上げを伸ばそうと考えた.それは,ソフトを安くすることでソフト制作会社に色々な種類の良質なソフトを 3DO に提供してもらい,それによりハードの需要を喚起しようというものである.そこで 1 つのソフトを売上げにおけるライセンス収入を,既存メーカの半分以下である 3 ドルに設定し(ゆえに 3 Dollar である),ソフト制作会社の参入を容易にした.代わりに,ゲーム機は高めに売ることもやむなしとし,松下などに販売を全面的に委託した.消費者の目から見れば,ゲームシステムに支出する総額が重要なのであって,ゲーム機自体を高めに買うか安めに買うか,という点自体は対して重要ではないと Hawkins は考えたのである.ゲーム機の価格よりもロイヤルティーに焦点を当てた見方は,一流のソフト会社を立ち上げた Hawkins ならではの視点だろう.いずれにしても 1993 年の発売当時,その性能の高さ

---

[8] 以下の分析は,大橋 (2005), Clements & Ohashi (2005) に拠っている.なお,本書第 7 章も参照のこと.

から 3DO はビデオゲーム業界から非常な関心を持って迎えられた．

Clements & Ohashi (2005) の分析によると，ゲーム機が投入された初期段階においてはゲーム機需要の価格に対する弾力性は高く，ソフトの種類に対する感応度は相対的に低いことがわかる．つまりゲームの規格を市場で立ち上げるためには，ソフトの種類にこだわるよりもゲーム機本体の価格に注目すべきだということになる．こうした需要構造の前に，Hawkins の経営手法はまったく無力であった．結局，3DO はハードの価格が高すぎて消費者から嫌われることになり，やむを得ず市場から撤退せざるを得なかったのである．

モバイル市場におけるコンテンツは，上記のビデオゲームにおけるソフトに置き換えて考えることができる．携帯電話のデータ通信において，消費者は 1 つのコンテンツに満足するよりも，ビデオゲームと同じように，多様なコンテンツを求める傾向が強い．このような場合，プラットフォームを持つ携帯電話事業者は消費者からのデータ通信への課金よりも，コンテンツ事業者からの手数料収入に依存すべきと考えられるだろう[9]．こうした携帯電話事業者のネットワークレイヤーから上位レイヤーへの収益源の移行は，次項で取り上げるような非携帯電話事業者が上位レイヤーに参入する素地を提供することにもなる．

3.1.3　モバイル産業の成熟期——水平分業型とのハイブリッドへ

データ通信が携帯電話端末の主たる利用形態になると，コンテンツやアプリケーションと消費者とが出会う場であるプラットフォームの存在がモバイルビジネスの重要な要(かなめ)となる．携帯電話事業者は，消費者に対してはデータ通信料を，そしてコンテンツやアプリケーションの提供事業者に対してはアクセス料を課金することによってプラットフォームの両側から収益を獲得することができる．他方で，その機能面だけを考えた場合，プラットフォームは必ずしも携帯電話事業者の専売特許とはならなくなるだろう．携帯電話事業を営まずとも，消費者とコンテンツやアプリケーションとの双方を惹きつけることができれば，プラットフォームを形成することが原理上可能だからだ．

前項でも議論したように，モバイルビジネスがデータ通信へとその比重をシフトするとともに，携帯電話事業者の収益構造も上位レイヤーへと移行すること

---

9) PDA など多様なソフトを志向しないようなネットワーク効果を持つ財においては，互換ソフトを供給する際のロイヤルティーはほとんど 0 に等しい点も，ここで取り上げた理論と整合的である．

となる．そこで音声通話の時代と比べて，ネットワークを保有することの重要性は大幅に低下することとなるだろう．それはまた，携帯電話事業者以外のプレーヤがデータ通信におけるプラットフォーム形成で主導権を握ることが可能となることも意味している．すなわち多様なコンテンツ・アプリケーションや端末へのニーズが高まることにより，ネットワークレイヤーと上位レイヤーとが分離され，それぞれのレイヤーを異なるプレーヤが担うという水平分業型ビジネスモデルが登場する素地ができることとなる．これまで携帯電話事業者が独占していた上位レイヤーに非携帯電話事業者が参入するような状況が現出したのである．モバイル産業に限らず，産業の成熟するにつれて，ビジネスモデルが垂直統合型から水平分業型へと移行する傾向がある点については，すでに Stigler (1951) により指摘されている点でもあった．しかし以下で記すようにモバイル産業においては，非携帯電話事業者が端末レイヤーにも参入する形でのビジネスを展開した点で，Stigler (1951) の指摘するような純粋な水平分業型ビジネスモデルへと単線的に移行したわけではない．モバイル産業では，非携帯電話事業者が垂直統合型のビジネスを展開するという，いわば「ハイブリッド型」ビジネスモデルが登場したというのが実態であろう．

　非携帯電話事業者は，データ通信料に頼らなくとも，コンテンツ事業者からの手数料収入と広告収入からビジネスを立ち上げることができる．特に広告については，プラットフォームを通じた新たなネットワーク効果を生み出すのが水平分業型の特徴的なビジネスモデルであるといえる．視聴者が多く集まるプラットフォームには，多数の広告主が広告掲載を希望する点で広告市場にはネットワーク効果がある．

　しかしモバイル産業においては実際に純粋な水平分業型ビジネスモデルをとった非携帯電話事業者は見当たらない．アップルやグーグルなどの非携帯電話事業者は，自社が強みを持つレイヤーを拠点として他のレイヤーにも垂直的に参入することにより，自社の優位性を確保する方向へとビジネスを繰り広げた．たとえば，本書の第5章や第7章で触れられている iPhone は端末をアップルが独自に開発するとともに，アプリケーションの配布を App Store を通じて管理している．グーグルも，複数の企業と共同で Android 搭載端末やプラットフォームを垂直統合的に提供する水平分業とのハイブリッドでのビジネスを展開している．

非携帯電話事業者が提供するプラットフォームが出現することにより，携帯電話事業者はこれまで以上に製品差別化を意識したプラットフォーム形成を強いられることとなるだろう．特に非携帯電話事業者は，ネットワークに経営資源を割く必要がない分だけ，プラットフォームをさらに活性化するための新たなイノベーション活動へと資源を振り向けることが可能となる (Aghion & Tirole, 1997) ため，携帯電話事業者は厳しい競争を強いられることにもなる．

　非携帯電話事業者との競争のなかで，携帯電話事業者はプラットフォームとコンテンツとをコントロールできる公式サイトの運営から，オープン化を志向した一般サイトへと比重を変化させていくことも考えられる[10]．一般サイトには，公式サイトと比べて斬新で多様なサービスを迅速に反映したコンテンツを提供できるメリットがある．データ通信サービスがテイクオフ（離陸）し，検索機能が充実すると，消費者は審査の過程を経た公式サイトに必ずしも拘らず，自分のニーズにあったコンテンツを探して一般サイトにも訪れるようになるからだ．こうしたオープン化の流れは，イノベーションのビジネスモデルでしばしば語られる，中央研究所の終焉からオープン型ビジネスモデルへの転換とほぼ同じ現象と考えてよいだろう (Rosenbloom & Spencer, 1998; Chesbrough, 2003)．

　水平分業型ビジネスモデルの浸透は上位レイヤーにとどまらない．ネットワークレイヤーにおいても MVNO が出現し，設備を持っている携帯電話事業者だけでなく他の事業者もネットワークレイヤーを担えるようになる水平分業型ビジネスが登場する．移動通信網の接続形態は，従来の携帯電話事業者間の接続だけでなく，MVNO との接続も増加するとともに，2007 年には，新たに周波数割当を受けて新規参入する事業者（イー・モバイルなど）が出現しており，ネットワークレイヤーにおける競争も加速することが予想される．

　垂直統合型ビジネスモデルに水平分業型ビジネスモデルが染み込んでくるにつれて，今後のモバイル産業は，よりパソコンに近い世界になることが予想される．携帯電話端末は，パソコン本体およびモニターとほぼ同じ役割を果たすことになり，特定の携帯電話端末でしか利用できないサービスを消費者は望まなくなる可能性がある．こうした流れは，携帯電話端末における ID ポータビ

---

[10] オープン化については，第 5 章を参照のこと．

リティの方向と相俟って，携帯電話事業者のデータ通信からの収益の下振れ要素となりかねない点に注意が必要である．

3.1.4　モバイル産業の今後——さらなる垂直統合型モデルを目指して

　データ通信の高機能化や大容量化が進むにつれ，通信網の積極的な更新が急務となる．提供されるサービスの質は通信網の性能によって大きく左右されるからである．こうした通信インフラは，日本においては事業者の私的な経済的誘因に任されているのが実状である．たとえば，NTT においては既存電話網と光ファイバーの基盤網の統合を前提として 2008 年から商用サービスを開始した NGN（ネックス・ジェネレーション・ネットワーク）を今後もさらに普及させることを目指している．通信品質を保証する機能と回線情報をもとに認証を行う機能を併せ持つ NGN により，高いセキュリティ性が求められるサービスや法人向けサービスの信頼性が大幅に向上することが期待される．移動体通信においては，NTT ドコモが次世代網 LTE（ロングターム・エボリューション．Super 3G ともいう）の構築を進めている．LTE の特徴は，固定通信の光ファイバーに匹敵する通信速度であり，映像配信も遅延なく通信が可能となる技術である．

　NGN と LTE という 2 つの次世代通信網はともに IP ベースという点で共通のインフラであり，この 2 つの通信網によって固定電話と携帯電話とを区別することなく，音声ばかりか映像などのやり取りも可能になる．つまり真の意味での固定通信と移動通信との融合が果たされることになる．消費者にとって固定と移動との使い分けを気にせずに通信を利用できる点では利便性が大幅に高まることが期待される．

　次世代通信網の構築による固定通信と移動通信との融合は，今後のモバイルビジネスを変える大きな可能性を含んでいる．次世代通信網によって品質の高い映像を配信できるようになり，遠隔地を結ぶビデオ会議がより効率的に行えるようになるとともに，回線情報に基づく認証機能によって，在宅勤務など職場を離れた形の勤務形態も現在以上に柔軟になされるようになるだろう．個人情報などの理由で ICT の利活用が遅れていた行政・医療・教育などの公的サービスの分野においてもインターネットを用いた新たなサービスが次世代通信網

をきっかけとして生まれる可能性がある[11]．法人向けクラウドサービスもそうした新たなサービスの1つとして考えられるだろう．前節でも触れたように，こうした上位レイヤーのサービスはこれまで携帯電話事業者によって提供されてはこなかった．しかし，次世代通信網の利用に伴って上位レイヤーのビジネスが新たな局面を迎えるなかで，通信事業者が，新規参入事業者であるアップルやグーグルと同様に，上位レイヤーのサービスを志向していくような新たな垂直統合型ビジネスモデルを開拓していく必要性が高まっているように思われる．これら新規事業者の参入もあり，上位レイヤーにおける競争環境は国境を越えて日を追うごとに激しさを増している．消費者のコンテンツに対する質の選別も検索機能の高度化を通じて精練化されてきており，ネットワークを有する通信事業者が上位レイヤーのコンテンツやアプリケーション提供に対してレバレッジを働かせることへの懸念は大きく減じている状況にある．それどころか，通信事業者が上位レイヤーにおけるコンテンツやアプリケーションを提供することは，多様性が重要視される上位レイヤーにおいて消費者利便性の向上に資するものであろう．

次世代通信網の構築は，今後の日本の経済を活性化させるインフラとして重要な役割を担うことを予感させる．データ通信における利用者の利便性を最大限確保するためには，機能の高度化と多様化に対応したインフラ整備・更新が通信事業者によって遅延なく適切になされる必要がある．こうしたインフラ整備が通信事業者によってなされている現状では，固定通信と移動通信との融合を進めていくためには，通信事業者が主導的・主体的な役割を担うことが合理的であり，また国の施策としてもそうした方向性を明確に打ち出していくことが望まれるのではないか．

今後は，携帯電話料金の体系も変わってくることが予想される．まず固定通信と移動通信との融合によって，携帯電話料金はこれまでの社会的な属性や契約期間の長短に依存するような複雑多様な課金体系から，固定電話に近いより簡素な課金体系へと変革が促されることになるだろう．こうした携帯電話料金

---

11) 行政におけるICTについては，中央省庁と地方自治体との間の行政情報の共同利用やオンライン申請などの可能性が指摘できる．医療の分野では，たとえばレセプトのオンライン化による保険請求の業務効率化や電子カルテの導入による個人のカルテのポータビリティ化，そして教育分野においては（遠隔地への）eラーニングなどが挙げられる．

体系の変化は，固定通信からの競争だけでなく，前節で議論した水平分業とのハイブリッド型ビジネスモデル（上位レイヤーにおいては非携帯電話事業者，そしてネットワークレイヤーにおいてはMVNOの参入がみられるようなビジネスモデル）との競争も大きな圧力となる．究極的には，通信の料金体系は限界費用の形状に近い価格付けへと移行していくことになると思われる．

携帯電話事業者の携帯電話端末に対する関わり方は，モバイル産業が前節で議論した成熟期を迎える頃になると，新たな考え方が出てくるように思われる．すなわち，端末価格と通信料金とを明確に区分することにより，両者の内部相互補助を許さないようにすべきという考え方であり，昨今の携帯電話端末に対する販売奨励金廃止はそうした考え方を反映したものと考えられる．こうした考え方は，携帯電話端末を中心としたイノベーションが仮に不要となる時代においては適切な経営判断であると考えられる．

しかしながら現在のところ，携帯電話端末のイノベーションは必ずしも一段落したようには見受けられない．薄型化やワンセグなどの多機能化によって端末の開発費用は急騰しているといわれており，メーカの収益性も著しく悪化している．2008年には三菱電機が撤退し，三洋電機も京セラに携帯電話事業を売却するなど携帯電話事業は厳しさを増しており，NECと日立製作所，カシオ計算機の携帯電話事業の統合計画（2009年8月29日現在の報道にて）をはじめとして携帯電話端末メーカにも一層の再編が広がる動きを見せている．携帯電話端末においても更なる技術革新が必要とされる状況においては，携帯電話端末メーカの投資誘因をいかに確保するかは重要な課題である．通信インフラにおける技術革新が進展するなかで，携帯電話事業者主体の端末開発自体が非難されるべきではなく，携帯電話端末の販売奨励金は携帯電話端末メーカに対する誘因付けとして有効に機能する側面があるのではないか．前節で議論したアップルやグーグルは，まさに端末レイヤーを統合しつつビジネスを展開しているのである．いずれにしても販売奨励金の扱いは，携帯電話事業者が各々の事業環境を勘案したうえで判断すべきであり，政策として一律に決定することはイノベーションが時々刻々と進展する事業環境のなかでは慎重であるべきだろう．

固定通信と移動通信との融合により，今後の通信産業におけるイノベーションはモバイルが主導権を握ることが予想される．全世界で1年に売れるパソコ

ンの台数は約3億台であるのに対して，携帯電話は10億台の市場といわれており，しかも利用頻度は肌身離さず持ち歩く携帯電話の方が圧倒的に多いため，消費者ニーズにもより敏感に対応せざるをえないだろう．次世代通信網の上に立った新たなソフト面でのサービス拡充を迅速に確立するかが，グローバル化のなかで国際競争に打ち克つために携帯電話事業者に求められている．

3.2 モバイル産業における競争政策のあり方

前節では携帯電話の産業組織について，その発展の過程を4つに分け，それぞれの段階について経済学的な視点から概観した．モバイル産業の発展過程においてネットワーク効果がレイヤーと時期とを異にして現れること，そして消費者の携帯電話サービスの利用形態に応じて，モバイル産業の経営形態が垂直統合型と水平分業型との間を揺れ動く姿を描き出した．

本節では，前節で議論したモバイル産業の構造とその発展過程を踏まえたうえで，競争政策の観点からモバイル産業を論じることを目的とする．本節は3つの項に分かれている．まず，携帯電話事業者に対する設備規制について検討する（3.2.1項）．特にシェアの大きさに依拠した事業者に対する非対称規制について，その経済合理性を再検討しながら，将来のモバイル市場をさらに活性化させるためにあるべき規制とはいかなるものかを議論する．次に，通信プラットフォーム市場やコンテンツ市場に関わる規制について考察する（3.2.2項）．上位レイヤーについては現在のところ規制があるわけではないが，モバイル産業が今後上位レイヤーへと比重を移すにつれて，ネットワークレイヤーでの規制を外延すべきか否かについて議論がなされることも想定される．成熟期を迎えたモバイル産業におけるイノベーションを損なうことなく，コンテンツやアプリケーションの配信に伴う認証・課金機能等の接続をいかに考えるべきかについて経済学的な視点を提供しつつ議論を行う．最後に，固定通信と移動通信とが融合する時代における競争政策のあるべき姿について論じることとする（3.2.3項）[12]．

---

[12] 本節の議論では，接続ルールの現状については「電気通信市場の環境変化に対応した接続ルールの在り方について 答申」（総務省情報通信審議会，平成21年10月16日）を参考にした．

3.2.1 指定電気通信設備制度——シェアと競争性との関係について

電気通信事業は，国民生活や経済活動に必要不可欠な通信サービスを提供する公共性の高い事業である．電気通信事業は異なる事業者間で相互のネットワークに接続することによりサービス提供がなされることから，円滑に接続可能な環境を整備することは電気通信事業における競争性を確保するうえでも重要である．

1984年に制定された電気通信事業法（以下，事業法とよぶ）において，電気通信事業の自由化を行い，競争事業者の市場参入を認めるとともに，事業者間の接続についても制度を創設したが，当時は接続に関する義務は存在しておらず，事業者間協議が不調に終わった場合の扱いについて不確実性が高かった．こうした懸念に対応して，1997年の事業法改正において，電気通信回線設備との接続請求を受けたときは，原則としてこれに応じる義務が，すべての電気通信事業者に課せられることとなった．さらに，特定の地域の同種の電気通信回線の数の占める割合が大きい指定電気通信設備に指定された設備は，他の電気通信事業者への開放が義務付けられる，いわゆるドミナント規制が存在する．指定電気通信設備制度は，アクセス回線シェア50％超を有する固定通信事業者に課せられる第一種指定電気通信設備制度（以下，一種指定制度とよぶ）と，端末シェア25％超を有する携帯電話事業者に課せられる第二種指定電気通信設備制度（以下，二種指定制度とよぶ）とに分かれる．具体的には相互接続時の技術的条件やアクセスチャージ等を定めた接続約款を作成しなければならず，一種指定設備の場合は総務大臣の認可，二種指定設備の場合は総務大臣への届出が必要である．

二種指定制度は，電波の有限希少性等により新規参入が困難な市場が形成されており，このような市場で相対的に多数の加入者を持つ事業者は，他の事業者との接続協議において強い交渉力を有する可能性があることに起因した規制であり，2001年の事業法改正の際に導入されたものである．固定通信を対象とする一種指定制度との違いは，一種指定事業者の接続交渉における優位性の源泉を設備のボトルネック性としているのに対して，携帯電話事業者の設備にはボトルネック性がないとされている点である．その理由は，2000年12月付電気通信審議会（当時）答申において以下のように整理されている(総務省, 2009).

(ア) モバイル市場においては，固定網と異なり，電気通信設備を設置する事業者が地域単位に 3 以上存在すること

(イ) 固定網と異なり，複数の携帯電話事業者が，加入者回線を含め自ら設備を構築しており，かつその設備が各社遜色なく，全国にエリア拡大されており，加入者回線を含めたネットワークの代替性が存在していること

(ウ) 携帯電話事業者の加入者や，その扱う通信量が移動体間の通信も含めて増えているが，それでも移動体間の通信は全体の 5 分の 1 以下（1999 年度）にとどまっており，また，固定網が各家庭や事業所への最終通信手段（ラストリゾート）となっているのに対し，移動網は主として個人単位でのオプショナルな通信手段として普及拡大しており，単純な量的な拡がりで見られるよりもボトルネック性は弱いこと

移動体通信においては技術革新による設備の小型化や低廉化がすすんでおり，自然独占性による懸念も以前と比べて大きく減じていると考えられるが，他方で消費者の移動通信への利用依存度はますます高まっている現状がある．こうした技術の進歩と消費者の利用形態の変化に即した形で，モバイル市場における二種指定制度の現代的な意義について本項で考察を加えることとしたい．より具体的には，以下の 2 つの論点を取り上げて考えてみる．

論点 1　二種指定制度における端末シェアの閾値が 25% であることの妥当性は何か？　シェアが大きいことをもって，接続における交渉の優越性があると結論付けることは論理的に可能か？

論点 2　上記（ア）にあるように，設備を持つ携帯電話事業者が 3 以上存在し，利用者・事業者双方においてネットワークの代替性が存在するなかで，経済学的に二種指定制度の必要性を改めて考察すると，どのようなことがいえるか？

まず論点 1 について考えたい．そもそも携帯電話に限らず，シェアが大きいことが市場支配力（交渉の優越性も含む）を有することとなる，との主張は経済学的に考えると違和感が残ることは否めないだろう．企業が優越的な地位を持つか否か，そしてその地位を濫用するか否か，は当該企業を取り巻く経済環

境に依存するため，規模やシェアの大きさそれ自体が市場支配力を生み出すわけではない点を再確認しておく必要がある．逆に，シェアが大きい企業は，一般的に規模や範囲の経済性などを通じてより効率的な経営を行うことが可能であり，そうした社会的なメリットは市場支配力行使による社会的損失（死荷重）を上回ることも理論的には大いに考えられる．とりわけモバイルのようにネットワーク効果が強く働くような産業においては，シェアが大きいほど消費者にとっての上位レイヤーにおける利便性を高めることから，シェアと市場支配力とを結び付けることは慎重に考えるべきだと思われる．

マーケットシェアやその代理変数（たとえば，ハーシュマン・ハーフィンダール指数等）から市場支配力を推測するというアプローチは，古典的な産業組織論においても Joe Bain や Richard Caves などにより議論されたが（当時の議論については，たとえば Scherer & Ross, 1990 を参照のこと），今日の産業組織論においてシェアをもって市場支配力の存在を推定するという考え方はもはや学術的には支持されていない．たとえば，合併規制をはじめとする競争法の運用においては，欧米をはじめとしてシェアの大きさはあくまで審査対象をスクリーニングする際のセーフハーバー基準として採用されるのが一般的であり，シェア指標のみに依存して市場支配力を推定することは避けられる傾向にある．シェアが支配的な事業者が必ずしも市場支配力を行使するわけではないことから，経済理論的には端末シェアの閾値をもって二種指定事業者を決める現行のやり方には再考の余地があるのではなかろうか．

さらに現在，二種指定事業者と非指定事業者との間の接続料水準に差があることが問題となっている．非指定事業者はコストに適正利潤を加えた均一の接続料金を事業者に対して設定する義務がないために，それを利用して，不当に高額な接続料を設定する懸念が顕在化しているようだ．こうした非指定事業者の行為は，二種指定制度がなければ，相対交渉を通じた市場原理による調整により解決する問題と考えられる．この点は，シェアを閾値とする指定制度の問題点を如実に明らかにした事例とみることもできるだろう．将来の可能性を秘めるモバイル市場の成長を歪めることがないようにするためにも，携帯電話事業者の扱いは公平になされるべきではなかろうか．二種指定制度の廃止も検討に値するかもしれない．仮に二種指定制度を継続する場合においても，指定事業者をすべての既存の携帯電話事業者 (MNO) に拡大することも検討に値する

と思われる．このような考え方は「着信ボトルネック」規制の考え方を持ち出すまでもなく，25%を閾値とするドミナント規制が経済合理性に乏しいと指摘した上述の議論の帰結である点に留意が必要である．

次に論点2を考えてみたい．総務省 (2009) にもあるように，モバイル産業は，有限希少な電波を利用して事業展開を行うという特性上，MVNOなどの電波の割当を受けられない事業者は，事業を営むためには割当を受けたMNOに接続せざるをえない．もっともMVNOは接続する相手を複数のMNOから選択することが可能であるという意味で，接続料などを含む接続条件について競争が生じる余地がある．そこでMNO間で接続についてカルテルや排除行為等の違法行為が認められない限りにおいて，たとえMNOが公共財である電波を利用して事業を展開しているとはいえ，接続条件は二種指定がなくとも競争的に決まりうるものと想定される．違法行為は独禁法に任せたうえで，モバイル市場における接続は原則自由とするというのも検討に値するだろう．なお二種指定制度のもとでは，接続条件は3.1節で述べたイノベーションに伴う設備形成のインセンティブを損なわないよう配慮が望まれる．現行の接続約款に届出制が採用されている点は，その意味で合理性があるといえるだろう．

論点1および2の議論からも明らかなように，シェアの比較的大きい携帯電話事業者を非対称な形で規制する二種指定制度については，モバイル市場の公平な競争環境を確保するうえで問題を内在している可能性がある．もし二種指定制度を維持するとすれば，すべての携帯電話事業者に適用することが経済学的にみても，また上述した二種指定事業者と非指定事業者との間の問題を解消へ近づける意味でも，望ましいのではなかろうか．すべての携帯電話事業者が接続に関わる義務において同じ土俵で競争できる環境が整備された暁には，既存MNOのローミングについては現行どおり制度化せずに事業者の判断にて行えるようにすることが，接続における競争を促す観点からも重要であるように思われる．但し，現行の非対称規制を基礎とする二種指定制度においては，接続料について市場競争による調整を望むことが難しく，MNOが自らのネットワークの構築コストを裁定する形で他のMNO網を利用して事業展開を行うことが制度上可能となっている．こうしたMNOによるただ乗りを許すことは，活発なイノベーションによるネットワークインフラの高機能化・多様化を目指す携帯電話事業者の投資インセンティブを著しく殺ぐことにもなりかねない．

次世代に向けたモバイル市場のグローバル競争が激しさを増すなかで，シェアに囚われすぎる規制は国際競争の時代に逆行する虞(おそれ)があることも念頭においておくべきではなかろうか．日本の携帯電話事業者が国際市場へとうって出るために，国内での健全な設備・サービス競争はどうあるべきか，これまでの規制の枠を囚われない新しい視点がこれまで以上に必要とされているといえよう．

3.2.2 通信プラットフォーム・コンテンツ配信における規制のあり方 ——ネットワーク効果とイノベーションの活性化

モバイル産業も成熟期を迎え，データ通信系サービスの高速化とあいまって，音楽やゲーム，動画等の多様なコンテンツを提供することが可能となっている．3.1節でも概観したように，当初は通信事業者によって垂直統合型にて行われてきたプラットフォームビジネスにも，双方向市場に伴うネットワーク効果を活かすアップルやグーグルのような非携帯電話事業者が参入して水平分業型とのハイブリッド型ビジネスモデルが浸透することとなった．

コンテンツ事業者が，携帯電話事業者の利用者に対して通信プラットフォームを通じてサービス提供をする際には認証・課金がビジネスのうえで不可欠な機能となる．コンテンツ事業者は，まず利用者が携帯電話事業者との間でサービス提供契約を結んでいるかを確認・認証する必要がある．そしてその利用者がサービスを使った際には，課金をする必要がある．より信頼度の高い多機能化・高機能化に耐えうる次世代通信網が構築されるに伴い，コンテンツ事業者のプラットフォームへの参入はますます加速化することが予想される．

3.1節でも議論したように，複数のプラットフォームのグローバルな競争が進展するなかで，コンテンツ事業者から品質の高い多様なコンテンツ提供を受けることは当該通信プラットフォームが国境を越えた競争に打ち克つために必要不可欠である．秀逸なコンテンツ事業者を獲得するためにも，携帯電話事業者は積極的に認証・課金機能の共有化をスムーズに行うための努力をすることになるだろう．そうでなければコンテンツ事業者は将来のホールドアップを恐れてコンテンツ配信に慎重になり (Grossman & Hart, 1986)，結果として利用者にとって魅力のあるコンテンツを揃えた通信プラットフォームの提供に支障が生じることになりかねないからである．もちろん，プラットフォームに提供されるコンテンツは何でもよいわけではない．利用者が安心できる質の高い

コンテンツがそろっていることが，真に利用者の利便性にかなう通信プラットフォームであることから，プラットフォームのオープン化に際しても，プラットフォームを管理する事業者が品質管理を行うことを通じて配信されたコンテンツのスクリーニングを行うことは重要な機能として残るだろうと思われる．

こうしたスクリーニングの審査基準は，当該通信プラットフォームがビジネスとして目指す方向性や時々刻々と多機能化・高機能化へと進歩するモバイル技術のありようにも依存するため，事業者間で異なる基準が取られることは大いにありうる．配信事業者から質の高いコンテンツの提供を受けることは，プラットフォームを発展させるうえで不可欠である点を踏まえると，コンテンツ配信に関わる通信プラットフォームへの接続は事業者の経営判断に任せることが適当である．たとえば，通話機能において行われている二種指定制度をコンテンツ配信サービスへも広げることとなれば，接続に関わる条件を明文化する必要があると考えられるが，イノベーションが目覚しく進展するモバイル市場において将来を見据えて接続条件を記すことは不適切であるばかりでなく，モバイル市場の発展の方向を限定し阻害することにもなりかねない．そうした足枷を課すことは，優れたコンテンツ産業を抱える日本の将来的な新産業の育成・発展にも大きな阻害要因となりかねない点に留意する必要があるだろう．

3.2.3　固定通信と移動通信との融合時代における規制のあり方
　　　　　——イノベーション時代における市場画定の妥当性

2010年以降には，FTTH並みの通信速度を実現できる3.9Gが商用化される予定など，モバイル市場ではアクセス回線の高度化・大容量化の大きな進展が見られつつある．こうした技術革新は，固定通信におけるIP化を基盤とする新たな次世代通信網の開発と相俟って，固定通信と移動通信との差異を次第に希薄化させていく傾向にある．固定通信と移動通信との融合により，固定・移動通信網の上から自由に利用可能な通信プラットフォームサービスが提供されるとともに，それに付随して利用者のニーズを深掘りしたさまざまなサービスが誕生することも予感される．そして固定通信と移動通信との融合時代においては，現行の指定設備制度のあり方についても柔軟な発想が必要となるだろう．この項では，次世代通信網の構築を踏まえた現行規制の課題と将来の展望について議論をしてみたい．

現行の指定設備制度においては，音声通信を対象として固定通信と移動通信との2つに市場を画定したうえで，契約数と密接な関係がある電気通信設備のシェアに注目して支配的事業者を指定し（固定通信市場ではアクセス回線シェア50%超，モバイル市場では端末シェア25%超を基準としている），接続関連規制をベースとして行為規制やサービス関連規制を構築している．

　次世代通信網の構築を通じて，固定通信と移動通信とがネットワークのレベルで同質化し，両通信市場を跨ぐ融合型のサービスが本格的に登場しつつあるなかで，これまでの固定通信と移動通信という設備レベルで市場を峻別することの現実的な妥当性が認められにくくなっている．同時に，コンテンツ配信市場の活性化を通じて通信プラットフォーム市場が充実するにつれて，既存通信事業者は新規参入事業者のプラットフォームとの競争に国内外から晒される状況となっており，上位レイヤーはもはや電気通信事業の枠を超えたグローバルな競争が繰り広げられているといえる．

　こうしたモバイル市場を中心とするイノベーションの進展による事業環境の大きな変化の流れのなかで，今後の指定電気通信設備制度のあり方については従来とは異なる視点からの柔軟な発想が求められているといえるのではなかろうか．まず市場画定に関しては，固定通信と移動通信とを統合的に見る視点が肝要となる．また通信市場において今後さらに主導的役割を担うだろうモバイル市場について，競争の主戦場は通信プラットフォームやコンテンツ配信といった上位レイヤーの市場となることが予想される．こうした点を踏まえずに，従来のまま通信設備にて市場を画定するとすれば，規制を念頭におく市場と利用者が考える市場との差異はますます乖離する懸念があり，適切な通信行政にも支障がでかねないだろう．

　もっとも通信レイヤーにおける支配的な事業者は，上位レイヤーに対してもその支配力をレバレッジとして行使できるとの意見もあるが，上述のように上位レイヤーでの競争が新規参入事業者を巻き込んだグローバルなものとなっている点を見落とすべきではない．固定通信と移動通信との融合とビジネスの上位レイヤーへの移行により，通信事業者はこれまでの地理的・業種的な枠を超えた競争環境に直面することになったといえる．

　まず地理的な点を考えてみると，通信プラットフォームやコンテンツ配信市場に国境がないことが挙げられる．利用者は配信されたコンテンツが国内で提

供されたものか，海外で提供されたものか区別して利用しているわけではない．良質で自らのニーズにあったコンテンツを国内・海外を問わず利用することとなる点から，次世代通信における市場は海外市場を含めた観点から判断されるべきだろう．また通信プラットフォームが垂直統合型から水平分業型へと移行するに伴い，通信プラットフォームはもはやネットワークを保有する通信事業者の独壇場ではなくなる．多様で良質のコンテンツを集積させ，それに利用者を呼び込むことができる事業者であれば，ネットワークを保有する通信事業者でなくともプラットフォーム事業者として成功を収めることができる．アップルやグーグル，アマゾンがそうした事業者だ．そこで上位レイヤーを含む通信市場を考える際には，これらの事業者も含めた市場画定を行う必要があるだろう．

そもそも新しい財やサービスが次々と投入されるようなプロダクト型イノベーションの活発な市場において，市場画定を行うことは容易ではない．新製品や新サービスの登場により掘り起こされた需要は，新たな市場を生み出す．本来，市場画定においては将来誕生する新市場も念頭において市場画定がなされることが望まれるが，実務上そうした判断を行うことは現実的ではないため，イノベーションが活発なモバイル市場においては，現在提供されている財やサービスに対して市場画定がなされる傾向が強い．こうした後ろ向き (backward looking) の視点に基づく事業規制は，モバイル市場を中心とした技術革新の活性化に水を刺す懸念があるばかりでなく，国際的な競争の観点からも国内の携帯電話事業者に対して事業展開上，余計な足枷となりはしないかと虞れるむきがあっても不思議ではない．

市場画定は市場支配力を認定するためになされる手法である．現行の指定設備制度において市場支配力は顧客獲得に近い部分における設備シェアに着目してなされてきた．こうしたシェア基準は客観性に富んだ指標であることは事実であるが，3.2.1項でも議論したように，シェアの大小が市場支配力の大きさを決定するかどうかは理論的にはもはや支持されていない点に注意が必要である．国内外からの市場への参入圧力や需要者の購買圧力の有無によっては，シェアは市場支配力の指標とならないばかりか，逆にシェアの大きい企業は規模・範囲の経済性を活かすことが可能であり，より効率的な企業であるとも考えられる．実際，通信市場を取り上げるまでもなく，大企業にはイノベーティブな企業が多い．たとえばP&Gやユニリーバのような企業は組織変革を通じて革新

的な製品を生み続けている．シェアの大小は効率性にも大きな影響がある点を忘れるべきではない．

グローバル化が個人のレベルまで浸透したグローバル化 3.0 の時代 (Friedman, 2006) となり，シェアが大きいからという理由だけで市場支配力を獲得できるほど単純な時代は過去のものとなった．世界金融・経済危機後において需要創出型のイノベーションの活性化が世界的な課題となるなかで，国境を跨いでビジネスを行う多国籍企業に寄せられる期待は大きい．日本の通信市場においてもグローバル化とイノベーション促進という世界的な流れを見誤ることなく，利用者便益の向上に資する通信行政をさらに推し進めていくことが大いに期待される．

3.3 まとめ

米国の金融危機に端を発した世界経済危機において，内需拡大の起爆剤として ICT の代表格であるモバイル産業に大きな注目が集まっている．今後，日本が不況から脱却して 1 人当たり実質国民所得を伸ばしていくためには，人・モノ・カネの流れを妨げるような規制・制度を変革し，こうした生産要素の流れをさらに加速化していく必要がある．ICT 産業はこうした人・モノ・カネの流動性をさらに高める形で日本の経済活性化へ貢献できる大きな可能性を秘めている．

他方で，モバイル産業の中核がコンテンツ配信市場をはじめとする上位レイヤーへと移行していくなかで，モバイル産業は国際的な競争の波に否応なく巻き込まれつつある．国境の概念がますます希薄化しつつあるモバイル産業において，国内の通信市場の競争促進を目的としてきた日本の通信行政は大きな転換点にさしかかっているといえよう．これまで国内の他事業者との競争促進を念頭においていたモバイル市場における事業規制は，グローバル化を見据えたものへと再構築されるべきではなかろうか．その際には，上位レイヤーでのイノベーションを促進しつつ，データ通信の高機能化・多機能化・大容量化に対応した通信網の敷設・維持がなされるような，持続可能性の高い規制体系が設計される必要がある．グローバル化とイノベーションという新たな事業環境の変化に対応した事業規制は，従来の非対称規制とは異なるものとなるであろう．

とりわけ少子高齢化にともなう人口減少がすでに深刻な問題となりつつある日本において，国内のみならず中国・インドなどのアジア地域の需要を取り込んでいけるようなモバイル産業を育成するために，通信事業者の主体性を最大限発揮できるような事業環境を国内にて整えることは行政の大きな役割といわざるをえない．

10億台市場といわれるモバイルは，インドやアフリカなど固定通信網の敷設が遅れている地域にも急速に浸透しつつある．拡大する世界市場に向けて日本の通信事業者が国際展開していくためには，事業者の努力はもとより，国家の戦略的な後押しが不可欠であると考える．なぜなら，モバイルを含む通信市場は，どの国においても国内産業として発展してきた経緯があり，技術や資本の原理だけで国際的な活動ができる分野ではないと考えられるからだ．

これまで国内における競争環境を整備することに大きな役割を果たした電気通信における競争政策は，今後はグローバル化を見据えた国内産業の育成へとその力点を移していく必要がある．これまでの事業法の枠を超えて，業際的・国際的な視野から日本の通信産業のあるべき姿を考えなおす時期をわれわれは迎えているのではないだろうか．

謝辞 本原稿を執筆するに当たり，岸田重行氏（情報通信総合研究所）から情報提供を受けた．また左貝裕希子氏（情報通信総合研究所）からも草稿の段階で丁寧なコメントを戴いたことに感謝する．

参考文献

[1] Aghion, P. and J. Tirole (1997) Formal and Real Authority in Organization, *Quarterly Journal of Economics*, **105**(1): 1–29

[2] Chesbrough, H. (2003) *Open innovation: the new imperative for creating and profiting from technology*, Harvard Business School Press［大前恵一朗訳 (2004)『OPEN INNOVATION——ハーバード流イノベーション戦略のすべて』産業能率大学出版部］

[3] Clements, M. and H. Ohashi (2005) Indirect Network Effects and the Product Cycle: U.S. Video Games, 1994–2002, *Journal of Industrial Economics*, **53**(4): 515–542

[4] Friedman, T. (2006) *The world is flat: a brief history of the twenty-first century*, Penguin Books Ltd［伏見威蕃訳 (2006)『フラット化する世界』日本経済新聞社］

[5] Grossman, S. and O. Hart (1986) The Costs and Benefits of Ownership: A Theory of Vertical and Lateral Integration, *Journal of Political Economy*, **94**: 691–719

[6] Hausman, J. (1999) Cellular Telephones, New Products, and the CPI, *Journal of Business and Economic Statistics*, **17**(2): 188–194

[7] Hermalin, B. E. and M. L. Katz (2004) Sender or receiver: who should pay to exchange an electronic message? *RAND Journal of Economics*, **35**(3): 423–448

[8] Littlechild, S. (2004) Mobile termination charges: calling party pays v.s. receiving party pays, *Cambridge Working Papers in Economics CWPE*, **426**: 1–35

[9] Ohashi, H. (2003) The Role of Network Effects in the U.S. VCR Market, 1978–86, *Journal of Economics & Management Strategy*, **12**(4): 447–494

[10] 大橋 弘 (2005)「失敗から学ぶ経営戦略① 陽の目を見なかったビデオゲーム」経済セミナー No.611: 64–65, 日本評論社

[11] Rosenbloom, R. S. and W. J. Spencer, eds. (1998) *Engines of Innovation: U.S. Industrial Research at the End of an Era*, Boston: Harvard Business School Press [西村吉雄訳 (1998)『中央研究所の時代の終焉——研究開発の未来』日経BP]

[12] Scherer, F. M. and D. Ross (1990) *Industrial Market Structure and Economic Performance*, Houghton Mifflin Company, Boston

[13] 総務省 (2009)「電気通信市場の環境変化に対応した接続ルールの在り方について　答申」

[14] Stigler, G. (1951) The Division of Labor is limited by the extent of the market, *Journal of Political Economy*, LIX(3): 185–93

第4章
独禁法の規制枠組み

4.1 独禁法と事業法

　情報通信における競争政策を定める法律としては，あらゆる事業分野に適用される一般法たる独禁法と電気通信事業法・NTT法（「事業法」）がある．競争政策は，市場での成果に関わる事業者の意思決定には直接介入せず，基本的な競争ルールを守らせ，競争的な環境を維持することで，結果として望ましい市場成果を実現するものである．かつての事業法による介入は，望ましい成果実現のために直接的に事業者の意思決定に干渉し，それゆえ自由な活動による競争を抑制するという意味で反競争的なものであった．多くの分野で，政府規制対独禁法という形で問題が把握されていた．しかし，今日では事業法による規制も競争を支援し，促進するための競争ルールを中心とした規制に変化してきた．両者は相互補完的なものとなったのである．電気通信事業もその典型である．NTT民営化とともに競争敵対的な規制から競争フレンドリーな規制へと変貌を遂げた．ことに，モバイル産業はその萌芽的段階から独占許容型の規制はなく，競争に基盤をおいたレジームが多くの先進国で採用されてきた．固定におけるようなボトルネック性が乏しいこともあって独禁法による競争規制で十分だという意見もある．事業法による規制が必要だという立場であっても，技術の進展が早いモバイル市場においては伝統的な規制を墨守するだけでは不十分だということには合意がある．

　そもそも，分野別事業法による規制と一般法たる独禁法の規制とは，どのような違いがあるのだろうか．独禁法では適切な介入が難しいと考えられる状況であっても，事業法における介入ならうまくいくための条件は何なのだろうか．

また，両者の介入方式の違いはどこにあるのだろうか．しばしば，事前規制と事後規制の違いだと説明されるが（たとえば，根岸，2009），それでうまく分類できるわけではない．その意味内容ははっきりせず，また両者の違いを説明するには不十分である．独禁法が競争の維持促進のために準備している枠組みを理解したうえで，そこで準備されていない介入方式の特徴を理解する必要がある．

本章では，まずモバイル市場に関する競争政策を考えるうえでの基礎となる，独禁法の規制の枠組みを説明する．このコンテクストで問題となるのは 4.2 節で説明するように市場支配力に関わるものであるが，市場支配力の教科書的な弊害が自明なため，独禁法に関するある程度正確な理解を持たないと，読者のイメージと現実の独禁法が規制対象としている内容とが一致していないおそれがある．実際，そのような誤解はよく見られる．その結果，現状を過小介入である，逆に過剰介入であると即判断する可能性がある．現行法を正確に捉え，そのうえで，独禁法で対応できない部分は何か，それを事業法で補完できるにはどのような条件が必要かを検討する必要がある．

4.2 独禁法の規制のあらまし

4.2.1 市場支配力問題

独禁法による規制には多様な内容のものがあるが，モバイル市場に関する競争政策に関わるのは市場支配力の制御に関するものである．多くの業法による規制と独禁法とのインターフェースが問題となるのもこれである．

ここで市場支配力とは，判例では「特定の事業者または事業者集団が，その意思で，ある程度自由に，価格，品質，数量，その他各般の条件を左右することによって，市場を支配する形態が現れているか，または少なくとも現れようとする程度に至っている状態」（東京高判昭和 26 年 9 月 19 日高民集 4 巻 14 号 497 頁）と定義されているものである．独禁法の条文にいう「一定の取引分野における競争を実質的に制限すること」がそれに対応しているとされる[1]．これは，経済学で Market Power とされているものと同じである．

市場支配力は，その存在が資源配分の不効率をもたらし，それを利用してイ

---

1) 正確には，条文の文言は市場支配力の存在そのものではなく，それが形成・維持・強化されることを意味している．

ノベーションが歪曲される[2]可能性があるなどの弊害をもつ．どこの国の独禁法もその弊害是正をその中心課題としている．競争支援型の事業法においてもその経済的目的はこの市場支配力の弊害の是正を中心とする．

4.2.2 市場支配力をもたらす行為

市場支配力はその存在が弊害をもたらすことは明らかであるが，独禁法は原則としてその存在自体を禁止するものではない[3]．禁止されるのは，企業結合やその他一定の行為により，市場支配力が形成・維持・強化されることである．ここで一定の行為というのは，人為的に競争を回避したり，排除する行為のことを指す．

(a) 競争回避

人為的な競争回避としてはいわゆるカルテルが典型だが，明白なカルテルでなくとも事業者間の共同行為が競争の回避をもたらし，市場支配力の形成等をもたらすならばそれは禁じられる（独禁法2条6項，3条，8条）．

(b) 競争排除

競争の排除とは競争的行動を行う事業者や新規参入者の事業活動を困難にすることを意味する．それによって競争的抑制を緩和して市場支配力の形成等が生じる場合に私的独占として規制されることになる（独禁法2条5項，3条，8条）．

ところで，事業者の事業活動の困難は活発な競争によっても生じる．しかしながら，活発な競争自体を問題視するのでは競争の自己否定につながる．そこで，排除とは単に事業者の事業活動を困難にするものではなく，それが効率性等にはよらない，公正な競争秩序から見て妥当でない手段によった場合のことであると理解されている．もっとも，何がここでいう排除かの決定は難しく，

---

[2] 市場支配力の存在自体がイノベーションに与える影響についてはアロー仮説対シュンペーター仮説の対立に代表されるようにはっきりしない．しかしながら，市場支配力を有する事業者（事業者たち）がイノベーションを低下させるような活動を行ったりする場合や，イノベーションを低下させるインセンティブをもつような企業結合が行われる場合があることは確かである．なお，そこでの市場支配力を伝統的な市場画定で行うのかイノベーション市場で行うのかという問題はあるものの特殊なケースを除けば結論に大差はない（川濱, 1999）．

[3] 独占状態の規制（8条の4）は，強固な市場支配力が弊害をもたらしている場合，それ自体を規制対象とする例外的なものであるが，これまで規制例はない．なお，公正取引委員会（2003a, b）では，独占状態の規制を廃止し，かわってエッセンシャルファシリティ（EF）理論を明文化するという立法提案がなされたが頓挫した．

世界的に検討課題になっている．消費者厚生や社会的効率性などを基準にする立場もあるが，それを直接基準とするのは難しい．たとえば，すでに市場支配力が存在している市場で，既存事業者が積極的に参入を支援する行為を怠ったことを排除といえるかどうかを考えればよくわかる．その場合，参入支援があれば市場支配力の低下がもたらされるのは当然だが，適法に存在している市場支配力を常に解消するように義務づけることは市場支配力それ自体を違法とするのと同じであり，競争するインセンティブを大幅に縮小することになる．また，当事者にとって何が違法で何が適法かを判断することも困難になる．何らかの形で人為的な手法による場合や，競争者の競争する能力を傷つけたりする手段による場合が排除だということになる．

(c) 自由競争減殺型不公正な取引方法

なお，排除にあたる典型的行為はわが国では不公正な取引方法に列挙されている．たとえば，不当な取引拒絶，差別対価，差別的取扱，不当廉売，抱き合わせ，排他条件付取引およびその他の拘束条件付取引などがそれである（2条9項および一般指定参照）[4]．この場合，市場支配力の形成・維持・強化がなくとも，公正競争阻害性があれば禁止されることになる．ただし，この種の行為における公正競争阻害性は自由競争減殺と呼ばれるものであり[5]，市場支配力と密接な関係がある．すなわち，ここでいう自由競争減殺とはより弱いレベルでの市場支配力を問題にしたり，市場支配力の形成・維持・強化が現実に発生せずとも具体的な危険があれば足りるとするものである[6]．その意味で市場支配力基準の一種にすぎない．不公正な取引方法をわが国独自の規制とする向きもあるが，市場支配力に影響する行為のうち，特に悪影響がありそうでかつ競争促進効果がなさそうなものについては，市場支配力の形成・維持・強化が現実化しなくとも規制対象とすることは諸外国でもしばしば見られる[7]．

4.2.3 市場支配力分析の前提としての市場画定

市場支配力が形成・維持・強化されたか否かを判断するには，それがどの取引分野で生じたか確定する作業が必要である．このような作業は市場の画定な

---

[4] 競争回避を問題にするものとして再販売価格維持行為がある．
[5] 抱き合わせには自由競争減殺以外の類型もある．金井他 (2008) 283 頁以下参照．
[6] 金井他 (2008)，220 頁以下参照．
[7] 川濵他 (2008)，12 頁以下参照．反競争効果の推定則として分類することも可能である．

いし関連市場の画定と呼ばれる．

　市場画定が市場支配力分析の前提であるというには，そこでのシェアや集中度が市場支配力分析にふさわしいように画定すること，言い換えればそこで競争が悪化すれば市場支配力が発生するであろう場を画定するものでなければならない．この考え方によって作られた基準として，米国が 1982 年の企業結合ガイドラインから採用し，EU その他にも普及している，仮定的独占者基準がある．これは，「合併する会社それぞれが生産または販売する（狭義の）製品・地域を出発点に，その製品の仮想の独占者が，少なくとも『小規模であるが有意かつ一時的でない』(small but significant and nontransitory ＝（5％で 1 年間））価格引き上げをしたとして利益になるか否かを問い，それが可能な場を関連市場とする」ものである．これに合わせて需要・供給それぞれの面から，市場支配力の抑制要因をみていくというものである[8]．わが国でも 2007 年度の改正企業結合ガイドラインから採用されている．

　なお，注意すべきは，この基準を，とりわけ数値による部分を法的なルールのように誤解してはならないことである．米国や EU でも，仮定的独占者基準の数値基準を直接当てはめるのは一般的ではない．通常は機能・効用が合理的に代替可能かなどの考慮事項に依拠して，その領域が市場支配力に関する分析にふさわしいかどうかが問われることになる．数値基準を字義通りに当てはめるのは入手可能なデータの限界などから困難である．もっとも，最近の米国では，計量経済学のテクニックを用いてこの基準をそのまま当てはめる手法として臨界弾力性などが用いられている[9]．わが国の独禁法では利用例はないが，電気通信事業の競争評価では用いられている[10]．これらの発展はわが国の市場画定実務においても参考になるものと思われる．

---

8) なお，米国では 1992 年の改正ガイドラインによって市場の画定は需要の代替性の面から考察し，供給の代替性は市場の参加者として考察するという込み入った表現をとっているが，実質的に差はない．
9) これについては，依田 (2007), 149 頁以下参照．
10) 総務省 (2004), 第 2 章を参照．

4.3 独禁法による規制の特色と限界

4.3.1 禁止と措置

わが国の独禁法の母法である米国の反トラスト法では，1911 年のスタンダードオイル事件以来，独占力に対して企業分割などで対応してきた歴史がある．電気通信事業では 1982 年に AT&T が独禁法和解事件で 8 つに分割されることになったこともよく知られている．米国では独占力の解体という市場支配力それ自体への禁止が可能であるのに，わが国は違うのかという印象を持たれるかもしれない．米国でも禁止されているのは，市場支配力の形成・維持・強化をもたらす行為である．企業分割事件でも，まず排除行為が規制の必要条件である．ただし，違法行為により市場支配力が形成・維持・強化された以上，単に行為を禁止するだけでなく，その結果である市場支配力を解消するための措置をとることが可能である．上記企業分割はそれらの措置の一環である[11]．このように，競争政策には市場支配力の弊害を将来に向けて除去するという措置の側面と市場に悪影響をもたらす行為を禁じるルールの側面とがある．ルール違反があってはじめて措置が発動されるのが独禁法の基本的立場[12]だが，公益事業規制などではルール違反をきっかけとしないで市場支配力のもつ弊害是正のための措置の設計を中心とすることも考えられる．4.2.2 項 (b) で指摘したように，市場支配力を有するからといって参入支援等の市場支配力減少に向けて行為することは一般的には要請されないが，公益事業規制などではそのような措置を命じることは十分に考えられる．

4.3.2 市場支配力の濫用

市場支配力の問題を，その濫用を防止するという観点から説明されることも多い．市場支配力の濫用には，それを行使して市場支配力の形成・維持・強化をもたらす場合と，取引の相手方に不利益を押しつける場合（搾取的濫用）の 2

---

[11] もっとも，1970 年代半ばの米国では，市場支配力の弊害を解消すること自体を独禁法の目的と考え，禁止行為の内容を特定するよりも，現にある独占の弊害を打ち消す問題解消措置がとれる限り，それを採用できるように法を運用する動きがあったが，1980 年代以降，そのような動きはない．
[12] 例外として，独占状態の規制（8 条の 4）がある．

種類がある．米国やわが国は独占規制としては前者のみを準備しているが，EC競争法では搾取的濫用も禁止されている．したがって，独占的高価格も規制対象となる．このような法体系では事業法で行われる各種価格規制も独禁法の体系内で理解することが可能である．もっとも，EC競争法の搾取的濫用は規制例が少なく，特に価格濫用は非常に数少ないことも確かである．また，規制基準が明らかでないこともあり，その適用はかなり異例のことである．ただし，業法に不備があるときの最後の手段としての役割は期待できる．

　ところで，わが国の独禁法では優越的地位の濫用（2条9項5号）が不公正な取引方法の1類型とされている．市場支配力を有する事業者の搾取的濫用は取引上の地位が相手方に優越していることを利用して不当に不利益となる取引条件を設定したような場合に文言上はあたりそうである．そうだとすると，EC競争法の搾取的濫用規制はわが国でも可能なのだろうか．その可能性は否定できないが，これまでの規制例はいずれも取引関係の特異性に由来する取引先変更の困難さが優越的地位の原因とされたものであり，市場支配力の搾取的利用それ自体を規制した例は見当たらない．独占的高価格型の搾取的濫用の規制を行うには従来規制例がなく，学説の蓄積も皆無な領域であるだけに，その規制基準の明確化作業から始める必要があろう．

4.3.3　事業法による市場支配力規制の特色

　さて，このように独禁法による市場支配力規制は限定的なものであるが，事業法の場合はかなり広範な規制が考えられる．

　まず，市場支配力の弊害に対してそれ自体の改善を目指す点が挙げられる．4.3.2項で述べた市場支配力の搾取的濫用を正面から取り上げることが多い．一般法たる独禁法において市場支配力は競争的努力の反映であり，その単なる行使を規制することに疑義が残るが，自然独占性によってもたらされた市場支配力にはそのような謙抑的な態度は必要ないといえる．

　次に，何らかの改善措置によって市場支配力の弊害が打ち消せるなら，それに必要な措置をとることもありうる．たとえば，垂直分離を行ってある市場の力を他の市場で利用するインセンティブをなくすような措置は，独禁法ではかりに命じることができるにしても違反行為があった場合に限定されるが，業法の場合はその危険性を防止する便益が規制の費用を上回る限りは対応策として

考えることができる．これは，弊害をもたらす以前に危険性のレベルで介入するものであり事前規制の典型といえよう．

3番目に，市場支配力を形成・維持・強化する行為についても特別な取扱いが考えられる．4.2.2項(b)で市場支配力を有する事業者といえども，一般的に競争者や新規参入者を支援して，自らの市場支配力を削減することは義務づけられないと述べたが，競争者支援等が規制の費用を上回る便益があるのであれば，介入する余地はある．いわゆるボトルネック独占が存在する場合，ボトルネック保有者に競争者を支援させることによって市場の改善効果は大きい．また，その市場支配力は効率性による競争に勝ち残ったが故に獲得されたものでというより，産業の特質故に生じたものとも言える．それゆえ，競争者を支援するような積極的な義務を課したとしても事前の競争へのインセンティブ低下はあまり生じないかもしれない．そうだとするなら，そのような義務を課すこともありうる．ボトルネック性を根拠とする非対称性規制はこのように捉えることもできる[13]．

参考文献

[1] 金井貴嗣他 (2008)『独占禁止法 第二版補正版』弘文堂
[2] 川濱 昇 (1999)「技術革新と独占禁止法」日本経済法学会年報 42号50頁
[3] 川濱 昇他 (2008)「競争者排除型行為に係る不公正な取引方法・私的独占について――理論的整理（公正取引委員会 競争政策研究センター共同研究報告書）」
[4] 公正取引委員会 (2003a)「独占禁止法改正の基本的考え方」
[5] 公正取引委員会 (2003b)「独占禁止法研究会報告書」
[6] 根岸 哲 (2009)「問題の所在と解題」依田高典他『情報通信の政策分析』121頁，NTT出版

---

13) 類似の問題として，いわゆるレベルプレイングフィールドの問題がある．これは，競争者間で対等な競争条件が維持されることを要求するものである．色々なコンテクストで用いられるが，特にある分野で優位な立場を有する事業者が他の分野における競争でその優位性を用いた場合が問題となる．独禁法の文脈でも語られることが多いが，独禁法では他の分野における優位性だけでは足りず，そこでは市場支配力の形成・維持・強化もしくはその具体的危険が必要とされることが多いが，政府規制の文脈ではボトルネック性や政府規制により生じた優位性を他の部門に漏出すること自体を不公正と見て規制の閾値を下げるということも考えられる．

[7] 総務省 (2004)「平成 15 年度電気通信事業における競争状況の評価」
[8] 依田高典 (2007)『ブロードバンド・エコノミクス』日本経済新聞社

第II部
垂直統合型モデルと水平分業型モデル

　近年のモバイル産業は，新たなプレーヤの市場参入により，ビジネスモデルが多様化しつつある．第II部では，従来の携帯電話事業者を中心とした垂直統合型モデルから水平分業型モデルへという流れの中で，ビジネスモデルと競争政策の関係を論じる．最初に，アプリケーションや端末を中心としたオープン化の潮流を概観し，アップルやグーグルの事業戦略，国際社会における日本の今後の方向性を示す（第5章）．つづいて，米国でオープン化の潮流に乗って議論が始まっているネットワーク中立性について，オープン化規制の賛成派と反対派の主張を通じて，モバイル市場の特性を浮き彫りにし，規制のあり方を検討する（第6章）．最後に，モバイル産業の特徴であるネットワーク効果に焦点を当てて，垂直統合型モデルを価格戦略と事業構造の面から考察するとともに，垂直統合型から水平分業型へという流れがモバイル産業に与える影響と今後のあり方について論を進める（第7章）．

第5章
新規参入とオープン化

5.1 モバイル・ネットワークにおけるオープン化の潮流

5.1.1 オープン化の定義

　モバイル業界におけるオープン化の流れが世界的に加速している．一言で「オープン化」といっても，その意味するところは多様である．今日のモバイル業界に大きな影響を与えている米産業界の動きを整理すると，(1) 端末の自由化と (2) アプリケーションの自由化の2つが注目される．この場合の自由化とは，携帯電話事業者による制約からの解放という意味で用いている．すなわち (1) 端末の自由化とは，携帯電話端末メーカが自由に端末を販売したり，利用者が同じ端末で別の携帯電話事業者に変更できることをいう．また，(2) アプリケーションの自由化は，誰もが自由にアプリケーションを開発・配布できることを指すが，その実現には，①端末プラットフォームと②アプリケーション流通プラットフォームの2つの側面を見る必要がある．

　①端末プラットフォームとは，概ね携帯電話端末に搭載される基本ソフト (OS) やミドルウェア，インターフェースまでを指している．従来は，それらのソースコードをまったく開示していないか，ライセンスを購入した企業のみが利用できる形態だった．これをオープンソース化したり，API (Application Programming Interface) や SDK (Software Development Kit) などの開発ツールを無償で公開することにより，高額なライセンス料を払うことなく，誰もが自由にアプリケーションやウェブサイトを開発できるようになった．

　②流通プラットフォームとは，アプリケーションやコンテンツをネットワークを介して配布する場合の，アプリケーションの調達・管理や，認証・課金，配

信機能などを指す．これらは従来，携帯電話事業者が，利用者保護や顧客囲い込み戦略という観点から厳しく管理していたが，端末プラットフォームのオープン化に伴い，携帯電話事業者との契約なしに，開発者が利用者に直接販売可能なマーケットプレイスが立ち上がっている．

5.1.2 オープン化の動向

(a) 端末プラットフォーム

かつてコンピュータ業界も，ソフトウェアのソースコードを一般公開し，多数の技術者が改良し再配布することで発展してきた．携帯電話の端末機能や通信環境がパソコンに近づくにつれ，同様の動きがモバイル業界にも広がりつつある．

その契機となったのは，グーグルのモバイル市場への参入である．同社は 2005 年 8 月に携帯電話用ソフトウェアを開発するアンドロイド社を買収すると，2007 年 11 月にオープンソースの携帯電話向けアプリケーション開発プラットフォーム「Android（アンドロイド）」を発表した．Android の開発・管理は自社で行うのではなく，大手通信事業者，携帯電話端末メーカ，ソフト開発会社などと共同で行うとし，そのための業界団体「OHA (Open Handset Alliance)」[1] を設立した．同時に，Android 向けの SDK を一般公開することを発表し，ソフトウェア開発環境のオープン戦略を明らかにした．

グーグルのオープン思想は，モバイル業界，特にスマートフォン市場に大きな影響を与えた[2]．ただし，「オープン化」の意味するところは，各社により異なる．たとえば，アップルは 2008 年 3 月に Android に先駆けて iPhone の SDK を公開したが，OS のオープンソース化はしていない．一方，携帯電話端末メーカ最大手のノキアは，6 月に携帯 OS で過半のシェアを占める Symbian OS の権利を獲得し，これまで有償で提供されていた同 OS をオープンソース化するとともに，同 OS を利用した複数の事業者によるアプリケーション開発プラットフォームを共通化し，無償提供するための「シンビアン・ファウンデーション」を発足させた．ノキアは 2010 年までに SDK を一般公開すると発表して

---

1) OHA には 2009 年 11 月現在 50 社以上の企業が参加している (http://www.openhandsetalliance.com/).

2) 第 12 章に詳しい．

いる．この他，LiMo ファウンデーションは，複数企業のガバナンスによって，Linux ベースのアプリケーション開発プラットフォームの開発を進めている．

(b) アプリケーション流通プラットフォーム

アプリケーション開発環境をオープン化する一方で，アップルは 2008 年 7 月，「iPhone 3G」の発売と同時に，iPhone および iPod touch 向けに開発されたアプリケーションを配信する専用のマーケットプレイス（アプリケーションストア）「App Store」を他社に先駆けて開設した．App Store を通じ，個人が開発したアプリケーションも販売可能になり，そのアプリケーションを利用者は自由にダウンロードできるようになった．この仕組みにより，iPhone 上に魅力的なアプリケーションが集約され，iPhone は早期ユーザの獲得に成功した[3]ことから，携帯電話事業者以外のサードパーティによる携帯端末向けアプリケーションのマーケットプレイスが次々に立ち上がっている．

こうした流れのなかで，対応戦略を求められる携帯電話事業者のなかには，同様のマーケットプレイス戦略を主導する動きも見られる[4]．

(c) 端末の自由化を後押しする米国規制機関

産業界の動きと連動して，2007 年 7 月，連邦通信委員会 (FCC) は無線インフラのオープンアクセスルール (Open Access Rules) を採択した．これは，2009 年 6 月に地上アナログ放送の完全停波に伴って空く 700 MHz 帯周波数の競売に際し，(1) 携帯電話端末の仕様やアプリケーションにいかなる拘束も課してはならない，(2) 携帯電話端末をどの携帯電話事業者のサービスでも利用可能にする，という入札条件を課したものである．それまでは，通信インフラを独占してきた携帯電話事業者によって端末からアプリケーションまで垂直統合的に支配されていたが，これにより，新規参入事業者が携帯電話事業者のインフラを利用して，自らの携帯電話事業を展開する道が開かれたといえる．ただし，(3)ISP 等によるネットワーク接続の自由や (4)MVNO へのネットワーク卸売りの義務化については見送られた．(1)〜(4) の条件はグーグルが FCC に要求していたものである．

最終的には携帯電話事業者大手のベライゾン・ワイヤレスが落札したが，同

---

3) 2009 年 9 月には iPhone の販売台数は 3,000 万台を突破し，App Store からのアプリケーションのダウンロード数が 20 億を記録した．

4) サードパーティならびに携帯電話事業者によるアプリケーションストアの動きについては第 1 章に詳しい．

社はオープンアクセスルールにのっとり，同社が提供する以外の端末やアプリケーションも利用者が利用できるようにする方針を明らかにした．これまで垂直統合志向の強かった同社の方向転換によって，この新政策ならびにグーグルの目論見は一定の成果をあげたといえる．端末の自由化ならびにアプリケーションの自由化については，オバマ政権の下でも引き続き議論がされている．

5.2 新たなビジネスモデルの台頭

5.2.1 iPhone の垂直統合型モデル

アップルは iPhone において，アプリケーション開発環境を公開するとともに，自由にアプリケーションを流通させる仕組みを構築することで，それまで携帯電話事業者の支配力が強かったモバイルアプリケーションの市場を解放した．しかし，そのビジネスモデルは，アップルが端末からアプリケーション・コンテンツまでを垂直統合的に提供するモデルに他ならない（図 5.1）．

まず端末プラットフォームでは，iPhone の OS は独自 OS であり，端末も端末メーカであるアップルが独自に開発している．SDK を無償で公開しているが，開発者は「iPhone Developer Program」に有料で登録し，アップルの審査にパスしなければ，App Store を通じてアプリケーションを配布できない仕組みとなっている．このように，iPhone では端末とアプリケーションを従来の携帯電話事業者に替わって，アップルが垂直統合的に管理しているのである．しかし，それは同時に悪意のあるプログラムから利用者を保護し，継続的なメンテナンスを保証する責任をアップル自身が負っているという側面も持っている．

また，iPhone の要諦である「App Store」の認証・課金プラットフォームもアップルが iTunes を拡張構築し，独占的に提供している．決済はアップルの iTunes アカウントを使って行われる．これまではアプリケーションのダウンロードごとに課金する都度課金が中心であったが，iPhone3.0 以降は「In-App Purchase」により，購入したアプリケーションから App Store を介さずに追加コンテンツを購入することが可能になった．いずれの課金モデルにおいても，アップルは開発者から販売収入の 30%を手数料として得ている．収益配分こそ異なるが，アップルのプラットフォームは，日本の i モードを始めとするモバイルインターネットのプラットフォームによく似ている．

しかし，従来の携帯電話事業者のビジネスモデルと異なる同社の革新性は，通信回線から音声通話やメールのアプリケーションをアンバンドルした点にある．それにより，これまで通信事業をコアに，端末からコンテンツ・アプリケーションまでを垂直統合的に提供してきた携帯電話事業者を，ネットワークを提供するだけの土管（パイプ）とし，端末メーカであるアップルが端末からコンテンツ・アプリケーションまでを支配するビジネスモデルを可能としたのである．

5.2.2　Android の水平分業（協働）型モデル

iPhone の垂直統合型モデルに対し，Android は端末の開発・製造，端末プラットフォーム（OS およびミドルウェア）の開発，マーケットプレイスの提供を複数の企業で協働する水平分業型モデル[5]といえる．

端末プラットフォームは，グーグルと OHA で開発するが，同プラットフォームを搭載した携帯電話端末はさまざまな企業が自由に開発し，販売できる．マーケットプレイスも，現在はグーグルが「Android Market」を提供しているが，本来は第三者が自由に提供できる設計となっており，将来的に携帯電話事業者によるマーケットプレイスやアップルの「App Store」を展開することも可能である．グーグルの場合，プラットフォームを普及させ，携帯電話のメディアとしての価値を高めることで広告収入を狙っているため，自身は顧客を持つ必要がないのである．こうした背景から，Android Market では，App Store と異なり，アプリケーション事業者がグーグルによる許可や審査を受ける必要はない．しかし，代わりに Android 上で実装される製品やサービスの責任や利用者保護は，それを提供する事業者が負担しなくてはならない．したがって，課金モデルは，開発者に 70%が支払われるのは iPhone と同様だが，残りの 30%は決済手数料と携帯電話事業者への支払いに充てられ，グーグル自身は収益を得ていない．

このように，Android の場合，オープンな技術や開発環境そのものを提供し，個々のビジネスモデルや市場の創出は，外的な環境に依存している．また，Android は，開発や実装のしやすさから携帯電話以外の組み込み機器への応用も期待されており，将来的には携帯電話以外の組み込み機器と独自のマーケッ

---

5) ここでいう水平分業型モデルとは，端末，通信回線，プラットフォーム等のレイヤーごとに各プレーヤが機能を分担する事業モデルのことをいう．

トプレイスの仕組みを使って，携帯電話事業者以外のさまざまなプレーヤが，端末からコンテンツ・アプリケーションまでを垂直統合的に提供し，新規参入するポテンシャルを持っている（図 5.1）．

5.2.3 デバイス MVNO の登場

携帯電話端末の自由化，多様化に伴い，MVNO にも新たなビジネスモデルが登場している．MVNO で先行した欧米では，音声サービスの再販を中心にしたビジネスモデルが主流で，ネットワークの貸し手である携帯電話事業者と競合するケースも多く，携帯電話の加入数も飽和に向かうなか，これまでに成功例は少なかった．しかし近年の無線ネットワークの大容量化・高速化に伴い，携帯電話の通信機能をノートパソコンやカメラ，電子書籍端末，監視カメラなど携帯電話以外の端末に組み込んでサービス提供する「デバイス MVNO」と呼ばれるサービスモデルが登場し，注目されている．

デバイス MVNO では，アマゾン・ドットコムが発売している電子書籍端末「Kindle」が代表例として知られる．Kindle には携帯電話のチップが内蔵され，「Whispernet」と呼ばれる携帯電話ネットワークを通じて書籍等をダウンロードする．Whispernet は，アマゾンがスプリント・ネクステルのデータ通信サービスを利用して提供するもの[6]で，利用者は携帯電話事業者と契約を結ぶ必要はない．データ通信料はアマゾンとスプリント・ネクステル間でのバルク契約になっており，コンテンツ料金に付加される仕組みである．

アマゾンは従来から，書籍販売サイトで課金・決済プラットフォームを提供している．書籍販売サイトでは「立ち読み」機能において，出版社の許諾の下，アマゾンが本文を電子化する仕組みも備えている．これらの仕組みを利用すれば，出版社は作家との権利処理さえ行えば，書籍の電子化コストも流通コストも気にせずに，電子書籍市場への新規参入が可能となる．この既存流通プラットフォームをコアに，アマゾンは，電子書籍分野において，端末とネットワークを垂直統合したビジネスモデルを構築したのである（図 5.1）．

デバイス MVNO は，日本でもセコムの「ココセコム」やトヨタの「G-BOOK」などによって実現されているが，近年では海外でも，デバイス MVNO に積極

---

[6] 2009 年 10 月に発売された international 版では AT&T のネットワーク・サービス（3G および国際ローミング）を利用している．

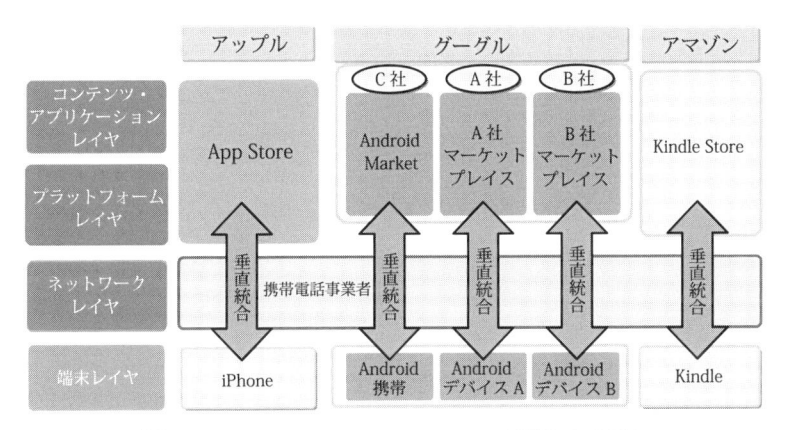

図 5.1 iPhone, Android, Kindle のビジネスモデル

的にネットワークを提供する携帯電話事業者も登場し，急速な発展が期待されている．それらは概ね，非携帯電話事業者によって，端末からコンテンツ・アプリケーションを垂直統合的に提供するビジネスモデルを指向していくと考えられる．

5.3 日本の動向と今後の方向性

5.3.1 日本型携帯エコシステム

このように，モバイル分野に新規参入してきた企業のビジネスモデルを見ると，日本の携帯電話事業者が構築してきた垂直統合型モデルを踏襲しているようにもみえる．確かに，携帯電話事業者が顧客（アカウント）と強く結びつき，端末メーカやコンテンツ事業者と協働でマーケティングを展開し，互いに利益を享受する日本型携帯エコシステムは，世界でも類のない優れたシステムとして，日本の高度なモバイル市場を牽引してきた（図5.2）．アップルやグーグルの動きは，海外でも日本同様の高度な市場を創出するため，日本型携帯エコシステムのメリットを取り入れながら，自身が中心に位置する新たなパワーバランスの再構築を試みているという見方もできる．

従来の日本型携帯エコシステムの優位性は，(1) 高機能サービスと一体化した端末の低価格販売，(2) 携帯電話事業者が提供するポータルサイトと月額課金モデルを中心としたコンテンツのワンストップ・サービス，にあった．

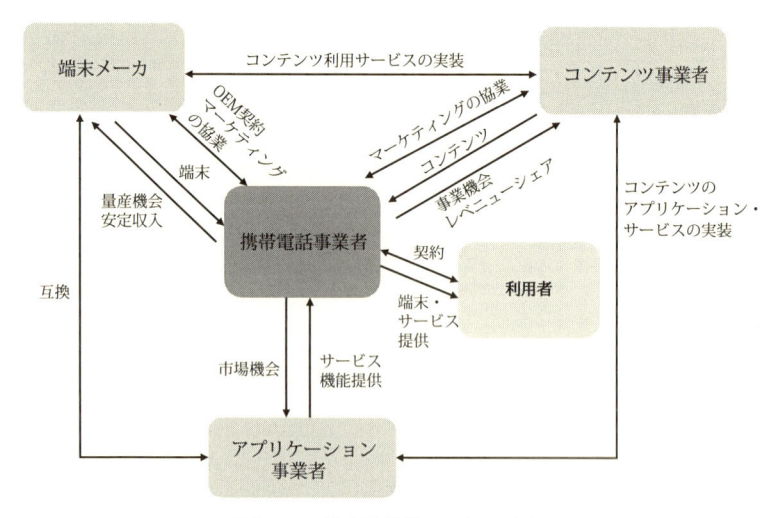

図 5.2 日本型携帯エコシステム

(1) の端末プラットフォームについては，日本ではこれまで携帯電話事業者が各社ごとに端末やサービスの仕様を決定し，その機能を具備した高機能端末をメーカに生産させ，それを買い上げて自社ブランドで販売してきた．端末は消費者が受け入れやすいよう仕入れ価格を下回る安値で提供され，販売代理店にはその損失分を携帯電話事業者が販売奨励金として補填してきた．その結果，高機能端末に対する需要が顕在化し，市場が拡大し，携帯電話事業者の管理の下，端末メーカやコンテンツ事業者のエコシステムが形成され，競争力を生み出したのである．しかし一方では，携帯電話事業者は，販売奨励金のコストを通信料金のコストに上乗せして，利用者から回収していたことから，端末と通信回線のレイヤー区分が不明確として，後述の通り，総務省により見直しが求められた．

(2) は，iモードを始めとするモバイルインターネット（以下，便宜的にiモードとする）のエコシステムである．iモードでは，携帯電話事業者自らがポータルサイトを運営し，そのメニューリストに掲載するコンテンツを自社の掲載基準に基づき厳しく審査し，選定したサイトを「公式」サイトとしてブランド化するとともに，有料コンテンツの料金については通信料金と一緒に回収する[7]便

---

7) 携帯電話事業者が徴収する手数料は，海外に比べ低く設定されている．

宜を図っている．課金は，数百円程度の月額小額課金を採用したため，都度課金に比べ，利用者の使い勝手もよく，コンテンツ事業者にとってはコンテンツ開発の原資が回収しやすく，新規開発に再投資しやすい好循環を生んだ．一方で，携帯電話事業者は公式以外の「一般サイト」にも技術情報を提供し，勝手アプリの開発を認めている．一般サイトは，メニューリストからの誘導や携帯電話事業者の課金システムが利用できない代わりに，サイト構築に制限がないため，公式サイトとの競合関係のなかで，革新的な技術を活用した独創的なコンテンツの創出に貢献している．すでに一般サイトの利用は公式サイトの利用を上回っている状況にある (モバイル・コンテンツ・フォーラム，2007)．こうしたなか，総務省では，コンテンツ・アプリケーション市場の多様化をさらに推進するため，携帯電話事業者による公式サイト以外のサードパーティによるポータル（競争ポータル）の可能性について，議論を進めている．

このように日本型携帯エコシステムでは，携帯電話事業者が通信レイヤーを超えて，複数のレイヤーを縦断するビジネスモデルが競争政策上問題視されているところであるが，①音声通話よりもアプリケーションやコンテンツに軸足を置き，②顧客（アカウント）との強い結びつきのうえで，③端末メーカやコンテンツ事業者と WIN-WIN の関係を構築するという思想が，アップルやグーグルの戦略の手本として継承されていることは確かである．

5.3.2 オープン化に向けて

米国に端を発したモバイル・ネットワークのオープン化により，今後は高度なモバイルインターネット市場が海外でも拡大していく．市場を牽引しているのは，今のところアップルやグーグルといった携帯電話事業者以外の新規参入事業者である．日本にとっては，これらの外国資本に日本市場を席巻されるリスクでもあると同時に，これまでモバイルインターネットで先行してきた日本型のビジネスモデルで海外進出をするチャンスと捉えることもできる．

総務省は，わが国にも多様なビジネスモデルの登場を促進する「オープン型モバイルビジネス環境」の整備が不可欠とし，「モバイルビジネス活性化プラン」の下，携帯電話事業者主導の垂直統合型モデルを見直している．同プランは，2011 年を目標とし，①端末販売モデルの見直し[8]，② MVNO の新規参入

---

8) 販売奨励金の見直しや SIM ロック解除など．SIM ロック解除を行うことにより，たとえば NTT

の促進，③認証・課金などのプラットフォームの共通化・連携強化[9]を図るというものである．

確かに，端末コストを毎月の通信料金の一部を原資として回収する販売奨励金の仕組みは，料金システムとして不透明で，市場の寡占化を助長する点から，正常化が求められてきたところである．レイヤーをアンバンドル化する「オープン型モバイルビジネス環境」も，時代の趨勢であることに違いない．

しかし，すでに携帯電話の新規需要が縮小し，市場の成長が鈍化傾向にあるなかで，携帯電話事業者や端末メーカは長期化するコスト回収に不安を抱え，新規参入による事業化も困難になっている．こうした低成長期にあって，アップルやグーグルの垂直統合的なアプローチに対し，日本にも強い対抗軸が求められている．その際，アップルやグーグルの手本となった，これまでの日本型携帯エコシステムが国際競争力を持たないはずはない．オープン型モバイルビジネス環境への移行は慎重に進める必要があるだろう．仮にプラットフォームの開放によって新規に参入する事業者には，これまで携帯電話事業者が果たしてきた役割を果たしながら，海外からの脅威に対抗しうる事業性を確保することが要求される．他方，携帯電話事業者が端末からアプリケーション・コンテンツに至るまで統一的にデザインしたパッケージに利便性を感じているユーザが少なからずいることも忘れてはならない．こうしたなか，日本市場にもすでに，iPhone や Android 搭載端末が投入され，携帯電話事業者はオープン型のビジネスモデルを模索し始めた．通信事業者には通信の守秘義務やデータ管理などに関する責任が事業法で課されている点において，新規事業者によるビジネスモデルで脆弱な安全性を補強できる優位性がある．こうした事情を踏まえ，これからのモバイル政策には，国際競争力強化を念頭においたうえで，日本の企業が一体となり，新たな市場ニーズに適合した日本型携帯エコシステムを再構築していくことが期待される．

ドコモの FOMA カードを他社の端末に差し込んでも利用することができる．
9) 認証 ID や位置情報，課金を共通利用できるプラットフォームの整備．携帯電話端末の基本ソフトやミドルウェアの共通化．

参考文献

[1] FCC (2007) 700 MHz Report and Order
[2] モバイル・コンテンツ・フォーラム監修 (2006)『ケータイ白書 2007』インプレス R&D
[3] 総務省 (2002) 「情報通信新時代のビジネスモデルと競争環境整備の在り方に関する研究会報告書」
[4] 総務省 (2007) 「モバイルビジネス研究会報告書」
[5] 総務省 (2009) 「通信プラットフォームの在り方」
[6] 谷脇康彦 (2008)『世界一不思議な日本のケータイ』インプレス R&D

第6章
モバイル産業における中立性問題

　わが国におけるモバイル産業は，垂直統合型のビジネスモデルから，水平分業型（レイヤー型）のビジネスモデルへの転換を迫られているようである．総務省に設置された「モバイルビジネス研究会」の最終報告書（2007年）は，ユーザが自由に端末を接続できる環境を理想とし，端末にかかる内部補助販売モデルの転換を迫る．また同報告書は，ユーザが自由にアプリケーションを端末に搭載し利用できる環境を理想とし，同じく総務省に設置された「通信プラットフォーム研究会」の最終報告書（2009年）は，オープン型プラットフォームの実現[1]をその具体的手段の1つとする[2]．

　米国においても，開放性にかかる同様の議論が始まっている．「ワイヤレス・ネットワーク中立性」とか「ワイヤレス・カーターフォン」の問題と呼ばれるものである．わが国におけるモバイル利用がデータ通信を主とするのに対して，従前，米国におけるモバイル利用は，音声通話が主であった[3]．しかしここ数年，米国において，高機能端末（第3世代端末）の上市とともに，モバイルインターネットの利用が増加する傾向にある[4]．また，パソコンインターネット

---

[1] プラットフォームレイヤーにおける認証・課金機能が，コンテンツ・アプリケーションレイヤーのボトルネックになっているとの認識に基づき，その開放を実現しようとする．

[2] このような流れの背景には，①モバイル産業が成長期から成熟期へと移行することで垂直統合型の事業モデルにかかる正当性が薄らぐ一方，②従来わが国が国際競争力を有してきた軽薄短小産業の1つである端末産業の凋落への危機感があり，同時に③先進的なネットワーク環境を活かしたコンテンツ・アプリケーション産業に対する成長・国際競争力強化への期待がある．

[3] 米国では，人口の86%がモバイルサービスを利用するが，ウェブ利用はそのうち13%にすぎない．ARPU比率（ユーザ単位収益に占めるデータ通信の割合）を比較すれば，わが国が29%であるのに対して，米国は12%にとどまる．しかも米国におけるデータ通信の主はSMSである．他方，MoU（1ヵ月単位の平均音声通話利用分数）を見れば，米国が838分であるのに対して，わが国は145分にとどまる．米国のモバイル産業の市場構造にかかる各種統計については，断りなき限り，FCC（2009）による．

[4] スマートフォンユーザでは58%，とりわけiPhoneユーザでは85%が，第3世代サービスを利

分野において活動する企業が，モバイルインターネット分野に積極的に進出しつつある．今後も，この傾向が変わることはないであろう．

米国において，ネットワーク中立性の問題は，パソコンインターネットの分野において活発に議論されてきた（武田・尾形，2008）．したがってワイヤレス・ネットワーク中立性とは，パソコンインターネットにおける議論を，単純にモバイルインターネットに移植するものと思うかもしれない．しかしモバイルの分野における中立性問題は，より広範囲かつ複雑である．多段階での競争回避および競争者排除が問題となり，またユーザとの唯一のインターフェースである端末の制約が重要な問題になるとの特徴を有する．

本章は，まず米国における中立性の議論の検討を通して，モバイル産業における競争政策上の課題を考えてみたい．そのうえで，①動態的な市場における事前規制，②寡占的な市場における事前規制，③規制手法としての非差別義務の3点に注目して，モバイル産業における事業法規制のあり方を検討したい．

6.1 市場の開放性とワイヤレス・カーターフォンルール

6.1.1 競争と開放性

米国のモバイル産業における開放性の意義について，議論の先鞭を付けたのはコロンビア大学のNoam教授であった(Noam, 2003)．Noamにとって「開放性(openness)」とは，事業者が競争者に頼ることなくユーザにアクセスできることを意味する[5]．Noamによれば，米国のモバイル産業は開放化（オープン化）が進んでおらず，これが日欧と比較した米国のモバイル産業の遅れにつながっている．開放性実現のためには，①ユーザの選択に注目した政策，また②参入障壁を低下させる政策が必要である[6]．より具体的に，開放性の実現に最も重要な政策は①端末の開放であり[7]，②周波数の開放がそれを補完するという[8]．

用する．
5) Noam (2003), p.21.
6) Noam (2003), pp.23–24.
7) Noamが主張する「端末の開放」とは，後にみるオープンプラットフォームの議論と概ね共通する．
8) Noam (2003), pp.34–36.

Noam にとって「開放性」は、「垂直統合」のほか「競争」とも対比される概念である。従来の FCC の政策は「競争」であった。これは携帯電話事業者に自由を認める政策である[9]。しかし「競争」の政策は失敗し、結果として携帯電話事業者は垂直統合を進展させ、ユーザの選択および利便が損なわれている。そこで、ここで取るべき政策は「開放性」の実現という。Noam は、以上のような政策の転換を、ネットワークの「コア」から「エンド (periphery)」に関心を移動するものと理解する[10]。これはネットワーク中立性の考え方そのものである。レイヤー型市場構造として論じられるように、問題を垂直統合か水平分業かと捉えれば、多くの懸念はレイヤー間のレバレッジ問題に解消されよう。しかし問題をコアかエンドかと捉えれば、エンドにおけるイノベーションの評価という問題が生じることになる。

6.1.2 ワイヤレス・カーターフォンルール

Noam の議論をより明快に展開して、具体的政策として提示したのが、同じくコロンビア大学の Wu 教授である (Wu, 2007)。Noam には第 3 世代市場のみならず、第 2 世代市場への関心もあった。たとえばローミング料金の高さを懸念し、音声通話ごとに、複数の携帯電話事業者からサービスを選択できる単一端末の導入を主張していたのである[11]。これに対して、Wu は米国における音声通話市場の競争は活発として、到来しつつあったワイヤレス・ブロードバンド市場における競争減殺への懸念を全面に打ち出す。

Wu によれば、米国のモバイル産業は、1990 年代以降、周波数オークションやナンバーポータビリティといった FCC の施策により、ネットワークレイヤーにおける携帯電話事業者間の活発な競争が実現している。低廉な音声通話料金は、その成果である。しかし Wu によれば、次の問題に対して大きな関心を払うべきである。すなわち、①周波数の希少性に起因する寡占的市場において各携帯電話事業者が有する市場支配力（水平的市場支配力）が、②端末市場やコンテンツ・アプリケーション市場（垂直的な関係にある市場）に与える影響である[12]。Wu は携帯電話事業者による 4 つの具体的行為を指摘する。

---

9) Noam (2003), pp.21–22, 37.
10) Noam (2003), pp.23–24, 38.
11) Noam, (2003), pp.26–27.
12) Wu (2007), p.393.

第 1 に，ネットワークへの端末接続の制約である．SIM ロックがその例である．SIM ロックについては，合法に SIM をアンロックし中古端末を販売する事業者が存在する．また携帯電話事業者は 3 ヵ月間所有された端末についてはアンロックを認める方針を採用する．しかし多くのユーザはアンロックの可能性はもちろん，ロックの事実すら知らない[13]．

第 2 に，端末のデザイン・機能の制約である．端末における Bluetooth 機能や Wi-Fi 機能の制約がその例である[14]．Bluetooth 機能の制約は，それを利用した隣接市場の生成を阻害する．Wi-Fi 機能の制約は，VoIP サービスの利用を不可能にする．

第 3 に，モバイルインターネットにかかる利用制限である．AT&T，ベライゾン・ワイヤレスは「無制限の利用 (unlimited)」を謳いながら，実際には VoIP サービスの利用や，iTunes や YouTube からのコンテンツのダウンロードを契約により利用不可能とする[15]．

第 4 に，アプリケーション開発の制約である．具体的には，API の秘匿，認証手続の不透明さ，統一プラットフォームの不存在，SMS を利用したアプリケーション開発に対する制約が問題である．

Wu は，以上 4 つの具体的行為に対処するために，以下の 4 つの提案をなす．すなわち，①ネットワークへの端末の自由な接続を認めること（Wireless Carterfone ルール），②ユーザによるコンテンツ・アプリケーションの自由な利用を認めること（Basic Network Neutrality ルール），③ユーザに対してサービス内容をより一層開示すること（Disclosure ルール），そして④アプリケーション開発環境を改善すること（Standardize Application Platforms ルール），である．

---

13) Wu (2007), p.401.
14) 他に，通話時間の記録・管理機能の制約，メールでの画像送信を認めず，画像のアップロードサイト (photo sharing site) の利用を義務づけることを例とする．
15) 利用違反（帯域の過大利用）のユーザについてアカウントを閉鎖するなどして，その実効性を確保しているとする．

6.2 モバイル産業における競争政策的課題

6.2.1 サービス内容の十分な説明

Wu の主張は，モバイルインターネット産業のあり方全体に関わるものである．ここでは，Wu の主張，およびそれを巡る議論を分解・分析することを通して，モバイル産業における競争政策的課題を検討したい．Wu の主張は，まず市場への影響を直接に危惧するものか否かによる分類が可能である．Wu の主張の中には，市場への影響にかかわらず，携帯電話事業者がユーザの選択を歪めることそれ自体を問題にするものがある．①ユーザに対してサービス内容のより一層の開示を求めるルールである（Disclosure ルール）．次に，市場への影響を危惧するものは，②端末の制約に関心を寄せるものと，③コンテンツ・アプリケーションの制約に関心を寄せるものに分類が可能である[16]．以下，この分類に従って，議論の展開を検討することにする．

ユーザに対してサービス内容のより一層の開示を求めるルールについては，論者間に大きな異論がない．ユーザがサービスプランについて無知というのは事実誤認であり[17]，明確な市場の失敗がない以上，開示を命じることによる規制費用への関心が必要とする少数意見もある[18]．しかし，エンドユーザやコンテンツ・アプリケーション事業者は，十分な情報を得て，初めて選択や交渉の機会を得ると考えられている[19]．ユーザがサービス内容について十分な情報を得ることは，市場機能の前提とされる．中立性問題の解決についてまず取り組むべきは，ユーザに「知らされる権利」を確保することと論じられるのである[20]．

---

16) ワイヤレス・ネットワーク中立性の問題を，①エンドユーザに対する制約，②端末事業者に対する制約，③アプリケーション事業者に対する制約と整理する，Hahn et al. (2007), pp.399–400 と共通性を有する．
17) Hahn et al. (2007), p.413.
18) Hahn et al. (2007), pp.444–445.
19) Speta (2009), pp.121–122.
20) Weiser (2008), pp.298–301.

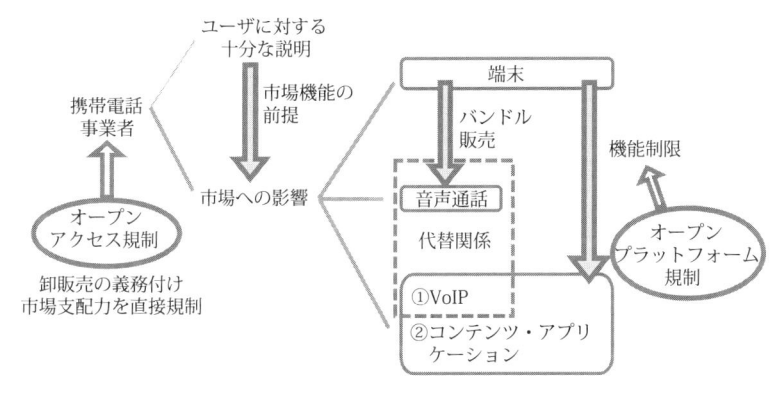

図 6.1 競争政策的課題とそれに対するレメディ

6.2.2 端末の制約を通した競争制限

(a) 端末の機能制約

端末の制約にかかる議論を子細に見れば，端末の制約に起因する，①ユーザ利便の減少を問題にする議論，②携帯電話事業者間の競争回避を問題にする議論，そして③代替ネットワークの排除を問題にする議論に細分類が可能である．

第1に，端末の機能制約によるユーザ利便の減少を問題にする議論がある．その例は，携帯電話事業者が端末のBluetooth機能の搭載を制約しているというものである．たとえば端末にBluetooth機能が搭載されていれば，プリンタ等との直接交信が可能となり，ユーザの利便は大きくなるはずというのである[21]．これに対しては，事実の認識として誤りであり，すでにBluetooth機能を内蔵した端末は多く存在し，Wuがいうサービスについては，プリンタ側に同機能がないだけとの批判もある[22]．

ここでは，そもそも携帯電話事業者が端末の機能制約にインセンティブを有するかが，問題とされよう．端末の魅力を高めることは，端末が特定の携帯電話事業者に固定されている状況を前提とすれば，ネットワークの魅力を高めることとなり，携帯電話事業者にとっても望ましいはずである．問題の機能が携帯電話事業者のサービスと代替的サービスを提供しない限り，携帯電話事業者が

---

21) Wu (2007), pp.403.
22) Hahn et al. (2007), pp.433.

端末の機能を制約することには，以上のようなインセンティブ問題が生じる[23]．

(b) 携帯電話事業者間の競争回避

第2に，端末の制約を，携帯電話事業者間の競争回避の観点から問題にする議論がある．その例は，GSM 携帯電話事業者（AT&T および T モバイル）が行う SIM ロックや，CDMA 携帯電話事業者（ベライゾン・ワイヤレス）が行う移動体識別番号 (MEID) ないし電子シリアル番号 (ESN) による端末の管理[24]である．これら端末のロックと，サービス料金により端末価格を内部補助するビジネスモデル（端末の値引きと2年間の長期利用契約の締結）は，ユーザをロックインするものというのである[25]．

これに対しては，端末の買い替えサイクルを考えると，2年の長期利用契約によりユーザの利益が損なわれることはないとする意見がある[26]．しかし端末の性能や機能にこだわらず，低廉なサービス料金に価値をおくユーザも存在するはずであり，そのようなユーザの利益は害される．またすべての携帯電話事業者がサービス料金による端末価格の内部補助というビジネスモデルを採用するときは，サービス料金にもっとも敏感なユーザに対して競争を回避するという状況を生み出すことになる[27]．端末価格の内部補助については，ユーザの初期投資を小さいものにし市場拡大に資するとの判断から，バンドル規制の対象外とされていた．しかし市場の飽和段階においては，競争回避の問題がクローズアップされることになる．

以上のように，SIM ロックや端末価格の内部補助については，携帯電話事業者間の競争回避（水平的制限）の観点から評価することができる．これに対し

---

23) スカイプは，端末が多機能化され，さまざまなサービスのアクセスに使われることにより，端末の内部補助販売の市場歪曲効果が大きくなっているとする (Skype, 2007, p.13)．これは，端末の機能制約をそれ自体問題にするものではなく，端末の制約を通じたアプリケーション市場の競争者排除を懸念するものである（本章 6.2.3 項参照）．

24) Wu は，CDMA 携帯電話事業者の中でも，スプリント・ネクステルは端末にそのような制約を加えておらず，携帯電話事業者による端末の制約が技術的必要性に基づくものでないことを示すとする (Wu, 2007, p.400)．

25) Wu は，携帯電話事業者は端末市場において，①販売にかかる参入障壁 (retail barriers) と②技術的参入障壁 (technical barriers) を構築しているとする．端末価格の内部補助は①の例であり，SIM ロックは②の例である．

26) Hahn et al. (2007), p.423 n.89. バッテリーの寿命や軽量化などによる新型端末の訴求力により，ユーザは平均 18 ヵ月で端末の買い替えを検討するという．したがって 14 ヵ月の長期契約は，ユーザの意思決定に影響を与えることがないとする．

27) Frieden (2008), p.693.

てWuは，それらを携帯電話事業者による端末市場の閉鎖問題として理解する．すなわち，たとえば端末価格の内部補助について，それにより独立系販売業者が排除され（端末の90-95％が携帯電話事業者により販売されている），結果として市場に流通する端末モデルが限定されることを懸念する．

しかし上で述べたように，携帯電話事業者による端末の制約には，インセンティブの問題がある．携帯電話事業者に端末の魅力（機能や多様性）を減じるインセンティブが存在するかの検討が必要である[28]．少なくとも中立性規制にかかる問題のすべてを，携帯電話事業者による端末メーカやコンテンツ・アプリケーション事業者への一方的拘束付けと理解することは偏った見方になるであろう．たとえばスマートフォンのiPhoneについて，Wuは，AT&T（携帯電話事業者）によるアップル（端末メーカ）への拘束付けと見なす．しかし事実は，魅力ある端末 (iPhone) を望んだAT&Tに，アップルが独占利潤の折半を持ちかけたと言えよう[29]．また一般的に，携帯電話事業者に端末販売のインセンティブを与えるために，端末メーカが携帯電話事業者と排他的取引を行うことはありそうである[30]．

(c) 代替ネットワークの排除

第3に，端末の制約を，代替ネットワーク排除の観点から問題にする議論がある．その例はWi-Fi接続機能の制約である．Wi-Fi接続は，携帯電話事業者によるデータ通信サービスの代替サービスとなる．後にみるように，携帯電話事業者はアプリケーション制約の理由として，しばしばネットワークの混雑緩和を主張する．端末にWi-Fi接続機能を搭載することは，そのような混雑の問題の緩和に資するはずである．それにもかかわらず制約を課すことには，競争制限的意図があるのではというのである．

これに対しては，iPhoneがそうであるように，すでにWi-Fi接続機能を有した端末は上市されており，それにもかかわらず注目されないのはバッテリーの性能（持続時間）が理由との意見がある[31]．しかし，たとえばバッテリー性能

---

28) 大崎（2008）101頁以下は，米国の端末市場について，高度な端末を求める需要がそもそも存在せず（ただしスマートフォンの登場により端末の2極化傾向が生じつつあるとする），端末メーカと携帯電話事業者は一方的な依存関係にないとまとめている．
29) Hahn et al. (2007) p.420, pp.429-431.
30) Hahn et al. (2007) p.419.
31) Hahn et al. (2007), pp.435-436; Schwartz & Mini (2007), p.22.

が向上した場合には，①Wi-Fi 接続機能は携帯電話事業者によるデータ通信サービスの代替サービスを提供し，また②それを理由した VoIP サービスは携帯電話事業者による音声通話サービスの代替サービスとなる．このような場合に，携帯電話事業者に Wi-Fi 接続サービスを排除するインセンティブがないだろうか．また，③次にみるコンテンツ・アプリケーションの囲い込みについて，その実効性を確保するために Wi-Fi 接続を制約することもありそうである．

(d) 端末規制の重要性

カーターフォンルールは，ネットワークに害を与えない限りユーザは自由に端末を接続できるとする，端末接続にかかるルールである[32]．モバイル産業において端末は，あらゆるサービスのボトルネックとなる[33]．カーターフォンルールが携帯電話事業者に対して適用されれば，端末の制約を通した競争制限行為の多くは不可能となる．しかし FCC は，携帯電話事業者に対する同ルールの適用を明らかにしたことがない[34]．

携帯電話事業者が，音声通話サービスを提供する際には，「電気通信サービス (telecommunications services)」[35]の提供を行うものとして，タイトル II 規制 (コモン携帯電話事業者としての規制) に服する[36]．他方，インターネット接続サービスを提供する際には，「情報通信サービス (information services)」[37]の提供を行うものとして[38]，同規制に服することがない．このような二分法は，固定網におけると同様である．しかし固定網の場合にはサービスごとの端末が異なるのに対して（電話機とパソコン），携帯電話事業者は，音声通話サービスとインターネット接続サービスを1つの端末により提供する．ここから，音声

---

32) 47 C.F.R. §64.702. See in the Matter of Use of the Carterfone Device in Message Toll Tel. Serv., 13 F.C.C.2d 420 (1968). See also Hush-A-Phone Corp. v. Am. Tel. Co., 20 F.C.C. 391 (1955), rev'd per curiam, 238 F. 2d 266 (1956). See generally, Johnson (2009).
33) Noam (2003), p.37.
34) Frieden (2008), p.687. これまでワイヤレス・カーターフォンルールが大きな注目を集めることがなかったのは，①利用サービスがもっぱら音声通話とテキストメッセージであり，ユーザが端末の機能制約に気付く機会がなく，また②ユーザは端末の内部補助ゆえに，そのような機能制約に目をつむる傾向にあったとする．
35) 47 U.S.C.S. §153(46).
36) 携帯電話事業者が提供する電気通信サービスは「CMRS (Commercial Mobile Radio Service)」(47 U.S.C. §332(d)(1) (2000)) として，PSTN へのアクセス提供義務，ローミングサービス提供義務など，タイトル II 規制に服する．
37) 47 U.S.C.S. §153(20).
38) See Appropriate Treatment for Broadband Access to the Internet Over Wireless Networks, F.C.C. 07–30 (2007).

通話サービスについて端末接続にかかる規制が可能となれば，反射的に，インターネット接続サービスについても端末規制を課す結果をもたらす．

ワイヤレス・カーターフォンという課題設定には，権利論的な言説上の説得性とともに[39]，以上のような現実的な重要性がある．端末はあらゆるサービスのボトルネックなのである．中立性規制の賛成論者は，タイトルIIの規制権限を根拠として[40]，端末にかかる規制を行うことは可能とする[41]．またFCCは，通信法のタイトルIに基づき，幅広い「付随的な(ancillary)」規制権限を有しており[42]，タイトルIIの規制権限とタイトルIの付随的規制権限とを併せるならば，FCCがワイヤレス・カーターフォンルールを命じうることに疑いないとする[43]．

6.2.3 コンテンツ・アプリケーションの制約を通した競争制限

(a) VoIPサービスの排除

Wuは，携帯電話事業者により音楽・呼出音・壁紙等のコンテンツの利用が制約され，また画像のアップロードサイトなどの利用が強制されていると主張する．コンテンツ・アプリケーションの制約にかかるこのような議論を子細に見れば，①代替サービスの排除を問題にする議論，②コンテンツ・アプリケーションの囲い込みを問題にする議論に細分類が可能である．

第1に，代替サービスとしてのVoIPサービスの排除を問題にする議論がある．携帯電話事業者によるコンテンツ・アプリケーション市場への市場支配力のレベレッジを一般に否定する論者も，ことVoIPサービスの排除については，携帯電話事業者が排除のインセンティブを有することを認める[44]．携帯電話事

---

[39] ワイヤレス・カーターフォンルールと中立性ルールとを混同すべきではないとする，Frieden (2008), pp.719-720参照．前者のルールは端末接続にかかる権利の問題だとする．
[40] See Reexamination of Roaming Obligations of Commercial Mobile Radio Serv. Providers, WT Docket No. 05-265, F.C.C. 07-143 (2007).
[41] Frieden (2008), p.716, pp.718-719.
[42] FCCは，「通信法タイトルIに基づき，2005年の政策声明で明らかにしたところの中立性原則を採用し，それを実現することができる」と述べている (20 F.C.C.R. 14986 (2005)).
[43] Frieden (2008), p.718．また，中立性規制の賛成論者がしばしば持ち出すのは，ケーブル事業者に対する規制との均衡である (Skype, 2007, p.11)．コモン携帯電話事業者でもないケーブル事業者に対して，端末（セットトップボックス）にかかる規制が行われていることとの均衡が重要とする．これに対して，市場環境の相違から，ケーブル事業者に対する規制を参考にできないとする，Ford et al. (2009), pp.659-662; Ford et al. (2007), pp.10-12参照．
[44] Hahn et al. (2007), p.429.

業者が提供する音声通話サービスと VoIP サービスは，代替関係に立つからである．

もっとも否定論者は，次の2点から，VoIP サービスの排除は競争制限をもたらさないと結論付ける．まず，VoIP サービスの利用にはラップトップパソコンとワイヤレスカードが必要であり，携帯電話端末による音声通話サービスとの代替性はそれほど高くない[45]．また，VoIP サービス事業者はパソコンインターネット市場においても活動が可能であり，したがって排除の蓋然性が小さい[46]．しかし前者の点については，ブロードバンドインターネットサービスと音声通話サービスがともに利用可能な携帯電話端末は多く，端末の違いを理由として代替性の低さを論じることは難しい．また後者の点については，ユーザを起点にしてパソコンインターネット市場とは別にモバイルインターネット市場が成立するならば，携帯電話事業者がモバイルインターネット市場における VoIP サービスを排除するインセンティブはやはり残る．後者は VoIP サービスに限らず，コンテンツ・アプリケーションの排除に広く当てはまることである[47]．

(b) コンテンツ・アプリケーションの囲い込み

第2に，携帯電話事業者によるコンテンツ・アプリケーションの囲い込みを問題にする議論がある．Wu は，携帯電話事業者がユーザに対してコンテンツ・アプリケーションの利用を制約しているとする[48]．そして，その対処のために，ユーザがコンテンツ・アプリケーションを自由に利用できるルールを主張する（Basic Network Neutrality ルール）．

これに対しては，携帯電話事業者には垂直的レバレッジのインセンティブがないとの意見がある[49]．すなわち携帯電話事業者によるコンテンツ・アプリケーション市場への垂直統合は存在せず，また AT&T に料金規制が課されていたカーターフォンルールの時代とは異なるというのである[50]．しかし，ここでの

---

45) Hahn et al. (2007), p.443.
46) Hahn et al. (2007), p.429, 443.
47) パソコンインターネット市場とは別に，モバイルインターネット市場を画定できるか．携帯性の観点から別市場を構成するという，Shelanski (2003), p.42 参照．モバイルインターネットのユーザが，すでにパソコンインターネットのユーザであることに注目すべきとする．
48) Noam が，パソコンインターネットにおける「walled garden」になぞらえて，「walled airwave」と呼んだ問題である (Noam, 2003, p.33).
49) Hahn et al. (2007), p.401, Hazlett (2007), pp.9–10.
50) 後に見る 700 MHz オークションにおいて，FCC のルールに対して McDowell 委員が述べた反対意見も，携帯電話事業者による垂直統合の不存在，および料金規制の不存在を理由とするもので

問題の本質は，携帯電話事業者によるコンテンツ・アプリケーション市場への市場支配力の拡張（コンテンツ・アプリケーション市場の排除問題）ではなく，携帯電話事業者によるコンテンツ・アプリケーションの囲い込み（投入物閉鎖によるネットワーク市場の排除問題）である[51]．携帯電話事業者は，端末と同様に，自らのプラットフォームの価値を高めるならば，コンテンツ・アプリケーションを排除することはない．

Wu が，ユーザによるコンテンツ・アプリケーションの利用が制約されているというのは，コンテンツ・アプリケーションの囲い込みの反射効果である．コンテンツ・アプリケーションの囲い込みを認めないことは，携帯電話事業者間のブランド間競争（プラットフォーム間競争）を認めないことと同じとなる．ここではコンテンツ・アプリケーションの囲い込みによる競争制限効果と競争促進効果との比較衡量が必要となる．

6.2.4 中立性規制の反対論

(a) 投資意欲の確保

以上，中立性の議論の検討を通して，モバイル産業における競争政策的課題を検討した．さらにここでは，中立性規制に反対する議論を確認しておきたい．

まずネットワークにかかる投資インセンティブ確保の観点から，中立性規制に反対する議論がある．すなわち，Wu はエンドでのイノベーションを問題とするが，なぜエンドでのイノベーションがコア（ネットワーク）でのイノベーションよりも価値があるといえるのかというのである[52]．高機能端末も広帯域のネットワークがなければ価値がなく，したがって両者は補完的である．したがって，携帯電話事業者の投資インセンティブを削ぐ中立性規制は控えるべきであるとする[53]．

このような主張は，一定の説得力をもって受け止められている．すなわち DSL と CATV による複占がブロードバンド市場における諸弊害の根源とされる米

ある (700 MHz Report & Order, p.15574).

51) たとえば，クローズドコンテンツを有する iPhone には AT&T の SIM ロックがかけられているのであり，結果として AT&T によるコンテンツの囲い込みと同様の状況が生まれている．

52) Hahn et al. (2007), p.411.

53) Boliek (2008), p.8. 携帯電話事業者による投資減退の懸念を数値例で示すものとして，Ford et al. (2008) 参照．

国において，ワイヤレス・ブロードバンドは「第3のパイプ」としての役割を期待されるからである[54]．

(b) 一体的サービス提供にかかる責任

またQoS確保の観点から，中立性規制に反対する議論がある．QoS確保のために，携帯電話事業者による垂直統合が必要というのである．たとえば端末について，携帯電話事業者がSIMのOTA (Over the Air)コントロール（アップデート）を行う場合がある．これはローミング費用の低減をもたらし，ユーザの利益になる．また，携帯電話事業者がネットワークの混雑・輻輳を緩和するために，ストリーミングビデオやVoIPサービスなど帯域を多く利用するアプリケーションを制約せざるをえないことがある[55]．買収前のオールテルなど小規模携帯電話事業者もそのような制約を課してきたことから，その正当性は明らかである[56]．さらにはセキュリティの観点から，端末機能を制約し[57]，またクローズドなプラットフォームを構築せざるをえないこともあるとする．

そしてモバイル産業において重要であるのは，端末やアプリケーションレベルで生じた問題についても，ユーザがしばしば携帯電話事業者に責任を問う傾向がある点である[58]．携帯電話事業者には一体的に端末およびサービスを提供することで，このような責任に応えることができるとする．

6.3 オープンアクセス規制

6.3.1 700 MHzオークションでの議論

以上のような中立性の議論が実践の機会を得ることになったのが，2008年の

---

54) FMCを前提とするNGNへの投資インセンティブから議論されることもある．たとえば後に見る700 MHzオークションを巡る議論において，ベライゾン・ワイヤレスはオークションの条件付けは自らの光ファイバー網への投資意欲に影響を及ぼすと主張した．

55) 従量制による解決がありうるが，しかし従量制採用の費用が大きい場合があるとする（特定時間における集中等の事前予測困難・ユーザによる事前予測の困難）．このような場合には，特定のアプリケーションに注目して，その利用を規制することにも合理性が存在するという (Hahn et al., 2007, p.422)．

56) Schwartz & Mini (2007), p.23. 非営利団体，市場支配力を有さないISPもユーザに利用制約を課していることを指摘するり，Hazlett (2007), p.2参照．

57) たとえばBluetooth機能にかかる「Bluejacking」や「Bluesnarfing」といった問題の回避である (Schwartz & Mini (2007), pp.9–10)．

58) Schwartz & Mini (2007), p.21.

700 MHz 周波数オークションであった[59]．テレビ放送のデジタル化に伴い開放される 700 MHz 周波数帯について，オークションの落札条件が問題となった．とりわけ注目されたのが，5 つのブロックのうち C ブロックであった．全米レベルでの参入を可能とする同 C ブロックについて，グーグル，インテル，スカイプらがグループを結成し (Coalition for 4G in America)，そのライセンス条件として中立性ルールの導入を主張したからである[60]．

具体的に，グーグルは，①ユーザによるアプリケーションの自由な利用を認めること（Open Applications ルール），②ネットワークへの端末の自由な接続を認めること（Open Devices ルール），③再販業者および ISP 事業者が，落札者から非差別的に卸販売を受けうること（Open Services ルール），④他のネットワークと非差別的に接続できること（Open Networks ルール）を主張し，FCC がこれら 4 つの条件を確保する限り，自ら入札の用意があると主張した．

このうち，①および②の主張は，あわせてオープンプラットフォームの主張とよばれ，Wu の主張と通ずる．これに対して，オープンアクセスの主張とよばれる③および④の主張は，Wu の主張より広いものである．すなわち，③が MVNO にかかる主張であることからもわかるように，端末レイヤーやコンテンツ・アプリケーションレイヤーを超え，ネットワークレイヤーにまで議論を拡大させるものである．

結局，FCC は同オークションにあたり，ライセンシーが①および②を遵守することを条件とした[61]．FCC は，同オープンプラットフォーム条件によって，ワイヤレス・ブロードバンドが DSL とケーブルに並ぶ「第 3 のパイプ」となることへの期待を示し[62]，さらには第 4 世代プラットフォームの礎になることを期待する[63]．FCC はオープンプラットフォーム条件には予期せぬ副作用がありうるとして，限定的な導入が必要とする[64]．この点，FCC は，新たな周波数割当は，携帯電話事業者の既存事業に影響を与えることなく，新しい規制モ

---

59) IP 化時代における公共性を考えるにあたり有益なケーススタディとする，Crawford (2008), p.937, 967.
60) 経緯について，700 MHz Report & Order (2007), para.189–191 参照．
61) AT&T およびベライゾン・ワイヤレスは，当初は①ないし④のすべてに反対の立場を示していたが，結局は①および②の条件について是認の立場をとった (Crawford, 2008, p.982).
62) 700 MHz Report & Order (2007), para.197.
63) 700 MHz Report & Order (2007), para.204.
64) 700 MHz Report & Order (2007), para.205.

デルを実行できるチャンスという[65]．

同オークションの顛末は，モバイル産業の競争政策的課題について，レメディの広がりを示す点において興味深い．議論の過程においては，グーグルの主張したオープンアクセスよりもさらに広く，ライセンシーが ISP 事業を行うことを禁止すべきという主張も存在した (No Retail ルール)[66]．これらは行為規制としての中立性規制を超え，周波数の希少性に起因する市場支配力そのものに構造的措置を求めるものである[67]．しかし FCC は，ネットワークレイヤーにおいて，新規参入者に既存事業者と「同じ土俵を提供する (leveling the playing field)」という考え方には反対するというのである[68]．

6.3.2 プラットフォーム共通化の議論

グーグルによるオープンアクセスの主張と同様に，スカイプによる「技術標準 (technical standard)」確立の提唱も，行為規制としての中立性規制を超える主張である．スカイプは，カーターフォンルールの実効性を確保するために「技術標準」の確立を提唱する．FCC による技術的側面にかかる監督の下ですべての利害関係者が参加するフォーラムを設立し，そこでアプリケーション開発の共通プラットフォームを策定すべきとする．これは，アプリケーションの開発環境を改善するために Wu が必要とする Standardize Application Platforms ルールの具体化である．

周波数のみが市場支配力の源泉と考えられた第 1 世代や第 2 世代の時代とは異なり，第 3 世代の時代では OS やポータル等のプラットフォームの支配も市場支配力の源泉になりうる．標準化ないし共通化に好ましい効果を認めつつ，プラットフォーム間の競争に価値を見出す立場もある[69]．標準策定について一般的に議論されるように，比較衡量が必要な問題である[70]．

---

65) 700 MHz Report & Order (2007), para.203–204.
66) Crawford (2008), p.939 n.21. オープンアクセスが携帯電話事業者に対する卸売販売の義務付けであるのに対して，No Retail ルールは，携帯電話事業者に対する小売販売の禁止（卸売販売の専念）を意味する．
67) 周波数の希少性に起因する市場支配力そのものに視点をあて，中立性規制やオープンアクセスにかかる規制よりも，迅速かつ効率的な周波数の割り当てによる競争促進の方が望ましいとする，Boliek (2008), pp.57–58 参照．
68) 700 MHz Report & Order (2007), para.205.
69) Schwartz & Mini (2007), pp.7–8.
70) ただし「1 つの標準に 1 つの企業」が最悪のシナリオであることは明らかであろう (Shelanski,

6.4 モバイル産業における事業法規制のあり方

6.4.1 動態的な市場における規制のあり方

中立性規制にかかる以上のような個別論点や米国における議論は，わが国においても参考にできよう．また米国における中立性の議論の展開は，モバイル産業における事業法規制のあり方を考えるにあたり，①動態的な市場における事前規制，②寡占的な市場における事前規制，③非差別義務という規制手法の3点について，注意をうながすようである．

まずは議論の対象であるモバイル産業が，きわめて動態的な産業という点である．オープン化を説いた Wu の論文以降の市場環境の変化は激しく，①伝統的な携帯電話事業者のクローズドビジネスモデルから，② iPhone によるアップルの携帯電話事業者以外のクローズドビジネスモデルの登場[71]，さらには③ Android OS によるグーグルのハイブリッドなビジネスモデルの登場へと，市場環境は大きく変化している[72]．iPhone も，多くがユーザによりアンロックされているという[73]．

このような動きに対応して，携帯電話事業者であるベライゾン・ワイヤレスは，①最低限の技術認証に合格した端末についてネットワークへの自由な接続を認めるとともに，② SDK (Software Development Kits) を公開することでアプリケーションの自由な開発を認めることを表明した (Verizon Wireless, 2007)．ベライゾン・ワイヤレスの動きは携帯電話事業者のオープン化に大きな影響を及ぼすと評価される[74]．実は，Wu の論文において，ベライゾン・ワイヤレスは大手4携帯電話事業者のうち最も閉鎖的であると批判されていたのである．

モバイル産業では，規制はもちろん議論の展開よりも早く，ビジネスの変化が見られる[75]．このように急速に変化する市場環境において事前規制を課すことには，規制の失敗の危険性が伴う．このことは事業法規制当局による画一的

2003, p.50).
71) iPhone は，iTunes を通してクローズドコンテンツを提供する．しかし他方，オープンインターネットへの接続を許容する．またアプリケーション開発のための SDK を公開する．
72) 産業界の反応については，日経コミュニケーション (2008) が参考になる．
73) Hoeker (2008), pp.198–201. その数は出荷台数の 4 分の 1 とも言われる．
74) Hoeker (2008), pp.208–210.
75) Shelanski (2003), p.46.

な事前規制か，競争当局による個別的な事後規制かという選択に影響を与えるであろう[76]．

6.4.2 寡占市場における規制のあり方

次に議論の対象であるモバイル産業が，独占市場ではなく寡占市場という点である．米国のモバイル産業が競争的か否かについては意見が分かれる．規制の必要性を説く論者によれば，モバイル産業の市場構造は，HHIが2706と高度に集中化しており，さらにFMCの提供可能性による優位性[77]，また世代間（第2世代・第3世代）[78]および地理間[79]のシナジーにより参入障壁は高く，既存携帯電話事業者の競争力は圧倒的である．しかも市場行動を見れば，携帯電話事業者間には並行行為が存在する[80]．たしかに市場成果を見れば，音声通話サービスの料金は低下傾向にあるが，中立性の議論が関心を有する市場はコンテンツ・アプリケーション市場である．これに対して，規制の反対を説く論者によれば，モバイル産業は，市場構造[81]，市場行動[82]，および市場成果[83]のいずれについて見ても，十分に競争的である[84]．このように評価は分かれるものの，米国のモバイル産業が独占市場でないことは確かである．

---

76) スカイプは，画一的な事前規制がFCCの規制コストを軽減するという．
77) Crawford (2008), p.959.
78) 両サービス提供にかかる範囲の経済性およびブランドによる (Gans et al., 2005, pp.251-252)．Shelanski (2003), p.42は，第2世代ネットワークからの移行を可能にするEDGE規格の重要性を説く．
79) 全米734のCMA (Cellular Marketing Area) のうち，隣接した多くをAT&Tとベライゾン・ワイヤレスが有する．地域外通話にはローミング費用を要するのであり，隣接地域を多く押さえる携帯電話事業者が有利となる．
80) Wu (2007), p.3.
81) 人口の94％以上が4社以上の携帯電話事業者を選択でき，しかもオールテルやU.S.Cellularといった地域大手が存在する他，MVNOが活発に事業活動を行っているとする．参入障壁についても，小規模事業者を含め，オークション参加による周波数獲得は容易である．さらにスカイプのようなアプリケーション事業者は，自ら周波数を獲得しMNOとして，またはMVNOとして，携帯電話事業者に対抗できるはずとする (Hahn et al., 2007, p.407, 409)．
82) 活発な比較広告活動や，チャーンレートの高さ (6ヵ月10％，1年20％) に注目する (Schwartz & Mini, 2007, pp.7-8)．
83) 音声通話サービス市場において，料金が10年で84％低下し通話品質の向上が確認できる他，音楽ダウンロードサービスにかかるサービス料金も低下傾向にあるとする．
84) EUにおける事業法規制が参照される場合がある (Schwartz & Mini, 2007, pp.15-16)．EUのテレコム規制では，欧州委員会による勧告以外のサービス市場については，原則としてNRA（加盟国規制当局）による規制が認められない．2007年の勧告において，ワイヤレスデータ通信にかかる市場はその対象外である．

固定網においては自然独占性が直接規制の根拠であった．しかしモバイルについてそれは否定される[85]．Wuらが懸念するのも，寡占市場における市場支配力である[86]．モバイル市場は，周波数の割当方法などにより[87]，協調への誘因が大きいといわれる[88]．しかし他方，①競争者の市場退出にもかかわらず市場全体の生産能力（周波数）に変化はなく，競争は永続的なものになり，かつ②可変費用と比して固定費用が大きいことから，産出量削減による費用削減効果が小さく，競争圧力は大きいとの意見がある[89]．

寡占市場は，協調的にも競争的にも機能するのであり，少なくとも伝統的なテレコム規制が前提とする独占市場よりも競争上の懸念は小さい[90]．問われるべき問題は，市場が完全競争の状況にあるか否かではなく，事前規制が市場機能を改善するか否かである[91]．その分，寡占市場における画一的な事前規制は，規制の失敗の危険性を伴うことになる[92]．

6.4.3 非差別義務——事業法における伝統的規制手法

中立性規制には，コモン携帯電話事業者に対する非差別義務との共通性を認めることができる[93]．そうすると中立性規制の問題は，事業法上の伝統的な規制手法を，独占市場ではなくかつ動態的な市場に適用できるかという問題と見ることもできる．WuやNoamは，端末やコンテンツ・アプリケーションのイノベーションからこれを正当化するが，非差別義務が，携帯電話事業者の競争の能力やインセンティブを損なう危険性がないか注意が必要である．非差別義務は，先に見たように価格差別による投資回収の機会を与えず，また事業者が

---

85) Gans et al. (2005), p.259.
86) Wu (2007), p.9, Skype (2007), p.21.
87) FCCが有する周波数の割当権限により市場構造が形成されてきたとする，Boliek (2008), p.19 参照．
88) オークション実施にあたり，①提供されるべきサービスを事前に決定し，また②ライセンシーの数を事前に決定することが，協調的寡占の遠因になるとの指摘がある．
89) Shelanski (2007), pp.84-87.
90) Shelanski (2007), pp.87-88.
91) Shelanski (2007), p.77.
92) この点を強調するのが，ジョージタウン大学のShelanski教授である．「規制ありの寡占」よりも「規制なしの寡占」の方がましな場合があるとする (Shelanski, 2007, p.87)．独占がなければ規制は素早くかつ完全に撤廃すべきであり，中立性の議論はこれに反するとする (Shelanski, 2007, p.102)．Shelanskiによれば，むしろモバイル市場は迅速な規制撤廃が成功した事例である．
93) 市場支配力のコントロール手段としての非差別義務について，Speta (2009), p.115 参照．

競争的な市場において活動する場合にはその足枷となるからである．コンテンツ・アプリケーションによる差別化されたサービスは競争の重要な手段であるが[94]，非差別義務はこれを禁じることになる．

先に見たように，モバイル産業の開放性にかかる議論は Noam から始まった．しかし実は，Noam は競争的市場において非差別義務は支持しえないことを説いていたのである (Noam, 1994)．

6.5 まとめ

複数の第 2 世代技術の並列により，ユーザがローミング料金や端末の買い換え費用の大きさを実感した米国には，中立性の議論を受け入れる十分な素地があった．また中立性の議論が，ワイヤレス・カーターフォンというユーザの権利問題として論じられるとき，それは圧倒的な説得力を持つ．しかし競争回避手段としての SIM ロックや，投入物閉鎖としてのコンテンツ・アプリケーションの囲い込み等，すべての行為をユーザの権利問題として処理するならば，あまりに厳格な規制となろう．各行為についてまずは市場分析が必要というのが，米国における反対論者の主張の要諦に思われる．

中立性規制の議論は，もっぱら周波数問題に関心が寄せられてきたモバイル産業に，まったく新しい課題を提示するようである．しかし中立性規制の方法論は，非差別義務という旧来の事業法規制の手法である．中立性規制の議論とは，独占を前提とした伝統的な規制手法を，独占がなくかつ急速に変化する産業に適用できるのかという問題と見ることもできる．その検討にあっては，なお電波の希少性に起因する携帯電話事業者の力だけに注目することは議論の本質を見誤る[95]．異なるレイヤーの事業者間の拮抗を考慮したうえでの規制が必要である．そのうえで，携帯電話事業者に対して拮抗力を有さないユーザや，イノベイティブなコンテンツ・アプリケーション事業者をどのように守るべきか，すなわち Wu や Noam が主張する「エンド」でのイノベーションをどのように保護するのかに，中立性の議論は帰着するであろう．

---

94) Boliek (2008), p.13.
95) 700 MHz オークションで落札を逃したグーグルは，周波数の獲得は必ずしも必要なく，オープンプラットフォームの実現で十分であったと述べる．グーグルのビジネスモデル（コンテンツ連動型の広告収入モデル）では，コンテンツへの自由なアクセスで十分である．

参考文献

[1] Appropriate Treatment for Broadband Access to the Internet Over Wireless Networks, F.C.C. 07-30 (2007)

[2] Boliek, B. E. L. (2008) Net Neutrality Regulation in the Mobile Telecommunication Market: A Cautionary Tale from the Era of Price Regulation

[3] Bundling of Cellular Customer Premises Equipment and Cellular Service Report & Order, 7 F.C.C.R.4028 (1992)

[4] Crawford, S. P. (2008) The Radio and the Internet, *Berkeley Technology Law Journal*, **23**(2): 933–1007

[5] Declaratory Ruling on Reporting Requirement under Commission's Part 1 Anti-Collusion Rule, Second Report and Order, 22 F.C.C.R. 15289 (2007) [700 MHz Report & Order]

[6] Elhauge, E. (2003) Defining Better Monopolization Standards, *Stanford Law Review*, **56**(2): 253–344

[7] FCC (2009) Annual Report and Analysis of Competitive Conditions With Respect to Commercial Mobile Services (13th Report)

[8] Ford, G. S., T. M. Koutsky and L. J. Spiwak (2007) Wireless Net Neutrality: From Carterfone to Cable Boxes, *Phonix Center Policy Bulletin*, **17**

[9] Ford, G. S., T. M. Koutsky and L. J. Spiwak (2008) Using Auction Results to Forecast the Impact of Wireless Carterfone Regulation on Wireless Networks, *Phonix Center Policy Bulletin*, **20**

[10] Ford, G. S., T. M. Koutsky and L. J. Spiwak (2009) A Policy and Economic Exploration of Wireless Carterfone Regulation, *Santa Clara Computer and High Technology Law Journal*, **25**: 647–675

[11] Frieden, R. (2008) Hold the Phone: Assessing the Rights of Wireless Handset Owners and Carriers, *University of Pittsburgh Law Review*, **69**(4): 675–725

[12] Gans, J., S. King and J. Wright (2005) Wireless Communications, in M. Cave, S. Majumdar, and I. Vogelsang (eds.), *Handbook of Telecommunications Economics* 241

[13] Hahn, R. W., R. E. Litan and H. J. Singer (2007) The Economics of "Wireless Net Neutrality", *Journal of Telecommunications and High Technology Law*, **3**(3): 399–451

[14] Hazlett, T. W. (2007) Wireless Carterfone: An Economic Analysis

[15] Hoeker, M. T. (2008) From Carterfone to the iPhone: Consumer Choice in the Wireless Telecommunications Marketplace, *Comm Law Conspectus*, **17**: 187–229

[16] Hush-A-Phone Corp. v. Am. Tel. Co., 20 F.C.C. 391 (1955)

[17] Johnson, N. (2009) Carterfone: My Story, *Santa Clara Computer and High Tech. Law Journal*, **25**: 677–700

[18] 日経コミュニケーション編（2008）『iPhone の本質 Android の真価』日経 BP 社

[19] Noam, E. M. (1994) Beyond Liberalization II: The Impending Doom of Common Carriage, *Telecommunications Policy*, **18**(6): 435–452

[20] Noam, E. M. (2003) The Next Frontier for Openness: Wireless Communications, in D. Steinbock and E. M. Noam (eds.), Competition for the mobile internet 21

[21] 大崎孝徳 (2008) 『日本の携帯電話端末と国際市場』創世社

[22] Reexamination of Roaming Obligations of Commercial Mobile Radio Service Providers, WT Docket No.05-265, F.C.C.07-143 (2007)

[23] Schwartz, M. and F. Mini (2007) Hanging up on Carterfone: The Economic Case against Access Regulation in Mobile Wireless

[24] Shelanski, H. A. (2003) Competition Policy for 3G Wireless Services, in D. Steinbock and E. M. Noam (eds.) *Competition for the Mobile Internet* 39

[25] Shelanski, H. A. (2007) Adjusting Regulation to Competition: Toward a New Model for U.S. Telecommunications Policy, *Yale Journal of Regulation*, **24**(1): 56–105

[26] Sidak, J. G., H. J. Singer and D. J. Teece (1999) A General Framework for Competitive Analysis in Wireless Telecommunications, *Hastings Law Journal*, **50**, 1639–1672

[27] Singer, H. J. (2007) The Economics of Wireless Net Neutrality, *Journal of Competition Law and Economics*, **3**(3): 399–451

[28] Skype (2007) Petition to Confirm a Consumer's Right to Use Internet Communications Software and Attach Devices to Wireless Networks

[29] Speta, J. (2009) A Sensible Next Step on Network Neutrality: The Market Power Question, *Review of Network Economics*, **8**: 113–127

[30] 武田邦宣・尾形将行 (2008)「『ネットワーク中立性』の研究」阪大法学 57 巻 6 号 55 頁–97 頁

[31] Verizon Wireless (2007) "Any Apps, Any Device" Option for Customers in 2008: New Open Development Initiative Will Accelerate Innovation and Growth

[32] Weiser, P. (2008) The Next Frontier for Network Neutrality, *Administrative Law Review*, **60**：(2) 273–322

[33] Wong, R. and D. B. Garrie (2008) Network Neutrality: Laissez-Faire Approach or Not ?, *Rutgers Computer and Technology Law Journal*, **34**：(2) 315–365

[34] Wu, T. (2007) Wireless Carterfone, *International Journal of Communication*, **1**：389–426

第7章

モバイル産業におけるネットワーク効果
——価格構造と垂直統合型モデル

　日本のモバイル産業の顕著な特徴として，他国と比較してデータ通信の割合が高いこと，そして音声通話の割合が小さいことが挙げられる．これらの特徴の背景には，NTT ドコモの i モードをはじめとしたモバイルインターネットサービスが充実し，メールなどの文字情報だけではなく音楽や映像といった大容量の情報のやり取りが可能となったことと，それに伴う携帯電話端末の多機能化・高性能化がある．モバイルインターネット技術の確立と提供，コンテンツ事業者の拡大，そして携帯電話端末のイノベーションが同時に起こらなければ現在の日本におけるデータ通信を中心としたモバイル市場は成立しえないが，それを可能としたのが携帯電話事業者（通信事業者）のコントロールのもとで端末，ネットワーク，コンテンツ・アプリケーション等の各機能を一体的に提供する，いわゆる「垂直統合型ビジネスモデル」である．本章では，携帯電話事業者によるコントロールという点に注目して，日本のモバイル産業でデータ通信を中心とする充実したサービスが成立した理由を議論する．

　とはいえ，このビジネスモデルは「垂直統合型モデル」であっても「垂直統合モデル」ではない．実際，i モードのコンテンツ・アプリケーションは公式非公式を合わせると数限りない事業者によって提供されており，また，端末については，携帯電話事業者との緊密な関係と関係特殊的な投資を要求するものではあるが，複数の家電メーカによって提供されている．さらに，第5章でも詳しく紹介されているように，これまでの携帯電話事業者とは異なるレイヤから，端末と OS の統合という意味で垂直統合の程度をより強めたビジネスモデルでアップルが参入し，また OS のみに特化し，よりオープンなビジネスモデルでグーグルが参入したことで，日本の携帯電話事業者が推し進めてきたビジネスモデルの垂直統合的な特徴とオープンな特徴がより際立つことになった．日本

の携帯電話事業者は通信からの収入を増加させるために加入者数の拡大を目指していたのに対し，アップルは端末の販売量の拡大，グーグルはOSの利用と検索サービスの拡大を目指していると考えられる．これらの異なった目的が異なったビジネスモデルに結実しているわけであり，ここにビジネスモデルのあり方を解き明かす鍵がある．本章では，モバイル産業に関わるさまざまな主体や加入者のあいだに生じる補完性，とくにネットワーク効果に焦点を当て，垂直統合型モデルを価格戦略と事業構造の両面から議論してみたい．また，政府の方針や，機能面でモバイルがパソコンに近づいていったことにともない，趨勢としてモバイル産業は垂直統合型からオープン型へと向かっている．この流れがこれからのモバイル産業に与える影響と今後のあり方についても論を進めていきたい．

7.1 モバイル産業の特徴――ネットワーク効果と多面的市場に焦点を当てて

一口にモバイル産業といっても，そこに関わる主体は，携帯電話事業者，端末メーカ，OS事業者，コンテンツ・アプリケーション制作者などさまざまであり，それぞれが各レイヤーにて事業を行っている．さらには，それらの主体から提供されるサービスを享受する加入者も忘れてはいけない．関わる主体の多さは，すなわちモバイルネットワークサービスの複雑さと深さを物語っているが，それを読み解くキーワードが"ネットワーク効果"と"多面的市場"である．

7.1.1 ネットワーク効果とは

ネットワーク効果とは，その財・サービスの利用者の数が増えるにつれて，財・サービスの価値が増加するような外部性である．たとえば通話を目的とした電話を考えてみよう．すると，電話の利便性はそれを利用する加入者の数に大きく依存することがわかる．より多くの人が電話のネットワークに加入すると，これから加入を考えている人にとっての加入の価値が高まり，その背中を押すことになる．また，新たな加入者が加わることで，既存の加入者にとってもネットワークの価値が高まる．このように，同一のグループ（電話の場合は加入者）に生じるプラスの相互関係は"直接的ネットワーク効果"と呼ばれる．

けれども，たとえばiモードのようなモバイルインターネットサービスを考え

てみると，そこには直接的ネットワーク効果とは異なるネットワーク効果があることがわかる．iモードへの加入やサービスの利用は，価格はもちろんだが，そこで提供されるコンテンツ・アプリケーションのバラエティや品質に大きく依存する．同時に，コンテンツ・アプリケーションの提供者については，iモードに加入している加入者数が大きければ大きいほど，サービスを提供することのメリットが増す．つまり，iモードの加入者側のサービスの需要と事業者側のサービスの供給とのあいだには，プラスの相互関係があることがわかる．このような異なるグループのあいだに発生するネットワーク効果は"間接的ネットワーク効果"と呼ばれる．

　ネットワーク効果のようなプラスの相互関係を，経済学はより広い概念としては"補完性"と呼んでおり，モバイル産業ではネットワーク効果の他にも補完性を見つけることができる．たとえばコンテンツ・アプリケーションの品質と端末の性能とを考えてみると，コンテンツ・アプリケーションの品質が高まるにつれて，より多機能・高性能端末に対する需要が大きくなり，多機能・高性能端末の価値とその開発のための投資の価値が大きくなる．逆に，端末がより多機能化，高性能化することで，より複雑で品質の高いコンテンツ・アプリケーションをより安価に提供できるようになる．すると，ここにもプラスの相互関係を見つけることができる．このようにモバイル産業はネットワーク効果を中心としてさまざまな補完性にその特徴を見出すことができる．

　ネットワーク効果はモバイル産業以外にも数多く見つけることができる．比較のうえで重要と思われるものを挙げておこう．

- パソコンのOS：OSのエンドユーザとアプリケーションを供給するアプリケーション事業者，そしてパソコン本体や周辺機器を供給するメーカのあいだにネットワーク効果が存在する．

- 家庭用ゲーム機器：家庭用ゲーム機器のエンドユーザとゲームソフトを供給するソフトウェア開発者とのあいだにネットワーク効果が存在する．

- メディア：検索メディアであるグーグルを例に挙げると，検索サービスを利用するユーザと広告を提供するスポンサーとのあいだにネットワーク効果が存在する．

ネットワーク効果やより広い意味での補完性を現実の経済から見つけ出して書き記していくことは，百科事典を書き記すこととあまり大差がない．けれども，そこには共通する特徴がある．それは主体の選択や行動をうまくコーディネーションすることで，追加的な価値が生まれるということである．前述のようにネットワーク効果とはユーザの数が増えるにつれて利用価値が大きくなるような効果である．ならば，ユーザ数を増加させる，または同一のネットワークを選択するように行動をコーディネーションすることでそこに価値が生まれることになる．ネットワーク効果は経済主体の意思決定が当事者以外に影響を与えるという外部性の1つなので，その影響を考慮して内部化すれば追加的な価値が生まれるが，ネットワーク効果の場合には，各ユーザの同一の方向へのコーディネーションが内部化を意味している．

それでは，ユーザの選択をコーディネーションし，ネットワーク効果を内部化するうえで最も重要な点はどこにあるだろうか．それは，トートロジーのように聞こえるかもしれないが一定規模のユーザを取り込むことにある．一定規模のユーザを確保すればネットワーク効果によってそれを選択することの価値が大きくなると同時に，長期的にそのネットワークが拡大するだろうという期待をユーザに抱かせることができる．結果として，新たなユーザの自発的な選択を促し，全体のコーディネーションが可能となる．このとき，ユーザが抱いていたネットワーク拡大への期待は，その期待に基づいた選択によって実現することになる（このような特徴は期待の自己実現と呼ばれる）．すると，初期のユーザの確保や，長期的なビジネスへの信頼がネットワーク効果の内部化のために最も重要となることがわかる．また，ゲーム機器やモバイルインターネットサービス，OSのように間接的ネットワーク効果が存在する場合には，ある一方のサイドの顧客を確保することで，そのネットワークの価値が高まり，もう一方のサイドの選択を促すことが可能となる．たとえば，ゲーム機器を考えてみると，高品質でバラエティ豊かなゲームソフトのラインアップをそろえることで，エンドユーザが積極的にゲーム機器を購入するようになるだろう．さらに，グーグルの検索エンジンのようなメディアではユーザ側に検索サービスを代表に無料のサービスを提供することによって顧客を集めることで，スポンサー側との取引を拡大させている．

ネットワーク効果が存在する産業では，政府などによるコーディネーション

がなくても結果として標準的な技術が確立することがある．少し古い例になるが，家庭用ビデオの規格がVHS方式とベータ方式とのあいだで争われ，VHSが標準の地位を確立したことがある．また，1980年代から90年代に起きたパソコンのOSを巡るマイクロソフトとアップルとのあいだの争いは，マイクロソフトのWindowsが標準の地位を占めることで決着した．さらに，家庭用ゲーム機器について考えてみると，過去には任天堂が大きなシェアを占めていたのに対し，ソニーのPlayStationが参入し，PlayStationとPlayStation 2についてはソニーが大きなシェアを占めた．家庭用ビデオ機器やOSの例では，デファクトスタンダード（事実上の標準）と呼ばれるように，政府の強制が存在しない世界で標準技術が確立し，ネットワーク効果を高めるためのコーディネーションが実現した．これらの例では政府などの上からのコーディネーションは存在せずとも，産業としてのネットワークの拡大や標準技術の確立に成功している．とはいえ，その技術を取り巻くさまざまな主体の行動が放置されていたわけではない．その技術を有する企業が価格戦略や事業構造をうまくデザインすることでユーザの行動をコーディネーションし，ネットワーク効果の内部化を実現したのである[1]．

　ネットワーク効果の研究はKatz & Shapiro (1985, 1986)やFarrell & Saloner (1985, 1986)を嚆矢とする．そして，ネットワーク効果の拡大のために，限界費用を下回るような低価格での販売しユーザの獲得を目指す浸透価格の概念や，ネットワーク効果の存在によって技術の移転が非効率性となることを主張した過剰慣性・過剰転移の概念など，モバイル産業も含めてネットワーク効果が存在する産業を分析するうえで重要な結論が多く導かれている[2]．

---

[1] 逆に，政府のような上位機関や企業間の取り決めによって規格が決定され，それが標準となりネットワーク効果がコントロールされることもある．たとえば，デジタルハイビジョン放送の規格は政府の関与によって決定されているし，またDVDの規格は家庭用ビデオの争いの二の舞を避ける意味もあって企業間の取り決めによって決まった．

[2] 過剰慣性とは，すでに存在する技術のネットワーク効果によってより優れた技術への移行が進まない非効率性のことである．たとえば，現在のQWERTYキーボードや，ラジオのAMがそれに当たる．過剰転移とは効率性の観点からは移行すべきではない技術であっても，一部のユーザの移行がネットワーク効果によって全体の移行を促してしまう非効率性のことである．たとえば，OSやアプリケーションのヴァージョンアップがそれに当たるかもしれない．

7.1.2 多面的プラットフォーム

上述のように間接的ネットワーク効果は異なるグループのユーザ間に生じる．たとえばiモードを例に挙げると，一方のサイドにコンテンツを利用する加入者が存在し，もう一方のサイドにコンテンツやアプリケーションを提供するさまざまな事業者が存在する．加えて，データ通信を現実に実行するための携帯電話端末を提供する端末メーカも存在する．このように，iモードは多くの主体のあいだの取引を実現するための仲介機能，もしくは"プラットフォーム"としての役割を担っている．また，間接的ネットワーク効果が存在するので，たとえば，コンテンツ事業者が増加すれば加入者も増加し，逆に加入者が増加すればコンテンツ事業者も増加するといった，あるグループの主体の行動が別のグループの主体の行動に影響を与えるという特徴がある．

第8~10章でも詳しく説明されるように，iモードも含めてモバイルネットワークは"多面的プラットフォーム"と呼ばれる特徴を持っている．プラットフォームは広い意味では取引を仲介する場やシステムと定義でき，すなわち，iモードが加入者とコンテンツ事業者とをつなぐように，あるグループの主体と別のグループの主体とをつなぎ合わせる役割を担うとされる．プラットフォームの典型例として挙げられる家庭用ゲーム機器やパソコンのOSはソフトウェア開発者と最終消費者とのあいだの取引を仲介する．また，マスメディアは視聴者と広告主とのあいだの取引を仲介するし，複合消費施設やクレジットカードは小売企業と消費者の財の取引や支払いを仲介する．けれども，取引の利益を具現化させる仲介機能だけに焦点を当てても興味深い論点は見えてこない．実際，市場経済において取引を仲介する役割を担う主体は必要不可欠であり，たとえば小売業者はメーカによって生産された財を消費者へと流通させることでメーカと消費者とのあいだの取引を仲介している．

近年，経済学が注目している興味深い論点は，プラットフォームの各サイドの利用者によるプラットフォームの選択や利用のインセンティブには，間接的ネットワーク効果に代表される補完性が存在していることである．したがって，上述のようにiモードの場合ではコンテンツ事業者が増加すれば加入者も増加し，逆に加入者が増加すればコンテンツ事業者も増加する．また，もしどちらか一方の利用者が存在しなければ，もう一方の利用者はiモードに加入しようとは思わ

ないだろう．このようなプラットフォームの特徴は多面性 (multi-sidedness)，もしくは多面的市場 (multi-sided market) と呼ばれており，その特殊ケースとしては，売り手の側と買い手の側からなる両面性 (two-sidedness) がある[3]．

寡占競争下にある携帯電話事業者は多面的市場の各側に対して市場支配力を持ち，加入者サイドに提示する端末の仕様や価格，コンテンツ制作者が利用する技術的枠組みやロイヤルティ，端末メーカとの技術協力や支払い契約など，包括的なデザインを通じてネットワーク効果をコントロールしようとする．同様の構造はパソコンの OS やゲーム機，クレジットカード，メディアなどにも共通しており，このような構造が多面的市場の特徴といえる．

7.1.3　多面性という概念の経済学的な定義

プラットフォームの多面性（もしくは両面性）を形式的に定義すると，次の3つの特徴によってとらえることができる．

1. プラットフォームの各サイドの利用者（i モードの場合には加入者とコンテンツ事業者）の取引には（間接的）ネットワーク効果による補完性が存在する．
2. 利用者間の直接交渉によるネットワーク効果の内部化・コーディネーションは行えず，プラットフォームを営む主体（i モードの場合には NTT ドコモ）のみがネットワーク効果を完全にまたは部分的に内部化することができる．
3. プラットフォームを営む主体は各サイドの利用者に対して市場支配力を保有している．

Rochet & Tirole (2006) はプラットフォームが多面的であるための条件を価格構造に注目して定義している．その定義は次のようなものである．もしプラットフォームが一方のサイドに課す価格を引き下げ，その引き下げ幅と同じ額だけ別のサイドに課す価格を引き上げた場合，取引 1 単位当たりにプラットフォームが受け取る価格は一定のままである．けれども，そのように価格構造

---

[3] 多面的市場についての優れたサーベイには Rysman (2009) がある．Rysman は多面的市場における価格戦略やオープン化戦略，そして競争政策や規制の在り方について包括的な議論を行っている．

を変化させることでプラットフォームが取引総量を変化させることができるならば，プラットフォームには多面性があるという定義である．これは，プラットフォームが補完性による外部性を価格構造によってコントロールできることを意味しており，上記の定義と基本的に同じことを述べている[4]．通常の取引においても仲介機能を担うプラットフォームは存在し，たとえばあらゆる小売店はそれに当たる．けれども，たとえば食品メーカは卸売価格で小売店に食品を供給し，小売店が需要と卸売価格をベースとして小売価格を決めるような場合，食品メーカにとっては卸売価格が同じであればどこの小売店に供給しても同じであり，また消費者も小売価格が同じであればどこで購入しても同じである．このような場合，市場は多面的ではなく一面的である．

特徴2について少し説明しておきたい．仮に外部性が存在していたとしても，その影響が及ぶ当事者間で交渉を自由に行うことができ，そのための費用（取引費用と呼ばれる）が存在しないならば，より大きな価値を生むような機会を見逃すはずがない．したがって外部性も当事者間の交渉によって内部化されるはずである（自由な交渉によって外部性が内部化されるはずであるという主張はコースの定理 (Coase Theorem) と呼ばれる）．けれども，プラットフォームが想定しているようなネットワーク効果は当事者間の交渉での内部化は事実上不可能である．たとえば，無数の潜在的なコンテンツ事業者と無数の加入者たちが互いに呼び掛け合い，またそれぞれのグループ内で調整を行い，こぞってiモードを利用することの困難を想像してみればいいだろう．だからこそ，プラットフォームを担う主体のみが内部化・コーディネーションを行うことができるのである．

プラットフォームという概念については注記が必要である（第9章も参照）．近年，モバイル産業などネットワーク効果を伴う産業が発展するにつれて「プ

---

[4] ただし，ネットワーク効果が存在しない場合でも，Rochet & Tirole の定義に従えば多面的プラットフォームは成立しうる．たとえば，利用者がプラットフォームへの参加料金を支払う場合にはそれは多面的プラットフォームとなる．Rochet & Tirole に対し，Hagiu (2007) は取引構造に着目してプラットフォームの多面性を定義している．通常の仲介媒体は売り手から財を購入しその財を買い手に販売するのに対し，多面的プラットフォームは売り手と買い手それぞれから利用料金を徴収し，売り手と買い手の取引についてはプラットフォームの利用を前提として自由度を残しているとしている．つまり，売り手と買い手との間の直接の取引が許容される場合は多面的プラットフォームであり，それが不可能でありコントロールがすべて仲介媒体に属するときそれは多面的プラットフォームではないとしている．これは価格構造とは異なる面に着目して多面的プラットフォームを定義したもので注目に値し，本章での分析にも通じる．

ラットフォーム」という概念が注目を集めており，競争政策上も 1 つの考慮すべき対象とみなされることが多い．けれども，本章では仲介機能を担うプラットフォームよりも，そこに発生する多面性に注目する．以下では，「多面性」を経済的な現象として，そして「多面的プラットフォーム」（もしくは単にプラットフォーム）を多面性が伴うようなプラットフォームを営む主体として意味付けしておきたい．したがって，たとえばパソコンの場合には OS が多面的プラットフォームであり，ゲーム産業では一体化されたゲーム機器とシステムがプラットフォームである．モバイルインターネットサービス（データ通信）は複雑で，従来型の携帯電話事業者主導のビジネスでは携帯電話事業者が提供する i モードなどがプラットフォームであった．けれども，コンテンツ事業者と最終消費者を結び付けるのがプラットフォームであるならば，それは必ずしも携帯電話事業者である必要はない．そして，iPhone の場合は一体化された端末と OS，それに組み込まれた App Store がコンテンツと消費者を結び付けるプラットフォームであり，グーグルの場合には Android（または Android と Android Market Place）がプラットフォームである．そして，iPhone の場合には端末の販売，Android の場合には検索に伴う広告収入が主なターゲットとなっている．

　特徴 2 に挙げたように，（市場支配力を保有しているならば）プラットフォームはネットワーク効果を内部化・コーディネーションを目指すことになる．つまり，各グループの利用者の間にはネットワーク効果が存在することを踏まえて，取引の拡大を目指すことになる．内部化・コーディネーションを実現するための戦略としては 2 つの有力な候補がある．1 つは価格戦略によってユーザの行動をコントロールし，コーディネーションを目指す方法である．もう 1 つは財・サービスの供給方法についての事業構造を通じてコーディネーションを目指す方法であり，日本の携帯電話事業者が推進してきた垂直統合型モデルもそのような事業構造の 1 つである．プラットフォームの目的は価格・非価格戦略を利用した外部性の内部化による価値の創出とその獲得にある．

7.1.4 価格戦略と事業構造

　ネットワーク効果とコーディネーションを念頭において，モバイル産業を始め，パソコンの OS，ゲーム産業，そしてメディア産業について価格戦略と事業

構造についてまとめておきたい[5]．

- モバイル産業（モバイルインターネットサービス）：価格戦略については，加入者は端末と利用の双方について価格を支払うが，コンテンツ事業者は開発のための価格は支払う必要はなく，利用については廉価な価格を支払う．そして，主な収入は加入者から得る．また，携帯電話端末を従来は廉価で販売した．
  事業構造については，コンテンツ制作者についてはオープンである．また関係特殊的な端末を複数の家電メーカから調達し販売する．携帯電話事業者はサービスとインターフェースをデザインする．

- パソコンのOS：マイクロソフトのWindowsの場合，価格戦略については，エンドユーザはOS購入のための価格を支払い，アプリケーション事業者は開発のために廉価な価格を支払う．またOSの利用についての価格は課されない（アプリケーション事業者とエンドユーザが直接に取引を行う）．主な収入はエンドユーザから得る．
  事業構造については，アプリケーション事業者と端末メーカ，周辺機器のすべてについてオープンである．
  アップルのMacOSの場合，OSとハードウェアを統合しエンドユーザに販売した．

- 家庭用ゲーム機器：価格戦略については，ハードウェアと一体化したシステムを廉価な価格でエンドユーザに販売し，ゲーム開発者は開発のために廉価な価格を支払う．利用についてはエンドユーザは価格を課されず，ゲーム開発者はロイヤルティを支払う（ゲーム開発者とエンドユーザは直接に取引を行う）．主な収入はゲーム開発者からのロイヤルティから得る．
  事業構造については，システムとハードウェアを統合してエンドユーザに販売し．ゲームソフトについてはオープンである．

- 検索エンジンやメディア：価格戦略については，エンドユーザは参加のために廉価な価格を課されるか，もしくはフリーで参加できる．広告主は

---

[5] これらの産業の価格戦略と事業構造についてはEvans et al. (2006) に詳しい．

参加のためにスポンサー価格を支払う場合と価格が課されない場合とがある．利用についての価格はエンドユーザには課されず，広告主はスポンサー価格を支払う．

このように，それぞれ利用者間のネットワーク効果を重視し，コーディネーションを試みている産業であっても，価格戦略と事業構造（主として垂直統合の程度）はずいぶんと異なることがわかる．そして，価格戦略や事業構造を誤ると，コーディネーションに失敗し，ネットワーク効果が生みだす価値を見逃すことになってしまう．たとえば，アップルのMacOSは少なくとも1980年代から現在に至るまでは標準的OSの地位に就いたことはない．その出発点において，アップルはOSとハードウェアを一体化して高価格で販売し，またアプリケーションソフトについても自社での開発・販売に力点をおいた．このような価格戦略と事業構造はパソコンの時代ではマイクロソフトのWindowsが採用したOSへの特化とオープン化という構造と比べてコーディネーションに失敗したことは確かであろう[6]．（もっとも，Windowsがビジネスや家庭などの大きな顧客をターゲットにして大きなシェアを獲得しているのに対し，MacOSはグラフィックデザイナーなどの小さな顧客をターゲットにしており，現在のシェアはそのすみ分けであるという解釈もできる．）

7.2 多面的プラットフォームの価格戦略

プラットフォームにとって2つの重要な戦略は価格戦略と事業構造の選択である．本節では，まず価格戦略についてiモードを念頭においたうえで，その他のプラットフォームについても言及しながら議論してみたい．

7.2.1 多面的プラットフォームの価格戦略

iモードはパソコンのOSや家庭用ゲーム機器と同様にアプリケーションの開発者と利用者とのあいだを結び付けるプラットフォームである．ただし，前節で

---

[6] もっとも，パソコンの時代が終わりを迎えようとしている現在，マイクロソフトはアップルやグーグルといったネットワーク機能を重視した企業から挑戦を受けている．また，ゲームについても一度は大きなシェアを獲得したソニーは，ゲーム機の世代が変わったことを機に現在は任天堂の後塵を拝している．標準技術を追いやる1つの機会は技術革新であることがよくわかる事例である．

も説明したように OS (Windows) と家庭用ゲーム機器とでは価格の構造が大きく異なっている．Windows の場合，利用者であるエンドユーザが比較的高い価格を支払い，それに対しアプリケーション事業者が開発のためのコードに対して支払う価格は限界費用を下回る廉価な価格である．それと同時に，開発のための指導やウェブサイトまで用意している．また，アプリケーションの売買を通じたマイクロソフトへの支払いは存在しない．家庭用ゲーム機器の場合，エンドユーザは限界費用を下回る価格でハードウェアを購入し，ゲームソフト開発者も開発キットを廉価な価格で購入できる．ただし，アプリケーションの売買を通じてゲームソフト開発者はロイヤルティを支払わなければならない．したがって，Windows の場合は，マイクロソフトはエンドユーザによる Windows の購入から主に収入を得ているのに対し，家庭用ゲーム機器の場合はゲーム制作者からのロイヤルティから主に収入を得ている．

ｉモードの場合には，加入者がｉモードを利用するためには専用の端末を購入する必要があるが，従来は端末メーカに対して NTT ドコモが支払う価格よりも安い価格で提供されていた．それに加えて，月々の基本料と通信に基づいた料金を支払う必要があり，これが NTT ドコモの主な収入の源泉となっている．コンテンツ事業者に対する価格は低く，ｉモードの課金システムを利用するためにオフィシャルサイトとして登録するためのロイヤルティのみが課されている．

実際，多面的プラットフォームを分析するうえでもっとも興味深いものは最適な価格構造であり，これまでも Roche & Tirole (2003) をはじめ多くの理論的な分析がなされてきた．たとえば，単純な構造として，売り手グループ（たとえばコンテンツ事業者）と買い手グループ（たとえば加入者）がプラットフォームを利用して取引を行っているとしよう．このとき，間接的ネットワーク効果により，一方のグループの利用者によるプラットフォームの需要はもう一方のグループの需要のサイズに依存し，その逆も成立する．そして，たとえば売り手の側についての最適な価格は，売り手のプラットフォームへの参加と利用，および売り手へのプラットフォームの供給費用だけではなく，売り手のプラットフォームへ参加と利用が与える買い手への効果とそこから生まれると期待される利潤に依存し，逆に買い手への最適価格も同様の売り手への効果を考慮する必

要がある.そして,仮に買い手グループに課す価格を一定としたときに売り手グループに課す価格を上昇させたならば,典型的には売り手のプラットフォームへの参加と利用の減少だけではなく買い手の参加と利用の減少も生じさせることになる.

Rochet & Tirole (2006) に従って,簡単にプラットフォームの価格付けについて一般的な結論を紹介しておきたい.単純なケースとして,プラットフォームを営む事業者は独占企業であり,プラットフォーム間の競争は存在しないとする(これは市場支配力を有していることを特徴付けるものであり,仮にプラットフォーム間の競争があるとしても,以下の議論のエッセンスは生きている).経済学が教える独占企業の価格付けは,独占企業が利潤を最大化するためには

$$\frac{p-c}{p} = \frac{1}{\varepsilon} \tag{7.1}$$

を満たすように価格 p を決定するというものである.ここで,c は財・サービスの供給のための限界費用を示しており,すなわち供給量を1単位増加させたときに費用がどれだけ上昇するのかを示している.また ε は需要の価格弾力性と呼ばれ,価格の変化率と需要の変化率の比率(=価格が1%上昇したときに需要量が何%減少するのか)を示している.もし市場が完全競争であり,事業者は市場支配力を持っておらず市場で成立している価格を与えられたものとして供給量を決定するならば,1単位供給量を増加させることで得る追加的な収入は価格そのものであり,追加的な費用は c である.したがって,最適な供給量は $p=c$ を満たすことになる(価格のほうが大きければ供給量を増加させ,小さければ減少させるはずである).ところが,独占企業の場合は唯一の供給者であり価格を決定する力を持っている.そして,仮に供給量を増加させたならば,一定の価格のもとでは収入が増加するが,同時に増加分を売り切るためにはすべての販売について価格を減少させなければならないことにも気づく.したがって,供給量の増加がもたらす価格の下落を考慮して数量を決めるので,完全競争の場合と比較すると価格は吊り上っていくことになる.式 (7.1) は価格と限界費用のかい離,すなわちマークアップが需要の価格弾力性に依存することを表現している.もし ε が小さいならば,価格が大きく上昇しても販売量の減少幅は小さい.したがって独占企業はより高い価格を付けることができるように

なる．

　プラットフォームが独占的に営まれており価格を決定することができる場合も，このマークアップと弾力性とのあいだの関係は生きており，最適な価格構造は各サイドの価格弾力性と各サイドにプラットフォームを供給する費用に依存する．したがって，あるサイド（サイドS）のプラットフォームの需要の価格弾力性が大きいならば，課される価格は下がることになる．けれども，この効果は多面的市場では増幅される．なぜならば，売り手サイドへの低い価格は，弾力的な売り手を引き付けるだけではなく，買い手サイド（サイドB）のより多くの参加と，高い価格付けを可能とする．そして，買い手サイドから得られた収益はより多くの売り手サイドの利用者を確保することの価値を拡大し，さらなる価格の低下と利用の拡大をもたらす．

　いま，各サイドに課される価格を p_i (i =S, B) とし，プラットフォームの利用の合計を V とする．いま，$p = p_S + p_B$ は両グループに課す価格の合計を意味するとしたならば，Rochet & Tirole の基本的な結論は，独占的なプラットフォームにとって最適な p は

$$\frac{p-c}{p} = \frac{1}{\eta}$$

を満たすということである．ここで，c はプラットフォーム1単位の利用に伴う一定の限界費用，η はプラットフォームの需要の合計である V の p に対する弾力性である．これは通常の独占企業の価格付けの条件とまったく同じである．よって両サイドに課される価格の合計に注目する限りでは多面的プラットフォームに特有の問題は見えてこない．けれども，各サイドへの価格付けは価格構造についての意味合いを持ちうる．いま，η_i をサイド i の需要の価格弾力性とすると，独占企業が選ぶ価格は

$$\frac{p_i - (c - p_j)}{p_i} = \frac{1}{\eta_i}$$

を満たす．ここで注意して欲しいのは費用が限界費用 c ではなく $c - p_j$ によって評価されていることである．たとえば売り手サイドに対する価格 p_S を上昇させると，取引は減少しプラットフォームは費用 c を節約できる．けれども，同時に買い手サイドでの取引を喪失するので p_B だけ損失が発生する．これは p_S

の引き上げが機会費用を伴うことを意味しており，したがって，費用の削減を p_B の分だけ割り引くことになる．

最適な価格構造の条件をさらに書き換えると

$$\frac{p_S}{\eta_S} = \frac{p_B}{\eta_B}$$

となる．ここでわかることは，最適な価格構造において各サイドへの価格比は弾力性比と一致することである．したがって，トータルの価格 $p = p_S + p_B$ を一定とすると，各サイドへの価格の割り当てが弾力性に依存して決まることになる[7]．ここまでの議論からは，プラットフォームによる両サイドへの価格付けは標準的な弾力性の条件によって決定し，両サイド間の価格の違いは機会費用と弾力性への影響として考慮されることがわかる．そして，典型的には一方のグループの大きさが，もう一方のグループの弾力性に影響を与えることになる．

Caillaud & Jullien (2003) でも強調されているように，一方のサイドで大きなマージンを獲得するためにはもう一方のサイドの価格を引き下げることが有効であることが，弾力性の観点からも機会費用の観点からも重要である．そして，多面的プラットフォームにおいては，限界費用を下回る価格やマイナスの価格でさえ簡単に生じ得る．もし一方のサイドの弾力性が非常に大きく，さらにそのサイドによる参加がもう一方の弾力性が相対的に低い，したがって高いマークアップを課すことができるサイドの参加をネットワーク効果によって促すならば，プラットフォームは第1のサイドに限界費用を下回る価格を提示することになる．たとえば Windows の場合，上述のようにアプリケーション事業者に課される価格は限界費用を下回っているのに対し，エンドユーザは高いマークアップをマイクロソフトに支払っている．つまり，マイクロソフトはアプリケーション事業者からの収益を犠牲にしてエンドユーザからのマークアップを確保していることになる．このことは，Windows が標準的な OS であるためにエンドユーザはそれを選択せざるをえない（＝弾力性が小さい）ことと，アプ

---

[7] ここではプラットフォームの利用に関する事後の外部性のコントロールを目的とした価格付けを分析している．Armstrong (2006) はむしろプラットフォームへの参加に関する事前の外部性に着目し，一括の参加費であるの役割を分析し，やはりこれが価格引き上げの機会費用が弾力性の条件に影響を与えることを示している．

リケーションのバラエティと質が与えるネットワーク効果が大きいことを暗示している．それに対して，グーグルなどの検索エンジンやテレビ放送，雑誌広告などはエンドユーザに対しては無料でサービスが提供され，広告主側からスポンサー料を確保している．エンドユーザ側にとっては代替的なサービスの存在もあって弾力性が高いこと，また，より多くのエンドユーザを確保することが広告主側に与えるネットワーク効果が大きいという2つの効果によって広告主側がマークアップを支払うという構造が出来上がっている[8]．

さらには，プラットフォーム間の競争やプラットフォームの複数利用の可能性も弾力性に影響する要素である．一般的には複数のプラットフォームの利用やプラットフォーム間の競争の存在はプラットフォームに対する需要の価格弾力性を大きくするので，プラットフォームが課す価格の合計を低下させることになる．各グループへの影響は明らかではないが，たとえば，より多くの買い手グループをひきつけることでより多くの売り手グループがそのプラットフォームを選択するようになるのであれば，弾力性が高い買い手グループをひきつけるために低い価格を設定するというプラットフォームの価格付けの特徴はより強力に表れることになる．さらに，たとえば家庭用ゲーム機器の場合には，通常エンドユーザはただ1つのプラットフォームを選択するが，ゲームソフト開発者は複数のプラットフォームを採用することがある．このとき，家庭用ゲーム機器は，ゲームソフト開発者が特定のエンドユーザにソフトを利用させる際に，独占的な仲介者となる．すると，エンドユーザサイドの弾力性は競争により相対的に大きくなり，ゲームソフト開発者に対しては市場支配力を行使できるようになる．結果として，エンドユーザへの価格は低下するのに対し，ゲームソフト開発者への価格は上昇することになる[9]．実際，家庭用ゲーム機器の場合では，ゲーム機器は限界費用を下回る価格でエンドユーザに販売され，ゲームソフトを開発するための開発キットも限界費用を下回る価格で提供された．そして，実際のゲームソフトの販売に対してロイヤリティを課すことで収入を確保している．このことは，エンドユーザの大きさがゲームソフト開発者に与

---

[8] また，Amelio & Jullien (2007) が議論しているように，価格がゼロ以下に下がらない状況では，さまざまなサービスを抱き合わせることで，ゼロという価格をさらに実質的に下げることが有効であることもある．たとえばグーグルが展開している多種多様なフリーサービスを考えればわかりやすいだろう．

[9] 詳しくはArmstrong (2006) を参照してほしい．

えるネットワーク効果とゲームソフト開発者の大きさがエンドユーザに与えるネットワーク効果はともに重要であり，双方ともに一定数の数を確保する必要があることを反映しているが，同時にゲームソフト開発者に対しては仲介機能を独占的に行使する主体としてロイヤルティを課していると考えられる．

その他，非価格戦略も需要の価格弾力性に影響を及ぼしうる．その代表としてはリスクの軽減を挙げることができるだろう．また，将来のネットワーク外部性への期待，そしてそれを実現するために利用者のコーディネーションを目指すことも重要である．

また，これまではプラットフォームが両サイドへの価格を同時に決定するような状況を想定してきたが，たとえば家庭用ゲーム機器を考えると，最初にゲームソフト開発者がプラットフォームを選択し，それが定まった後にエンドユーザがプラットフォームを選択するという，各サイドの意思決定のタイミングが異なる場合がある．このような場合，ゲームソフト開発者がプラットフォームにコミットし投資を行った後に，プラットフォームがエンドユーザ側に独占価格を設定してしまい，取引量が低下して投資を回収できないというホールドアップ問題が発生することがある．Hagiu (2006) はこのようなホールドアップ問題を回避するためには，ゲームソフト開発者には最初の参加費を課さず，取引の数量に応じたロイヤルティを課す．そして，プラットフォームは取引量を大きくするためにエンドユーザには低い価格を課すような価格構造が望ましいとした．これは現実の価格構造とフィットする結論である．

7.2.2 モバイル産業の価格付け

上述のように，ｉモードの場合には，加入者に対して従来は専用の端末が限界費用を下回る安い価格で提供されていた．それに加えて，加入者は月々の基本料と通信に基づいた料金を支払う必要があり，これが収入の主な源泉となっている．コンテンツ事業者に対する価格は低く，ｉモードの課金システムを利用するためにオフィシャルサイトとして登録するためのロイヤルティのみが課されている．実際，廉価な端末価格には2つの意味があり，1つは寡占競争が存在するなかでネットワークのサイズを大きくするための価格戦略であるというものである．実際よく知られているように同質的な財の価格競争においては限界費用に等しくなるまで価格は低下し，企業は市場支配力を失ってしまう．とは

いえ，限界費用を下回る価格を説明するためにはネットワーク効果の存在を想定する必要がある．限界費用を下回る価格の2つ目の意味は，ネットワーク効果を内部化するための価格戦略であるというものである．ネットワークの普及期には浸透価格として限界費用を下回る価格は正当化される．さらに，iモードのようなデータ通信を可能とするためには，多機能・高性能の端末を普及させ，それによりコンテンツ事業者を集める必要がある．そして，多面的市場に現れる間接的ネットワーク効果を内部化するための戦略として，端末の買い替えを促すために廉価な価格で販売することが正当化される．現在，料金体系の見直しに伴い費用を反映した価格が強制された結果，携帯電話端末価格が急騰するという事態に至っている．けれども，次世代のモバイルネットワークが整備されることにより，さらにデータ容量が大きい通信が可能となることが予想され，モバイルインターネットサービスを利用してより大容量・高価値のコンテンツを提供したいと考える事業者も現れるだろう．すると，そのようなコンテンツ事業者を集めるためにもさらに多機能・高性能の端末の普及が必要であり，そのためには現在の端末価格の高騰は再考の余地がある．

　コンテンツ事業者への低い価格付けは，コンテンツ事業者の価格弾力性が高いことと，そのサイズが加入者に与えるネットワーク効果が大きいことを反映していると考えられる．モバイルインターネットサービスが普及する以前から，すでにパソコンのインターネット網は十分に普及しており，先行者としての地位を確立していた．また，パソコンのインターネット網はコンテンツを配信するうえで特に制限がないため，コストをかけずとも利用できる．パソコンのインターネット網という代替的なネットワークの存在により，コンテンツ事業者にiモードを利用させるためには，価格を十分に低くする必要があった．また，加入者にiモードを利用させるためにも，十分にコンテンツを用意する必要がある．つまり，コンテンツ事業者を確保し，加入者にiモードの利用のインセンティブを与えるためにも，コンテンツ事業者に対しては低い価格を提示する必要があった．

　今では，iモードはモバイルであるという利便性もあって，日本では特に若年層にとってパソコンのインターネットよりも気軽にアクセスできるインターネットサービスとして認知されている．たとえば，有料音楽配信を考えてみると，iTunesなどのパソコンインターネット網を利用した配信の割合が日本では

10％であるのに対し，着うたなどのモバイルインターネットを利用した配信は90％に達している．これは，たとえば米国の場合ではパソコンが70％でモバイルが30％であることとは対照的であり，モバイルインターネット網が比較的整備されている韓国でもパソコンが60％，モバイルが40％である．

7.2.3 競争政策上の問題

多面的プラットフォームとその価格構造は競争政策にとって重要性を増していくことは間違いないが，競争政策上の取り扱いは困難であると予想できる．まず，市場のそれぞれのサイドに課される価格はそのサイドのみの需要や費用を反映するわけではない．ネットワーク効果の存在により，それぞれのサイドを個別に評価しても経済学的に意味がある結論を導き出すことは不可能である．また，一方のサイドの需要や費用の変化はそれぞれのサイドの価格に影響を与えるので，個別の価格をピックアップして分析することもできない．さらに，経済厚生の評価もそれぞれのサイドを同時に評価せねばならず，外部性の存在がその評価をさらに困難なものとする[10]．たとえば，限界費用を下回るような価格についても，従来はライバル企業を市場から退出させる戦略として評価されてきたが，多面的プラットフォームの場合にはネットワーク効果による補完性を内部化するための手段と考えられる．それによって新たな価値が生み出されるので，それは厚生の改善にもつながる．競争政策上の判断を行ううえで，最初の一歩は市場の定義を行うことである．多面的プラットフォームの場合，それぞれのサイドを1つの市場とみなした判断は現象の評価を誤る可能性がある．

7.3 事業構造に関する議論

次に，補完性をコーディネーションするための事業構造について分析してみたい．本書でも何度も紹介されているが，日本のモバイル産業は「垂直統合型ビジネスモデル」として評価されてきた．けれども，実態としては，iモードは基本的にコンテンツ制作者に対してオープンであり，NTTドコモを通じての販売ではあるがまた端末も複数のメーカによって製造されてきた．けれども，

---
[10] より詳しくは Evans et al. (2003) を参照してほしい．

端末は携帯電話事業者特殊的な設計に基づいて開発され，インターフェースが共通化されていないことからコンテンツ制作者も特殊的な開発を行わなければいけない．これらの点を鑑みると，日本のモバイル産業は「多面的プラットフォーム型」とでも呼ばれるべき性質を持っていることがわかる．第5章では，いまモバイル産業で起きているオープン化を「端末のオープン化」と「アプリケーションのオープン化」の2つに分けて定義しているが，双方ともに携帯電話事業者がコントロールしている多面的市場を喪失させる効果を持っていることがわかる．すると，携帯電話事業者の市場支配力は弱まり，同時にネットワーク効果を内部化する能力も弱まっていくことがわかるだろう．

モバイル産業のオープン化によってモバイルがパソコンのあり方に近づいていくことが予想される．パソコンの世界では，マイクロソフトのWindowsに代表されるOSが多面的プラットフォームであるが，アップルのMacOSを例外とすればWindowsもLinuxもアプリケーション事業者に対してもハードウェアに対してもオープンである．ただし，事実上の標準の地位にあるWindowsはエンドユーザとアプリケーション事業者の双方に対して市場支配力を有し，多面的プラットフォームとしての役割を果たしてきた．

7.3.1 垂直的統合のメリット

Coase以来，経済学は市場取引（オープン化された取引）と企業内取引（垂直的統合）を分かつ企業の境界についての分析を重ねてきた．ここでいう市場取引とは，取引相手を特定せずに，一定の価格で市場において財やサービスを取引する形態であり，企業内取引とは市場を介さずに1つの企業の中で取引を行う形態である．また，この2つの中間的な取引形態としては，特定の取引相手と緊密な関係を築き，統合はしないものの長期的に取引を続けるような取引形態もある．

Coase (1937) は市場取引のための取引費用という概念によって企業内取引の有効性を議論した．たとえば，iモードを利用できる端末を市場取引で調達する場合を考えてみよう．その際に必要なプロセスとして，端末を製造できるメーカを探し，技術についての説明を行い，契約の交渉を行い，そして契約を作成しなければならない．また，取引が開始した後も契約の順守を監視し，契約違反があった場合には法的な費用もかかってしまう．さらには，たいていの場合

に契約は起こりうるあらゆる事態を想定したものではありえず，「不完備契約」とならざるをえない．すると，環境の変化によっては事後的な再交渉や紛争が起こりうる．Coase はこれらの市場取引にまつわる費用を取引費用と呼び，取引費用は市場取引を（市場を介さない）企業内取引へと移行させることで軽減できるとした．したがって，取引費用の削減効果が大きいならば市場取引ではなく，垂直的統合によって企業内取引が実行されることになる．

Coase の議論を踏まえ，Williamson (1975) は「関係特殊的投資」と「ホールドアップ問題」の概念を用いて企業内取引のメリットを説明した．やはり i モードと端末の例を考えてみよう．i モードが利用できる端末を製造するためには，i モードに特殊的な投資，すなわち関係特殊的な投資を行う必要があるとしよう．この関係特殊的投資はひとたび投資されるとサンクしてしまい，i モード用の端末以外には利用できないか，もし利用できるとしても価値を大きく下げてしまう．このとき，投資には代替的な用途は存在せず，投資によって生まれた端末の販売から得た利潤を巡る交渉においては一切考慮されない．結果として，投資費用が回収できなくなる虞れが生じ，端末を製造するメーカは投資インセンティブを持たなくなる．この問題は投資終了後の機会主義的な行動（ホールドアップ）が関係特殊的投資の過少投資をもたらしてしまうことから，ホールドアップ問題と呼ばれている．垂直的統合はこのようなホールドアップ問題を回避するための方法として有効であり，取引費用と同様に企業内取引のメリットを説明するものである．

さらに品質の確保，技術やデザインのすり合わせ，安定的な需要と供給など，取引が補完性を持つ場合，やはり取引費用の存在がコーディネーションを困難にする．そのような場合には垂直的に統合し，企業内取引を行うことでコーディネーションを容易にすることができるだろう．アップルはパソコンについても iPhone についても OS とハードウェア，そして App Store を垂直的に統合して販売しているが，それによりデザインやわかりやすい操作，インターフェースの徹底的かつ容易なコーディネーションを実現している．同様のことを複数の企業をまたいで実現しようとすればさまざまな技術的な調整もしくは利害関係の調整を必要とされるだろう．垂直的統合の大きなメリットはここにある．

7.3.2 垂直的統合のデメリット

垂直的統合にメリットしかないならば，すべての生産プロセスはただ1つの企業によって統合されてしまうだろうが，現実はそうではない．そこには垂直的統合のデメリットがあるはずである．垂直的統合と市場取引を代替的に考えてみると，垂直的統合のデメリットはこれらの市場取引のメリットの裏返しであるはずである．したがって，市場取引のメリットを見つけることが早道となる．市場取引のメリットには，情報の効率性，すなわち経済の情報が価格に集約され，あえて情報を集める必要がないこと，そして各個人のインセンティブの尊重がある．

まず，情報の効率性について検討してみたい．1つの巨大な企業を経営することを考えてみると，その一番大きな障害は企業内の情報の収集の困難である．たとえばiモードを通じたコンテンツの供給を考えてみると，市場取引に任せた場合には，コンテンツの配信を行うための利用価格を提示しておけば，それが見合うと考えるコンテンツ事業者が供給を名乗りでることになる．その際には，誰がどのような技術を持っており，どれくらいの価格ならば供給できるのかなどを事前に調べる必要はない．けれども，iモードを通じたコンテンツの供給をすべてNTTドコモ内で行おうとすれば，誰がどのような技術を持っており，どれくらいの時間をかければどのような品質のものを作れるのかをすべて把握する必要が生じる．結果として，コンテンツの質はともかく，バラエティを増やすことはかなり困難となるだろう．したがって，コンテンツのバラエティを通じたネットワーク効果はあきらめざるをえない．

次に，McMillan (2002) にある例を用いてインセンティブの尊重について考えてみたい．まだマイクロソフトが現在の地位を築いていなかったころ，IBMはマイクロソフトのOSを獲得するために買収を持ちかけたことがある．現実にはそれは実現せず，その後，立場は逆転することになるのだが，もしそれに成功していたならば，ビル・ゲイツはマイクロソフトのトップには君臨せず，IBMのソフト事業部の部長だったかもしれない．その場合，IBMのソフト事業部が現在のマイクロソフトと同等の規模と地位を得たとは考えにくい．ビル・ゲイツがソフト事業部長だったならば，彼のインセンティブはいまほどには発揮されなかっただろう．理由はいくつかある．IBMの社員だったならばビル・ゲイ

ツはサラリーに加えて自身の貢献の一部をボーナスとして受け取ることになるだろうが，それはマイクロソフトの創業者・所有者として受け取った残余請求額に比べれば比較にならないくらい小さい．また，自身の貢献が適切に評価されなかったり，一部を他人にフリーライドされてしまったりすることを考えても，インセンティブの強度は弱くなる．このことは所有構造と意思決定の権限の構造にインセンティブが影響されるという問題にたどり着く．現在のようにIBMとマイクロソフトが別の企業として存在している場合，たとえばマイクロソフトはIBMとの関係に対して特殊的な投資を行うことに躊躇するだろう（ホールドアップ問題）．この問題は2つの企業が統合することで回避される．けれども，統合によりビル・ゲイツの意思決定権の一部はIBMに移ってしまい，ビル・ゲイツ個人の目的に沿ったインセンティブは発揮されにくくなる．このように，市場取引を垂直的統合によって企業内取引に変化させることで，意思決定権限の構造が変化し，当事者のインセンティブが弱まってしまう効果をもたらすことがある．

7.3.3 垂直的統合の程度

　これまで見てきたように，垂直的統合にはメリットとデメリットがある．少し大雑把にまとめてみると，メリットは

1. ホールドアップ問題の回避
2. 技術的な補完性のコーディネーション
3. 品質のコントロール

の3つにまとめることができ，デメリットは

1. 情報の非効率性に伴うバラエティの欠如
2. インセンティブの欠如

の2つにまとめることができる．そして，垂直的統合と市場取引（オープン化）とのあいだのトレードオフをここに見つけることができる．

　ただし，事業のあり方は垂直的統合と市場取引の両極端のみ，あるわけではない．たとえば，特定の取引相手と統合はしないけれども長期間取引を続けるならば，それは2つの中間的な形態ととらえることができ，トレードオフを解

消するための 1 つの答えだとみなすことができる．実際，携帯電話事業者と端末メーカとの関係を見てみると，緊密な関係のもとで長期的な取引を実行しているが，決して統合しているわけではない．また，多面的プラットフォームが想定しているような市場支配力が存在すれば，単なる市場取引を超えたコントロールが可能となり，垂直的統合のメリットを一部実現できるだろう．このように，垂直的統合と市場取引（オープン化）とのあいだには，多面的プラットフォームを中心とした中間的な形態を見つけることができ，それは品質とバラエティとのあいだのトレードオフや，ホールドアップ問題によるインセンティブの欠如と垂直的統合によるインセンティブの欠如とのあいだのトレードオフに対する答えとなっていると考えられる．

7.3.4　モバイル産業における事業構造の評価

これまでの議論を軸にパソコンや家庭用ゲーム機器についてまず事業構造を評価し，そしてモバイル産業における事業構造を評価してみたい．

パソコンにおいてはマイクロソフトの Windows とアップルの MacOS を対比させることができる．違いは Windows が OS をプラットフォームとし，ハードウェアとアプリケーションについてはオープンにしたのに対し，MacOS はハードウェアと OS を垂直的に統合してプラットフォームとし，アプリケーションについてのみオープンとしたことである．ユーザインターフェースやデザインについて周辺機器までも自社で製造・販売していたアップルは技術的なコーディネーションに成功し，その品質の高さは当時から評価されていた．また，Windows も含めて現在の OS に共通するアイデア（アイコンなど）も多くが MacOS によって生まれたものである．

けれども，ハードウェアと OS を一体化していたアップルに対し，ハードウェアがオープンであった Windows はパソコン本体や周辺機器のバラエティについて MacOS を圧倒した．結果として，ハードウェアのバラエティの拡大と競争を通じた品質の向上および価格の下落が起こり，Windows のシェアが拡大することになった．また，当時の標準的な規格であった IBM 互換の規格を採用していたので，端末メーカにホールドアップ問題が起きることもなかった．アプリケーションについてはマイクロソフトもアップルもオープン化すると同時に自社でも制作し，それが一定の品質の保証につながっていた．けれども，

Windowsについてはハードウェアの拡大は間接的ネットワーク効果を通じてアプリケーションのバラエティの拡大と品質の向上をもたらし，ソフトウェアの制作者が増加したことで規格の事実上の標準化が進み，ソフトウェア制作者側のホールドアップ問題も解消された．そしてさらなるハードウェアへのネットワーク効果へつながり，Windowsは事実上の標準の地位を占めるに至った．

MacOSについてはWindowsに匹敵するアプリケーションの拡大は現在に至るまで見られない．マイクロソフトはMacOSに対してMS Officeソフトウェアを供給しているが，そのために，ビル・ゲイツがMacOSのハードウェア面でのオープン化を提案したのは有名な話である．

マイクロソフトもアップルも，収入はOS（アップルの場合はハードウェアも含めて）のエンドユーザへの販売によるものだったので，アプリケーション事業者の数や豊富なハードウェアからネットワーク効果を拡大し，エンドユーザの獲得を目指すべきである．本来はアップルもユーザの獲得のために一体化したハードウェアとOSを積極的に安い価格で販売するような戦略もありえたが，ネットワーク効果が存在するにもかかわらずアップルのパソコンは，当時パソコン界のポルシェと呼ばれたように高い価格が維持された．これもアップルが最近まで低迷した原因といえる．

家庭用ゲーム機器の場合は，システムとハードウェアが統合されて多面的プラットフォームを形成した．したがって，ハードウェアのバラエティは，周辺機器を除いては現在に至るまで存在しない．このように，据え置き型の家庭用ゲーム機器（コンソール）をゲーム機メーカが製造し，そのゲーム機に対してゲームソフト制作者がゲームを供給するという構造は1970年代終わりから80年代のAtariがすでに取り入れていた．ただし，問題はゲームソフト開発者へのコントロールを欠いていたことで，多くの企業は開発コードを得るための支払いを行うことなくフリーライドし，また市場に供給されるゲームソフトも劣悪なものが多かった．さらには，ゲーム機器メーカはゲームソフト開発者を自らが製作するゲームソフトと競合するものとして捉えていたので両者は対立した．結果として，1980年代の初めに米国では家庭用ゲーム機器の市場が大きく後退することになる．これは，コントロールがないオープン化によってもたらされた問題だといえる．そのなかから有力な家庭用ゲーム機器メーカとして登場したのが任天堂であり，のちにはソニーもこれに加わる．

任天堂やソニーもゲームソフトの供給をオープンにした．それと同時に，自社でもゲームソフトを提供し，それは一定の品質の保証につながった．けれども，ゲームソフトを自社だけで供給するのはバラエティの拡大につながらない．よって，ゲームソフト開発者と緊密な関係を築き，品質の管理を徹底することで粗製濫造の問題を回避した．そのような意味で，従来のゲーム機器と比較すると，より垂直的統合の要素を強めた事業構造であったといえるだろう．ゲーム機器はそれぞれ互換性がないので，ゲームソフト開発者の投資は関係特殊的なものであり，ホールドアップ問題につながる可能性もあるが，実際にはゲーム機器のあいだにはシェア獲得の競争が存在し，ゲームソフト開発者の乗り換えはそれほど難しくないこと，そしてエンドユーザ側のゲーム機器の選択ではゲームソフトの存在が重要であり，有力なゲームソフト制作者の交渉力は小さくなかったので，ホールドアップ問題は回避されていたと考えられる．さらには，ソニーはゲームソフトの小売業者に対しても，小売価格を維持したり販売ルートや方法を指示したりするなど，強いコントロールを及ぼしていた．それによって，当時任天堂のゲームソフトの小売りで起きていた人気ゲームソフトとそうではないゲームソフトの抱合せ販売や中間マージンによる小売価格の上昇，横流し品や中古品による価格の下落などの問題をコントロールし，ゲームソフト開発者側の収入を確保した．

モバイル産業，とくにiモードについては，第3章や第5章でも詳しく議論されているように，コンテンツ事業者に対して使いやすい技術をオープンに利用させることで数を増やし，間接的ネットワーク効果を通じて加入者の数の拡大を目指した．同時に，携帯電話事業者によっても一定の品質のコンテンツが供給され，また外部からのコンテンツの供給についても品質のコントロールがなされた．実際に，コンテンツの外部からの供給は膨大な数に上り，それがネットワーク効果を通じてユーザの獲得につながっている．つまり，ネットワーク効果がコンテンツの品質とバラエティ大きく依存することを理解したうえで，自社のみで開発することなく，むしろプラットフォームとしてオープン化したのである．そして，7.2節で議論した価格戦略によってコンテンツ事業者の数を増やし，モバイルインターネットサービスを確立した．

たとえば，フランスのVivendi（傘下にSFRをもつ）が立ち上げたVizzariというiモードと類似のサービスは，当時傘下にあったユニバーサルスタジオ

を中心に自企業のみでコンテンツを配信し，外部へのオープン化を進めなかった．確かに品質は確保されたが，バラエティは決定的に欠如しユーザの獲得に失敗している．

ハードウェアについてはキャリア主導のもとでの緊密な関係の中ではあったものの複数のメーカによって端末が供給された．端末との補完性を長期的な関係によってコーディネーションすると同時にホールドアップ問題を回避し，複雑で品質の高いサービスの提供を可能とするようなハードウェアの開発製造に成功している．また，多機能・高性能端末を低価格で加入者に提供するため，NTTドコモは端末メーカから端末を買い取り，それよりも安い価格で加入者に販売した．これも垂直統合型モデルにおいて携帯電話事業者が多面的プラットフォームとしての役割を果たしており，加入者とコンテンツ事業者との間のネットワーク効果を内部化するうえで多機能・高性能端末の普及が不可欠であることから選択された戦略である[11]．とはいえ，端末の高機能化は開発コストの増加を招き，一部の端末メーカの撤退の原因とされている．

現在，モバイルインターネットサービスは高速化に伴い膨大な数のバラエティに富む大容量のコンテンツが配信されるようになっている．そして，パソコンのインターネット網に匹敵するプレゼンスを日本では築き上げている．それを可能とするためにはコンテンツ事業者の確保，加入者の確保，多機能・高性能端末の普及が同時に起きる必要があるが，そのためには間接的ネットワーク効果を内部化・コーディネーションする必要がある．そして，それを可能としたのがオープン化と垂直統合的なコントロールを同時に実現しているいわゆる「垂直統合型ビジネスモデル」であるといえる．

7.4 オープン化の事業構造への影響とオープン化の評価

これまで議論してきたように，日本におけるモバイルインターネットサービスの充実は，垂直統合型ビジネスモデル（＝多面的プラットフォーム）とネットワーク効果の内部化を目指した価格戦略にある．けれども，垂直統合型のビジネスモデルが日本独自のモバイルサービスを生み出し，結果として端末メー

---

[11] また，携帯電話の普及期において，普及のための戦略としての役割もあった．ゼロ円携帯などはその例である．

カが海外での競争力を失ったこと（いわゆるガラパゴス化），そしてモバイルネットワークの成熟化に伴い，パソコンとモバイルの垣根が低くなったことやiPhoneやグーグルといった異なるレベルでのプラットフォームが成立したこともあり，パソコンをモデルとするようなオープン化が必要であるという議論がなされるようになった．ただし，ここでいうオープン化とは携帯電話事業者のコンテンツ事業者や携帯電話端末メーカへのコントロールを喪失させるような意味でのオープン化であり，つまり携帯電話事業者を中心とした閉じていたネットワークを，開放させるような意味合いを持っている．

　もし，モバイルネットワークがすでに十分に整備され，さらなる技術革新や高速のモバイルネットワークの普及が起きないのであれば，成熟したモバイルインターネットをオープン化することは必要であり，それはパソコンにおけるインターネットの充実と繁栄をみてもわかるとおりである．けれども，モバイルのデータ通信ネットワークは家庭用ゲーム機器と同じく一定の期間を経ればさらに技術革新が起こり，その都度さらなる大容量・高品質のコンテンツを開発配信することとが可能となる．すると，そこで現れる新たなネットワーク効果を内部化し，モバイルインターネットサービスをさらに充実させる主体が必要となり，それはやはり多面的プラットフォームとしての携帯電話事業者であろう．日本のモバイル産業は他国と比較してデータ通信の割合が高いこと，また若年層を中心にモバイルインターネットをパソコンのインターネットよりもより身近に利用しているという現実は携帯電話事業者の主導をなくしては実現しえず，それはネットワーク効果の内部化・コーディネーションに成功しているという点で確実に経済厚生を高めている．

　すると，次世代のモバイルネットワークが生み出す価値をさらに高めるためには，無批判にオープン化を推進するよりも，従来の垂直統合型のビジネスモデルが果たした役割を適切に評価し，さらなるネットワーク効果のコーディネーションを目指すべきであるといえる．また，第3章でも議論されているように，モバイルと固定電話との融合など，携帯電話事業者でなくては推進できないビジネスもある．それをすでに存在するネットワーク効果と結び付けるためにも，やはり多面的プラットフォームとしての役割を喪失させてはいけない．たとえば，家庭用ゲーム機器は技術の進展に伴い，一定期間を経ると世代交代が起きる．そのつどゲーム機メーカ間のネットワーク効果拡大を目指した競争が発生

し，それが現在の産業としての成功につながっている．またインターネットやモバイルインターネットとの融合が図られ，新たなサービスの提供にも成功している．これらは，ゲーム機器メーカが多面的プラットフォームとして価格戦略や事業構造を通じてコーディネーションをコントロールしたからであり，同じことはこれからのモバイル産業にもいえるだろう．

最後に，オープン化を推進する理由としては日本の端末メーカが海外での競争力を失っており，同時に多機能・高性能端末の開発コストの肥大化により撤退するメーカも現れていることがある．けれども，もしネットワーク効果の内部化が新たな価値を生み，そのために多機能・高性能端末を必要としているならば，携帯電話事業者と端末メーカとのあいだの関係が見直され，端末メーカが十分に投資コストを回収できるだけの収益の確保が図られるはずである（そうでなければ，ビジネスとして成立しえない）．また，第3章でも強調されているように，日本の特殊性が問題であるならば，特殊ではあるけれども高品質の日本のパッケージ（＝垂直統合型ビジネスモデル）をそのまま海外で展開するようなプラン（ガラパゴス島を海外にも作る）を考える時期が来ている．それにより，日本の端末メーカの競争力も回復するだろう．

参考文献

[1] Aghion, P. and J. Tirole (1997) Formal and Real Authority in Organization, *Quarterly Journal of Economics*, **105**: 1–29

[2] Amelio, A. and B. Jullien (2007) Tying and Freebies in Two-Sided Markets, *IDEI Working Papers* 445

[3] Armstrong, M. (2006) Competition in Two-Sided Markets, *RAND Journal of Economics*, **37**: 668–691

[4] Caillaud, B. and B. Jullien (2003) Chicken & Egg: Competition Among Intermediation Service Providers, *RAND Journal of Economics*, **34**: 309–328

[5] Coase, R. (1937) The Nature of the Firm, *Economica*, **4**: 386–405

[6] Evans, D. (2003) The Antitrust Economics of Multi-Sided Platform Markets, *Yale Journal on Regulation*, **20**: 325–382

[7] Evans, D., A. Hagiu and R. Schmalensee (2006) *Invisible Engines: How Software Platforms Drive Innovation and Transform Industries*, The MIT Press, Cambridge

[8] Farrell, J. and G. Saloner (1985) Standardization, Compatibility, and Innovation, *RAND Journal of Economics*, **16**: 70–83

[9] Farrell, J. and G. Saloner (1986) Installed Base and Compatibility: Innovation, Product Preannouncements, and Predation, *American Economic Review*, **76**: 940–955

[10] Grossman, S. and O. Hart (1986) The Costs and Benefits of Ownership: A Theory of Vertical and Lateral Integration, *Journal of Political Economy*, **94**: 691–719

[11] Hagiu, A. (2006) Pricing and Commitment by Two-Sided Platforms, *RAND Journal of Economics*, **37**: 720–737

[12] Hagiu, A. (2007) Merchant or Two-Sided Platform ?, *Review of Network Economics*, **6**: 115–130

[13] Katz, M. L. and C. Shapiro (1985) Network Externalities, Competition, and Compatibility, *American Economic Review*, **75**: 424–440

[14] Katz, M. L. and C. Shapiro (1986) Technology Adoption in the Presence of Network Externalities, *Journal of Political Economy*, **94**: 822–841

[15] McMillan, J. (2002) *Reinventing the Bazaar: A Natural History of Markets*, W. W. Norton and Company [瀧澤弘和・木村友二訳 (2007) 『市場を創る――古代バザールからネット取引まで』NTT 出版]

[16] Rochet, J. C. and J. Tirole (2003) Platform Competition in Two-Sided Markets, *Journal of the European Economic Association*, **1**: 990–1029

[17] Rochet, J. C. and J. Tirole (2006) Two-sided markets: a progress report, *RAND Journal of Economics*, **37**: 645–667

[18] Rysman, M. (2009) The Economics of Two-Sided Markets, *Journal of Economic Perspectives*, **23**: 125–43

[19] Williamson, O. (1975) *Markets and Hierarchies: Analysis and Antitrust Implications*, The Free Press, New York

第III部
プラットフォームの発展と課題

　ビジネスモデルの変化に伴い，モバイル市場は，端末，ネットワーク，プラットフォーム，コンテンツ・アプリケーションといったレイヤー型市場構造として捉えられるようになってきた．第III部では，今後のビジネスモデルの鍵を握るとされているプラットフォームを素材として競争政策を論じる．ここでは，モバイルプラットフォームの競争環境整備に向けて相互運用性・多様性の確保が議論されている状況を紹介し，競争政策を考えるうえでの視点を提供する（第8章）．また，多義的に用いられているプラットフォーム概念を整理し，プラットフォームにおける諸要素の統合と互換性，プラットフォームへのアクセス，多方向市場における市場画定と価格設定行動について，独禁法の観点から考察する（第9章）．加えて，アクセスが不可欠な設備等を有する事業者が取引拒絶した場合の違法性を論じるエッセンシャルファシリティ理論の整理・分析を通じて，モバイルプラットフォームへのアクセスについて検討する（第10章）．

第8章
モバイルプラットフォームの高度化連携

　わが国のモバイル産業においては，モバイルインターネットの加入率が全加入者の 85.6%，高速データ通信が可能な第 3 世代携帯電話 (3G) の普及率が同 89.3%（いずれも 2008 年 9 月末現在）に達しており，今後，さらにデータ通信の一層の高速化を実現する，いわゆる 3.9 世代 (3.9G) 携帯電話サービスの商用化も 2010 年頃を目途に検討が進められているなど設備競争が進展し，世界でも最も安定的で高品質なモバイルブロードバンドネットワーク基盤が整備されている．

　しかしながら，ネットワーク基盤上で展開されるコンテンツ・アプリケーション等のサービス市場は必ずしも活発ではなく，今後，わが国のモバイル産業のさらなる発展に向けては，コンテンツ・アプリケーション市場を含むトータルとしてのモバイルブロードバンド市場の活性化が喫緊の課題となっている．

　そのような状況を受け，総務省 (2009) では，モバイル産業におけるコンテンツ・アプリケーション市場の拡大やビジネスモデルの多様化，利用者利便の向上等を図る観点から，モバイルプラットフォームの相互運用性・多様性の確保に向けた各種施策が検討されている．

　本章では，モバイルプラットフォームの相互運用性・多様性の構築やオープン化等のモバイル産業における競争環境整備に向けた政策動向およびその経済的な意義について概説を行う．

8.1　モバイルプラットフォームの概念整理

　いわゆるプラットフォームの概念をめぐっては，多様な概念が存在しており，文脈によりさまざまな定義付けがなされている．以下ではまず，プラットフォー

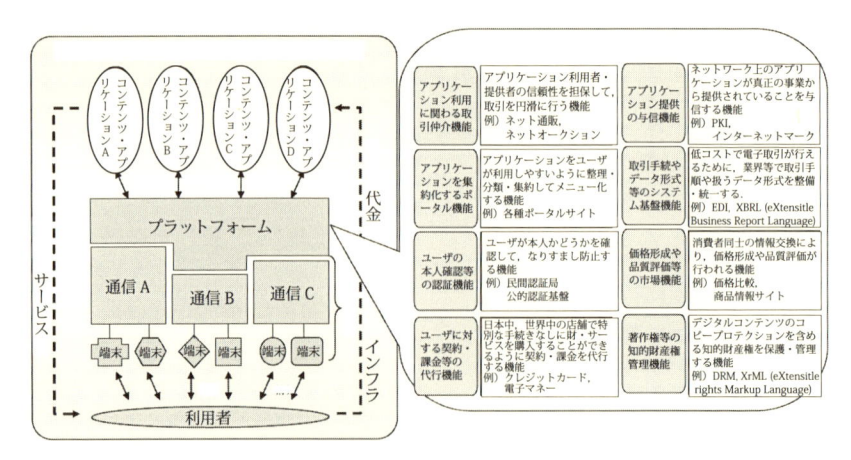

図 8.1　プラットフォーム機能の例

ム概念を，(a) システム機能に着目した概念と，(b) 取引市場の機能に着目した概念とに分類してプラットフォーム整理を行う．

8.1.1　システム機能に着目した概念

総務省 (2009) では，①端末レイヤー，②通信レイヤー（物理網レイヤーおよび通信サービスレイヤーで構成），③プラットフォームレイヤーおよび④コンテンツ・アプリケーションレイヤーの 4 層構造をモバイル市場の分析視点としたおよび，「プラットフォームはあくまで通信レイヤー上でコンテンツ・アプリケーションを円滑に流通させる機能」とし，システムとしての機能に着目した定義がなされている[1]．代表的なプラットフォーム機能としては，ネットワーク上でコンテンツ等を購入する場合の「認証・課金機能」，コンテンツ・アプリケーションを整理・分類・集約してメニューする「ポータル機能」，コンテンツ等の著作権管理に係る「知的財産権管理 (DRM) 機能」，GPS (Global Positioning System) 機能を活用した「位置情報提供機能」，サービス品質を管理する「QoS (Quality of Service) 制御機能」などが挙げられている（図 8.1）．

---

[1] 総務省 (2009) では，「レイヤー構造におけるプラットフォーム機能は，通信事業者が担っている通信レイヤーとコンテンツ・アプリケーションレイヤーの間に位置するものと便宜上整理することが可能であるが，プラットフォーム機能の実現形態は多様であり，一意に特定することは面も存在する」とし，どのような機能がプラットフォーム機能に該当するかという範囲の特定化までは行っていはいない．

8.1 モバイルプラットフォームの概念整理

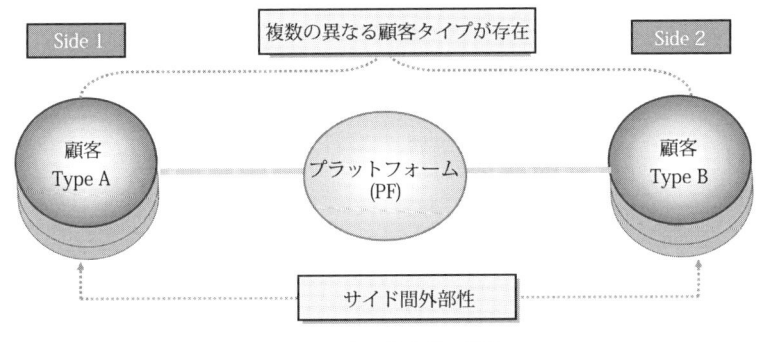

```
     Side 1            複数の異なる顧客タイプが存在            Side 2

    顧客                  プラットフォーム                    顧客
   Type A                     (PF)                         Type B

                         サイド間外部性
```

図 8.2 多面的市場の構造

　システムとしての機能に着目したプラットフォーム概念に相当する代表的な例としては，NTT ドコモの i モードとアップルの App Store が挙げられる．NTT ドコモの i モードは，コンテンツ事業者と利用者を仲介しており，i モードボタンを押せばコンテンツをリスト化した i メニューにアクセスできるというポータル機能や，ユーザ ID による認証機能，コンテンツ利用料金を携帯電話料金と一緒に回収する課金機能など，コンテンツ・アプリケーションを円滑に流通させるための多様な機能を備えており，それらの諸機能が，システム機能に着目した場合のプラットフォーム機能に該当する．また，アップルが iPhone/iPod touch 向けに提供する App Store は，同社の音楽配信ストア (iTunes Store) を拡張してアプリケーション配信ストアとして構築したものであり，同様にポータル機能，認証・課金機能などのプラットフォーム機能を App Store 内に構築している．

8.1.2 取引市場の機能に着目した概念

　次に，取引市場の機能に着目したプラットフォーム概念としては，多面的市場におけるプラットフォーム概念がある．

　第 7 章でも詳説されたように，多面的市場とは，プラットフォームを利用する 2 つ以上の異なったタイプの顧客（たとえば，コンテンツ事業者とエンドユーザなど）が存在し，その複数の顧客が相互に依存し合いながら製品・サービスを利用することで，その製品・サービスの価値が高まる，つまり異なる顧客間でネットワーク効果が作用するような市場のことをいう（図 8.2）．

表 8.1 多面的市場の例

多面的市場	プラットフォーム	顧客 Type A	顧客 Type B
パソコン OS	Windows, MacOS	アプリケーション事業者	消費者
ビデオゲーム	Xbox, PlayStation	ゲーム開発者	プレーヤ
インターネット検索	Google, Yahoo!	広告主	検索者
クレジットカード	American Express	小売店	消費者
メディア①	新聞	広告主	購読者
メディア②	地上波放送	広告主	視聴者
携帯電話	iモード, Ezweb	コンテンツ事業者	消費者

また,多面的市場におけるプラットフォームは,このような価値ある製品やサービスを提供する市場機能を提供する基盤・場所・システムとして定義される.たとえばビデオゲーム産業では,プラットフォームであるビデオゲーム機を結節点にして,ゲーム開発者とゲームプレーヤという2つの異なる顧客が存在しており,ゲームソフトの種類が増加するほどゲームプレーヤが増加し,またゲームプレーヤが増加すればするほどゲームソフトが増えるという双方間の外部効果が存在する.同様の例は,モバイルインターネット市場や検索市場においても見られる (表8.1).

8.2 モバイルプラットフォームの相互運用性・多様性の確保とその目的

先述のとおり,プラットフォーム概念をめぐっては,大きく分けて,(a) システム機能に着目した概念と,(b) 取引市場の機能に着目した概念とに分類されるが,総務省 (2009) では,主に上記 (a) に即したプラットフォーム概念を採用し,「ポータル機能」と「認証・課金機能」の2つの機能がプラットフォームに該当するとされている.

従来,「ポータル機能」と「認証・課金機能」といったプラットフォームは,基本的に携帯電話事業者が,通信ネットワークとの一体性を維持しながら機能拡充が図られてきたが,総務省 (2009) では,プラットフォームをより円滑に機能させるとの観点から,①異なるプラットフォーム間の相互運用性の確保,②プラットフォームを提供する主体の多様性の確保に向けた環境整備が検討されている.なお,プラットフォームの相互運用性・多様性が確保されることによって,以下の3つの効果が期待できると言及されている (表8.2).

私見によれば,表 8.2(1) の「コンテンツ・アプリケーション市場の拡大」に

表 8.2 プラットフォームの相互運用性・多様性の確保で期待される効果

(1) コンテンツ・アプリケーション市場の拡大	プラットフォームの相互運用性・多様性が確保されることによって、コンテンツやアプリケーションをネットワーク経由で配信するための経路が多様化し、これによってコンテンツ・アプリケーション市場や、通信サービス、関連機器に対する需要が喚起される.
(2) ビジネスモデルの多様化	これまで事業者単位または市場単位（固定通信市場、モバイル市場など）で構築されてきたプラットフォームの相互運用性・多様性を確保することによって、事業者・市場といった単位区分にとらわれないシームレスなネットワークの構築に寄与し、こうしたシームレスネットワーク上に新規性の高いビジネスモデルが構築されるとともに、わが国ICT産業の国際競争力の向上にも貢献する.
(3) 利用者利便の向上	プラットフォームの相互運用性・多様性が確保されることによって、利用者からみて、固定通信網であれ移動通信網であれ、自分がアクセスを希望するコンテンツやアプリケーションに可能な限り自由にアクセスできるようになる（利用者のコンテンツ等に対するアクセスの容易性が向上すること）等、利用者利便が向上される可能性がある.

出所：総務省 (2009) に基づき筆者整理.

ついては，プラットフォームの相互運用性・多様性によって，コンテンツ等の配信経路を多様化させ，それによりコンテンツ・アプリケーションや通信ネットワーク，関連機器といった補完的関係にある複数の市場間のネットワーク効果を増大させながらトータルとしてのモバイルブロードバンド市場の拡大を図るという，先述の多面性市場の特性を念頭においた議論であると考えられる（図8.3）.

以下，総務省 (2009) に沿って，プラットフォームの相互運用性・多様性の確保について概説する.

8.2.1 多様性の確保

現在のモバイルインターネットにおけるコンテンツ提供の形態は，携帯電話事業者自身が管理する公式サイトを通じた形態と携帯電話事業者以外の者が管理する一般サイトを通じた形態に分類される．このうち，公式サイトの場合には，掲載するコンテンツは携帯電話事業者が自ら選択し，利用者がコンテンツを利用する際の認証・課金機能も携帯電話事業者が提供する仕組みが採用されており，現行の公式サイトで提供されるプラットフォーム（ポータル機能と認

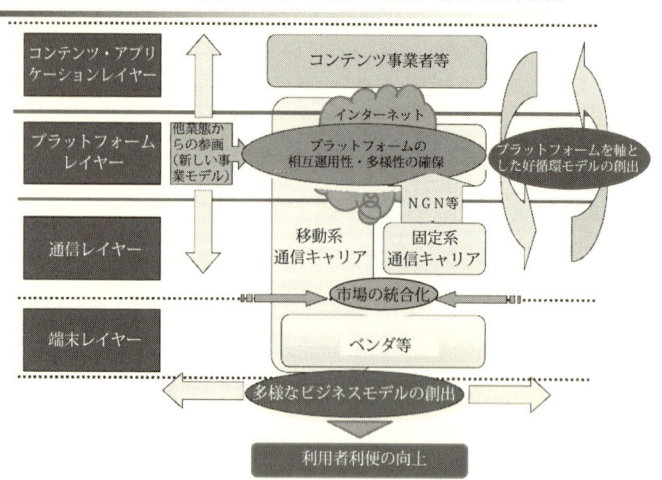

プラットフォームの相互運用性・多様性の確保に関わる基本視点

図 8.3 図表4

証・課金機能）は，ネットワークを保有する事業者によって通信サービスとともに垂直統合的に供給されている．これを受け，総務省 (2009) では，コンテンツ等の配信経路の多様化を図り，コンテンツ事業者等が複数のポータル機能や認証・課金機能の中から選択することが可能な環境整備を整備することを目的として，

① 携帯電話事業者以外にもポータル機能をモバイルインターネット上で競争的に提供できる環境の構築（ポータル機能の提供主体の多様化）

② 公式ポータル・それ以外のポータルの別を問わず認証・課金機能の担い手を増加させる（認証・課金機能の提供主体の多様化）

といった，プラットフォームの多様性の確保に向けて，事業者が新規参入しやすい環境を整備することが検討されている[2]．

---

[2] 総務省 (2009) では，このような競争ポータルモデルの実現に加え，MVNO の新規参入を促進することによりプラットフォームの多様化を促進するモデル（MVNO モデル）の実現も検討されている．

8.2.2 相互運用性の確保

プラットフォームの相互運用性については，おもに認証基盤の相互運用性が検討されている．具体的には，異なる認証基盤を用いる場合であっても，固定系・移動系といったネットワークや事業者の差異を問わず共通する1つのID（パスワードを含む）で認証を行い，利用者から見ると，複数の認証基盤が有機的に連携してSSO (Single Sign On) を実現し，1つのIDで自由にネットワーク上のサービスを利用可能とする，インターフェースの互換性の確保が検討されている．

8.3 モバイルプラットフォームと競争政策

モバイルプラットフォームと競争政策との関係について，総務省 (2009) では，「プラットフォームは基本的にネットワークの外部性が働きやすく，寡占性による市場のゆがみが生じることが懸念されることから，オープン性が高く，競争的な提供が可能となるような市場環境整備が必要である」と指摘されており，プラットフォームの寡占性と市場の失敗との関連が懸念されている．

先述のとおり，総務省では，システム機能に着目したプラットフォーム概念を採用しつつ，ポータル機能や認証・課金機能等をプラットフォームとして位置づけている．しかしながら，その公正競争環境整備に関わる議論では，「ネットワーク外部性」が強調されており，取引市場の機能に着目したプラットフォーム概念（多面的市場におけるプラットフォーム論）が展開されているように思われる．つまり，プラットフォームを定義する際のプラットフォーム概念と，公正競争環境を論じる際のプラットフォーム概念とで別個の概念が用いられており，私見によれば，このことがプラットフォームをめぐる政策議論に対して無用の混乱を招いているものと思われる．

多面的市場におけるプラットフォームと競争政策との関係について，Evans (2003), Cortrade (2006) 等によって，①多面的市場における製品/サービスはプラットフォームの存在抜きには実現しえないこと，②各々の市場に設定する価格（料金）は，当該市場のコスト，需要を単独で反映したものである必要はない（つまり，限界費用を上回る価格は，必ずしも市場支配力の存在を意味し

ない.また,市場集中は必ずしも非効率的ではない)こと,また③一方の側で利益を上げたとしても,他方の競争条件によっては,それが失われる可能性があることから,多面的市場における相互補助は必ずしも略奪的価格設定を意味しないことが指摘されており,寡占的なプラットフォームであるからといって即座に市場の歪みがもたらされるわけではないことには留意する必要があるであろう.

第9章で詳しく説明されるように,近年,プラットフォームと競争政策との関係をめぐってはさまざまな検討が行われているところであるが,今後,通信プラットフォームに関わる理論的・実証的研究のさらなる蓄積が必要不可欠である.

参考文献

[1] Armstrong, M. (2006) Compeition in Two Sided Markets, *Rand Journal Economics*, **37**(3): 668-691

[2] Cortade, T. (2006) A Strategic Guide on Two-Sided Markets Applied to the ISP Market, *Communications & Strategies*, **60**(1): 17–35

[3] Evans, D. (2003) The Antitrust Economics of Multi-Sided Platform Markets, *Yale Journal on Regulation*, **20**(2): 325–381

[4] Rochet, J. C. and J. Tirole (2003) Platform Competition in Two-Sided Markets, *Journal of the European Economic Association*, **1**(4): 990–1029

[5] Rochet, J. C. and J. Tirole (2006) Two-sided markets: a progress report, *Rand Journal of Economics*, **37**(3): 645–667

[6] 総務省 (2009)「通信プラットフォーム研究会報告書」

第9章

プラットフォームに関わる競争政策の問題点

　第5章および第8章で説明のあったように，電気通信事業分野，特にモバイル市場においてプラットフォームの取り扱いが，近時の焦点となっている．モバイル市場では，従来，携帯電話事業者が端末・通信サービス・認証課金・コンテンツ・アプリケーションを一体として提供する垂直統合型のビジネスモデルが一般的であった．しかし，今後コンテンツ・アプリケーションの分野で競争を活発にし，多様なサービス提供を通じた消費者の利便性を向上するには，携帯電話事業者横断的にコンテンツ，アプリケーションを提供できる機会が必要である．同様のことは端末についても妥当する．そのためにプラットフォームレイヤーや端末プラットフォームがオープンなものにすることが重要と考えられ，政策上の焦点となったのである．

　まず，総務省のIP化の進展に対応した競争ルールのあり方に関する懇談会の報告書（総務省, 2006）において，ブロードバンド化やIP化の進展の中で，新たな規制理念としてネットワーク中立性を掲げ，そこで，固定・モバイルを問わず，認証・課金，QoS制御，デジタル著作権管理等のプラットフォーム機能の連携を通じた新事業創出促進が必要であるとされた．

　この問題意識を引き継ぐ形で，総務省(2007a)，総務省(2007b)および総務省(2008)が相次いで公表された．総務省(2007a)で，ネットワーク中立性の原則3に「消費者がプラットフォームレイヤーを適正な対価で公平に利用可能であること」が挙げられ，総務省(2008)ではプラットフォーム機能が競争に及ぼす影響についての論点整理がなされた．これらを受けて，総務省通信プラットフォーム研究会による報告書（総務省, 2009）が公表され，特にモバイルビジネスに焦点を合わせつつ，オープン型プラットフォーム環境の実現のための方策が検討されている．

プラットフォーム概念が，モバイル市場のみならず広く情報分野の市場や多面的市場で重要な意味を持つことは共通了解となっている．たとえば，テレコムネットワーク規制問題を法と経済学の観点から包括的に検討した Spulber & Yoo (2009) も，ネットワーク規制のキー概念となるアクセス問題を5つのタイプに分類して検討する際に，プラットフォームアクセスを独自のカテゴリーとして取り扱っている[1]．あるいは，規制を離れて経営戦略上の重要概念としてもプラットフォーム概念の重要性は Gawer ら (2009) で広範に検討されているとおりである．

本章はモバイル市場におけるプラットフォームの重要性に鑑みて，プラットフォームに関わる競争政策上の問題点を検討するものである．しかし，上述のわが国におけるプラットフォームレイヤーをめぐる現下の動きを紹介，検討するものではない．現在の動きは後述するようにプラットフォームレイヤーにおいて，今後のコンテンツ，アプリケーションの重要なインフラストラクチャーが提供されることが期待されているのにそれが不十分であることに対処するものであり，できるだけ早く安定したプラットフォームが提供され，さらにそれがオープンなものになることを模索したものである．ここでは，それらの対応がなぜ必要なのか，それが競争政策にどのような影響をもたらすのか，あるいは従来の競争政策がプラットフォームに関連してどのような問題を提起することになるのかを検討する．実際，プラットフォームをめぐる競争政策の問題は，モバイル市場における競争政策の問題の縮図となっているのである．

さて，ここまでプラットフォームの意味を明示せず叙述してきた．まず，9.1節においてプラットフォーム概念の意義を説明する．そこでは論者の探求関心に応じて多義的であることおよびそれぞれが互いにオーバーラップしていることを示し，それぞれの定義がどのような関心のもとにプラットフォームの特性を捉えているのかを説明する．そのうえで，それぞれの特性が独禁法の適用においてどのような問題を引き起こすのかを 9.2 節以下で順次検討する．

---

[1] 他の 4 つのアクセス問題は，小売アクセス，卸売アクセス，相互接続アクセス，アンバンドルである．これらは従来から規制法に明示的な根拠を持って規制がなされてきたが，プラットフォーム規制は，それに関わる規制が行われていたにせよ，その特性に注目した明示的な制定法上の規制は従来なかった (Spulber & Yoo, 2009, p.30)．

9.1 プラットフォーム概念の多義性と議論の整理

9.1.1 プラットフォームの多義性[2]

プラットフォームという言葉はさまざまなコンテクストで日常的に語られることが多いが，語り手にとって意味が自明なためか明示的な定義がなされることは少ない．ここで，言葉の交通整理をしておこう．

(i) 基本的な意義

まず，プラットフォームについて，コアの理解としては，補完的な商品・役務群の相互運用・利用を可能にするインターフェースの集合ということになろう[3]．ネットワーク中立性原則（第6章参照）は，消費者がコンテンツ，アプリケーション，端末について自由な選択を可能とすることを要求している．これは上記意味でのプラットフォームがオープンなものであることを消費者側から表現したものである．

(ii) 市場支配力の観点から

ところで，このようにインターフェースでつながった補完的な商品・役務群に需要面の規模の経済（ネットワーク効果：第7章参照）が働くことも多い．このような効果が強くかつインターフェースが特定の者のコントロール下にある場合，独占力の成立やその拡張が懸念され，従来から独禁法上の問題とされてきた．たとえば，IBMがシステム360で汎用コンピュータにおいて (i) の意味におけるプラットフォームを安定的に確立したことは有名であるが (Bresnahan & Greenstein, 1999)，IBMの汎用機におけるプラットフォームに由来する市場支配的地位の濫用に対して欧州委員会のUndertaking[4]が出されている．また，マイクロソフトをめぐる米国，ECの一連の事件[5]はいずれもこの問題に

---

2) プラットフォーム概念の多義性に関しては，Carliss & Jason (2008) を参照．
3) Spulber & Yoo (2009), pp.34-35
4) IBM Undertaking, [1984] 3 C.M.L.R. 147. 汎用機の支配的プラットフォームの担い手であるIBMがインターフェース情報のコントロールを通じて周辺機器事業者を排除したのではないかが問題とされた事案で，周辺機器事業者を排除しないようにインターフェース情報を事前に開示することで和解がなされたものである．
5) 米国の事件は，United States v. Microsoft Corp., 253 F.3d 34, 47 (D.C. Cir.) (en banc), cert. denied, 534 U.S. 952 (2001), ECの事件は，Microsoft v Commision(Case T-201/04)[2007]C.M.L.R.11 を参照．いずれもパソコン向けOSで支配的な地位にあるマイク

対処したものである．そのため，プラットフォームに関して条件反射的に独占問題が持ち出されることもある．この場合，(i) の意味でのプラットフォームであって，インターフェースの構成要素を特定の者が専有し，強力なネットワーク効果に裏打ちされた市場支配力が生じているものが念頭におかれているのである．しかし，単にネットワーク効果が存在するだけで市場支配力が問題になるわけではない．効果の大きさ，とりわけ効率性を獲得できる顧客ベースの最低水準 (Critical Mass) の規模，構成要素の専有可能性等に依存する．プラットフォームを語る際に，このようなネットワーク効果の大きなもの（事実上の標準の地位を占めているもの）を無意識に前提としていることがある．プラットフォームという言葉から条件反射で独占問題と考えずに，慎重に上記の前提条件を確認する必要がある．

(iii) 多面的市場プラットフォーム

プラットフォームの厳密な定式化として，経済学で多面的市場の分析に際して用いられる定義がある（第 7 章参照；Rochet et al., 2003）．第 7 章で詳細に説明されたように，多面的市場ではネットワーク効果等を通じて 1 つの市場での需要が他の市場での需要に影響することに対処するため，複数市場間の相互依存関係を考慮した価格設定が決定的に重要である．それゆえ，多面的市場の分析では複数市場における価格設定をバランシングできる地位が問題となり，それをなしうる地位としてプラットフォームが捉えられており，(i), (ii) と違って厳密な定義が与えられている．また，第 7 章でも説明されているように，多面的市場の分析では従来見落とされてきたいくつかの特徴があり，市場画定など独禁法を適用するうえで特別の扱いをする必要があるのではないという問題が提起されている．(i), (ii) の意味でのプラットフォームが多面的市場のプラットフォームとして機能していることも多いと考えられるが，その場合には独禁法適用上の独自の問題を検討する必要がある

(iv) 現実のプラットフォームと潜在的プラットフォーム

先述した，モバイルを中心としたプラットフォームの検討において，何がプラットフォームであるかについて一意的に特定することが困難であると表明さ

ロソフトが抱合せ取引などを利用して補完的なソフトを排除したこと（EC の事件）や，そのような排除を通じて OS の支配的地位を強化したことが違法だとされた．なお，この点については根岸他 (2007) 第 1 章参照．

れてきた(総務省, 2008, 2009).この問題を自覚的に検討した,総務省 (2008) では,当面の定義として「プラットフォーム機能」を「エンドエンドベースのデータ流通において,端末あるいはネットワーク,またはその双方の連携によって情報の付与・加工・再構成などを行うものであり,コンテンツ・アプリケーションを通信サービス上で円滑に流通させるための共通的基盤」としたうえで分析が進められた.ここで当面の定義とせざるをえなかったのは,上述したようなプラットフォームとして安定したプラットフォームが未だ確定する前にプラットフォームをめぐる政策判断をせざるをえなかったがゆえのことである.

モバイルでプラットフォームが注目された理由を確認しておこう.これまでのネットワークは,ネットワークとサービスが一体的に開発されてきたが,ネットワーク伝送技術の中間レイヤーに水平的・共通的に位置づけられる IP 関連技術が普及し,経路を問わないコンテンツ配信など多様なサービスが提供可能になった.要するに,IP 化とブロードバンド化の進展によって,ネットワーク制御部分が共通化されてネットワークから切り離すことも可能となり,ネットワークに依存することなく柔軟にサービス提供ができる共通的なネットワーク制御基盤として,プラットフォームレイヤーを考えることが可能となってきた.

ここでいうプラットフォームレイヤーとはブロードバンド市場の多段階階層(レイヤー)において,コンテンツ,アプリケーションを流通させるために必要な機能をもった部分である.すなわち,認証・課金,QoS 制御,デジタル著作権管理等がコンテンツ,アプリケーション流通に必要な機能であり,それらのプラットフォーム機能とは,それらの機能の集合がコンテンツ,アプリケーションを提供できる基盤となっている各機能を指す.基盤となる「機能の集合」がすでに安定的に存在するなら,そのような標準・企画の束が (i)〜(iii) の意味でのプラットフォームとなるのである.しかしながら,いまだ安定的に存在していない限り,各プラットフォーム機能とされるものは上述のプラットフォームを構成する個別機能に過ぎない.さらに,プラットフォームを担う関連技術は狭義のプラットフォームレイヤー以外にも存在するかもしれない.このような状況下で,ネットワーク提供事業者を横断した共通の基盤の上でアプリケーション,コンテンツの事業活動が展開できるようにするために,将来提供されうる各プラットフォームのインターフェースが共通となるような取り組みが有効である.近時の動向はそのような取り組みを中心とするものである.いわば,将来

のプラットフォーム間の互換性，相互運用性を保証するための標準作りの作業に重点がおかれているのである．モバイルユーザが利用するアプリケーションにおける携帯電話端末の規格・仕様についても同様のことがいえる．端末API等のアプリケーションの実行環境に必要な仕様は (i) の意味でのプラットフォームの典型である．その互換性の向上はさまざまな開発費用を低下させ，アプリケーション提供者の事業機会を増加させ，ユーザにとっても多様な選択肢を与える．ここでも問題となるのはプラットフォーム間の互換性確保である．その場合，個別企業がオープンな規格をもったプラットフォームを提供し，(ii) の水準のプラットフォームとなることを通じてそれを実現することもありうる．わが国では，端末API等の仕様における互換性標準を確立する標準化活動に力点がおかれている．このような取り組み自体は有益なものであるが，潜在的なプラットフォームに過ぎないのに，現実のものと誤解して過剰反応が示されることもある．現実のプラットフォームと潜在的なそれとの混同は避ける必要がある[6]．

9.1.2 競争政策との対応

プラットフォームをめぐる競争政策上の問題は，9.1.1 項 ((i)〜(iv)) で見たさまざまなプラットフォームの捉え方に対応している．

(a) プラットフォームの確立と互換性の評価

(i) でみたような意味でのプラットフォームは，それが安定的なものとして存在することが，多様な補完的な商品・役務を利用するうえで強く望まれる．また，プラットフォーム間の互換性があるならば，他の条件が同じであれば，多くのユーザに多様な選択肢を与え，活発な競争の基盤となるものであって好ましい効果をもたらすだろう．それゆえ，(iv) で見たようにまだプラットフォームが未確立な時期において，それを確立する作業およびプラットフォームが複数成立することが可能な状況で相互運用性を確保する作業が重要な意味をもつのである．

安定したプラットフォームが存在し，それが互換的であるなら，それは競争の基盤という意味で競争促進的であるということ自体は，互換性標準に関連し

---

[6] 総務省 (2009), 41 頁.

てよく知られてきた事実である．もっとも，かかる状態が競争促進的であるからといって，狭義の競争政策の立場（第4章）からは，そのような状態をもたらすように一定の行為をせよと命じることができるわけではない．ここでの競争促進効果はいわば受動的なコンテクストで評価される．すなわち，プラットフォーム間の互換性を確立する際の協調行動やプラットフォームを確立する過程で複数のプラットフォーム機能を束ねるような活動を独禁法上評価するにあたって，かかる活動のもたらす競争促進的効果として勘案されるに過ぎない．逆にかかる活動が常に独禁法上問題がないわけでもない．

(b) オープン化の問題

次に，プラットフォームへのオープンアクセスの問題だが，これは確立されたプラットフォームがオープン化の対象となるのはどのような場合であるかに対応する問題となる．プラットフォームのもつ潜在的独占問題は(ii)で見たようなプラットフォームにしばしば見られる特性のゆえであるが，プラットフォームをオープンにすることが要求される根拠をその点に求めるのかどうかが問題となる．第6章でも検討されたネットワーク中立性と競争政策の関係ともオーバーラップする問題である．

(c) 多面的市場の問題

いわゆるプラットフォームが(iii)の多面的市場のプラットフォームとしての側面を持つことが多いのは確かである．多面的市場の特性が存在する場合に伝統的な市場画定手法が使えない場合があるのではないかという問題やプラットフォーム運営事業者が行う排除的な行為が反競争的なものかどうかの評価において特別な取り扱いが必要なのではないかという点が近時問題とされている．

以下，これらの問題を順次検討する．

9.2　プラットフォームの確立と互換性の確保

9.2.1　競争促進的傾向

(a) 競争基盤の提供

プラットフォームが成立することやそれが互換的なものであることは，その基盤の上に多様な商品・役務の提供が可能になるという意味で競争促進的である．

(i) 共同行動に関わる評価

このうち互換性確保のために行われる活動は，事業者間の共同行為[7]として不当な取引制限（独禁法2条6項，3条後段）に該当する可能性はあるが，競争促進的な目的・効果を持つ場合がほとんどであり，通常は反競争効果を持たないと考えられる．もちろん，互換性確保のための協力活動の副作用として，各プラットフォーム開発の自由度が低下して，イノベーションを阻害する潜在的危険性はある．いったん確定したプラットフォームの仕様が，ネットワーク効果もあって強い慣性をもって不効率な袋小路に追いやる危険性もある．もっとも，共同行為がイノベーションを停滞させることに利益を生むような特殊な場合は別として，上記の危険性に独禁法で対処することは困難である[8]．互換性標準で特定の事業者の事業活動を困難にするような規格がとられたような例外的な場合に独禁法問題が生じるぐらいであろう[9]．

(ii) 垂直的統合の関わる場合

特定のプラットフォームが確立する過程で，さまざまな技術や機能が束ねられて提供されることが必要な場合も多い．たとえば，プラットフォームレイヤーにおける種々のプラットフォーム機能や場合によっては異なったレイヤーの機能が適当に組み合わされることによって，需用者やコンテンツ，アプリケーションその他の補完財の提供者にとって魅力的な共通基盤としてのプラットフォームが成立することになる．それらの各要素が独立された取引対象と評価できる場合には，このように異なった商品・役務を組み合わせて提供することは，一見したところ不公正な取引方法でもある抱合せ（不公正な取引方法一般指定10項）と見られるかもしれない．抱合せや垂直的統合は場合によっては反競争的なものとなるため，条件反射的に独禁法上の問題を想起されるかもしれない．しかしながら，この場合は競争基盤としてのプラットフォーム確立という意味

---

[7] ここでいう共同行為とは競争関係にある複数の事業者が意見の連絡をもって関与している行為のことである．

[8] イノベーションの停滞によって当事者が利益を得る可能性は理論的にありうるが，普通は共同行為によってイノベーションを停滞させたしても，共同行為から離脱してイノベーションを促進することによる個別企業の利益の機会は増大する．したがって，仮に共同行為によってイノベーションを停滞させることが共同利潤の増加に役立つという異例の条件が満たされる場合であっても，共同行為が安定する可能性は低い．独禁法違反行為を行う余地はほとんどなく，悪影響が発生するとしても当事者の意図せざる帰結としてのそれであろう．

[9] そのような例については，和久井 (2002), 1055–1066 頁参照．

での競争促進な目的で行われるのである．問題となるのは，プラットフォームとして安定的な基盤を確保するという目的と効果をもつ行為が同時に反競争効果を持つような場合である．プラットフォームの安定という効果が反競争効果を打ち消すものと評価されるか否かは，マイクロソフトのNAP条項事件（公取委審決・平成20年9月16日）でも問題となった[10]．同審決では，反競争効果の程度が大きい場合にそれを正当化するだけの要因ではないとされた[11]．もっとも，プラットフォームを確立するための統合自体が大きな反競争効果をもたらすことは後述のように少ないであろう．

プラットフォーム確立のための統合は次のような形でも効率的なものといえる．

(b) バンドルの効率性

プラットフォームの確立にはプラットフォームレイヤーの各構成要素を連携させる必要がある．場合によって，レイヤーを超えた連携が必要なこともあろう．個々の要素をとると別個の取引対象となりうるような機能が統合されることになる．このような垂直的統合もしくは補完財統合によって諸機能のバンドル（抱合せ）はかつてはその潜在的な反競争効果が注目された時代もあった．しかし，今日では次のような効率性が注目されている．

1つは，よく知られている，バンドルすることに伴う取引費用の削減と範囲の経済性の確保である．個々の諸要素を個別に販売することに伴う諸費用が一括することにより軽減されたり，技術的に連関する複数の商品・役務の提供によって平均費用を低下させるというものである．

もう1つは競争政策で二重限界化として知られている問題[12]と類似の問題である．ユーザにとってはシステムとして一体的に利用することによって効用を

---

10) WindowsのOEMライセンスに際してライセンスの相手方にその知的財産権を侵害したとしても侵害訴訟をライセンサー（特許権者）およびライセンシー一般に対して提起しないことを義務づけた条項（NAP条項）に関して，それが相手方の技術革新インセンティブの低下をもたらす不当な拘束条件つき取引とされた事件である．
11) 本事件では，上記NAP条項がプラットフォーム機能を安定的に供給するために必要であるがゆえに不当なものではないという主張がなされたが，容れられなかった．この点の詳細は稗貫(2009)参照．
12) たとえば，メーカと流通業者のような垂直的に連鎖する市場で双方に市場支配力が存在するとき，それぞれが独立した価格設定を行った場合が，両者が統合したうえで利潤最大化を行った場合に比べて，価格が上昇しかつ合計利潤も減少する．最高価格再販の正当化事由などでよく知られている問題である．川濵他(2006), 206頁, 柳川・川濵(2006), 183頁参照．

もたらす各構成要素が，別個に販売されているときには次のような問題がある．この場合，各構成要素の供給者が完全競争水準を超えたマージンを請求できる地位にあるならば，マージンの累積は全体を統合した場合の利潤最大化マージンより過大となる．しかも，そのような状況下の各供給者の利潤の合計も統合した場合よりも低くなる．このような状況では，各構成要素を統合した商品供給は社会全体の効率性を改善するだけでなく，それが供給者の私的利益にもなるのである．かつては，このようなバンドルも独占力を強化する傾向をもつものだと誤解されたこともあった．実際，独占力の強化か効率性の改善かの識別が問題となることもある[13]．しかし，技術標準を普及させるために補完関係にある必須特許をプールする事例などでは，このような補完関係にある要素を一括して供給することの効率性改善およびそれを通じた競争促進効果は正面から評価されてきた[14]．

9.2.2 反競争効果

9.2.1項で見たように競争促進的目的を標榜する行為が同時に反競争効果を持つことはないのか．互換性確保のための共同行動については，9.2.1項 (a) の (i) で反競争効果も視野に入れて説明を行ったが，それではプラットフォームの確立のための諸要素統合はどのような場合に反競争的なものとなるのだろうか．

諸要素の統合が反競争的とされるのは，特定の要素について独占力を有する事業者が他の要素をバンドルすることで，独占力を拡張したり，参入障壁を強化したりする場合である．独占力を有する事業者が他の分野にそれを拡張するという事態への懸念は1970年代までは強かったが，シカゴ学派の唱導により独占利潤拡張不能理論[15]が普及してからは懐疑的な見方が広がった．もっとも，その後，独占利潤拡張不能理論が仮定する前提が満たされないならば，バンドル，統合によって独占力の拡張や不当な排除がありうることも知られている．関連

---

13) GEとハニウェルの混合合併（競争関係も垂直的取引関係も関わらない合併）の事例で，合併後行われると想定されるバンドリングが，ここで述べたような効率性の改善をもたらし競争促進的なものなのか，独占力を濫用した反競争的な排除をもたらすものなのかがEUと米国で激しい論争を招いた．池田 (2008)，219頁以下参照．
14) 長岡他 (2005)，145頁以下，柳川・川濵(2006)，298頁以下参照．
15) 1つの独占によって得られる利潤は当該市場で行使できる部分だけであり，他の競争的市場でそれを利用した場合，市場参加者が合理的に行動する限りは他の市場で市場支配力を拡張して利潤を増やすことができないという主張である．柳川・川濵(2006)，189頁以下，255頁以下を参照．

する市場がともに競争的でない場合や市場が差別化されている場合 (Whinston, 1990; Nalebuff, 2004a)，もとの独占力が規制によってその行使が抑制されている場合などには，独占利潤拡張不能理論の前提を欠くことになる．プラットフォームが関わるケースはこれらの特性を持ってそうである．もっとも，反競争効果が生じるか否かは市場をとりまく諸条件に依存することになる．独占的要素が関わるからといって，反競争効果が存在すると即断してはならない．他方，プラットフォームに関連してネットワーク効果に裏打ちされた強力な独占力を持つ事業者が他の市場に悪影響をもたらす可能性も考慮しなければならない．

この場合に，注意すべき点を確認しておこう．

技術的に関連した商品・役務を統合する場合，それらが特定の機能の実現に相互に必須の関係（完全に相互補完的な関係）にあるものだけから構成されているなら反競争効果は発生しない[16]．統合の対象となる商品・役務は相互補完的とはいえ，必須の関係にあるわけではない．特に問題となるのは，独占的要素をもつ商品と補完的ではあるが，部分的には代替関係にある場合である．これは米国のマイクロソフト事件で OS とブラウザがバンドルされた際に提起された問題である．補完関係にある商品としてブラウザがバンドルされることは一見問題なしとなりそうだが，ブラウザが将来的な代替品であることが OS 市場におけるバンドルの反競争効果の背景となっているのである[17]．

独占力が存在する市場での価格設定等が規制対象となっているため，当該市場での市場支配力行使が困難な場合には，別の市場を梃子として利用する危険性が高まる．

9.3 プラットフォームアクセスの問題

ネットワーク中立性が要請するように，消費者が自由に多様な端末機器，コンテンツ，アプリケーションにアクセスができるには，補完的なモバイルサービ

---

[16] これは技術標準に関わるパテントプールが独禁法上の問題を引き起こさないための条件としてよく知られている．柳川・川濱編 (2006), 298 頁, 公正取引委員会 (2005) 参照．
[17] Areeda & Hovenkamp (2004), p.1747 を参照．同事件の説明として，根岸他 (2007) 第 1 章参照．なお，バンドルした場合に差別的に割引を行うミックスバンドリングのコンテクストで独占的に販売している主たる商品と部分的に代替関係にある従たる商品をともに提供する事業者がバンドルを行うことによって従たる商品における競争者を効果的に排除できるケースについては Nalebuff (2004b) 参照．

ス事業者がネットワークを通じてユーザに供給できるようにネットワークが開放されていることが必要である．換言すればネットワーク上のプラットフォームへのアクセスが確保されていることが重要である．多様に成立するプラットフォーム一般について，互換性を担保することを強制することはできないが，そのための共同行動が競争政策の点からも望ましいものであることは9.2節で見た．それでは，プラットフォームを提供する事業者が，それをオープンなものとすることを要求されるのはどのような場合なのだろうか[18]．

9.3.1 独禁法による対応

プラットフォームのオープン化を要請する独禁法上の法理としては，まず，エッセンシャルファシリティ理論（EF 理論）が持ち出される．この法理は第10章で詳しく説明されるので詳細はそちらに委ねるが，次のような法理である．川下市場で競争するうえで不可欠な投入要素（これをエッセンシャルファシリティ（EF）と呼ぶ）を有する川上市場の事業者は当該投入要素を新たに作り出すことが可能ではなく，また川下市場の事業者にそれを利用させることが可能な場合は，合理的な理由なく，当該 EF の利用を拒んではならない（合理的かつ非差別的な取引条件で取引をしなければならない）というものである[19]．第10章で説明されるように，この法理を独禁法上の法理としてどのように位置づけるかについては争いがある．この法理の発祥の地でありながらこの法理に懐疑的な議論が強い米国反トラスト法とこの法理を正面から承認する EU 競争法とでは，EF 理論の経済的機能についての認識が異なっているようである．また，わが国ではこの法理を明示的に立法化しようとされたこともあったが，頓挫した[20]．もっとも，改正法を待たずともわが国独禁法上，この法理が存在するという立場も有力である (白石, 2004)．しかし，欧米で EF 理論とされている形での規制例はわが国では見当たらない．

---

[18] ネットワーク中立性原則で要求されるオープンアクセスと取引拒絶規制で考えられるオープン化が同じかどうかも問題である．取引拒絶規制でのオープンアクセスは，プラットフォームはすでにモジュール化されておりコンテンツ，アプリケーション事業者に対して利用を許諾すれば足りる．これに対してネットワーク中立性実現のためのオープンアクセスでは，ネットワーク運営事業者はその管理するプラットフォーム利用に関してよりきめ細やかな形で他の事業者への協力が求められる可能性があり，プラットフォーム設計の自由度に制約が加わる可能性もある．

[19] EF 理論をどのように定義するのかについても多様な立場があるが，詳細は第10章に委ねる．
[20] 公正取引委員会 (2003a, b), 川濵(2004).

わが国で妥当するとしても，何が EF（不可欠な投入要素）か，新たに作り出すことが不可能な場合とはどういうものかについてを確定する必要がある．これは川下市場の画定や不可欠性を判断するうえでの費用優位をどの程度とするかによって話が変わってくる．プラットフォーム間競争がある場合であっても特定プラットフォームにロックインされたユーザ向け市場を川下市場とするなら，EF の範囲は極端に広がるであろうし，費用優位の程度によっても判断は変わってくる．新たに作り出すことの現実的困難さも，単に川上への参入コストが高いだけで認めるのか，先行者と後発者との間に費用上の非対称性があることを必要と考えるのかなどによって答えは異なってくる[21]．また，事後の取引義務が事前の EF 構築のインセンティブを低下させないようにするべく，その範囲を限定することも問題となる[22]．EF 理論を肯定する論者であってもこれらについて厳格な基準を要求するのが今日の趨勢であるが，わが国でこの理論を採用する場合にはどのような基準が適切であるかについての議論は未発達である．さらに現実にこの法理を適用する際に不可欠なアクセスの条件などについても未開拓のままである[23]．

EF をいかに定義するにせよ，強力なネットワーク効果に裏打ちされてコンテンツ，アプリケーション提供に不可欠なプラットフォームであるならそれに該当する可能性は高い．上述の問題点に留意しながら，このようなプラットフォームに関してはその保有者は当該プラットフォームの利用が可能な限りは，その利用を関連事業者に認めることを義務づける法理を独禁法上認めることに異論は少ないであろう．

それでは，プラットフォームが複数存在し厳密には EF とまではいえない場合はどうだろうか．もともと，プラットフォームの担い手は多くの補完的サービスを提供することがプラットフォーム間競争の点からも利益なのだから，わざわ

---

[21] Oscar Bronner GmbH and Co KG v Mediaprint Zeitungs und Zeitschriftenverlag GmbH and Co KG(Case C-7/97)[1999]4 CMLR 112 で採用された基準である．EF は参入障壁と捉えることも可能である．この基準は参入障壁をどのように定義するのかという問題とも対応している（上記基準は Stigler (1968) の定義に呼応している）．
[22] この要素は，EF の定義の問題として勘案するのか，取引義務を免除する正当化要因と考えるのか問題となる．前注でふれた EF を参入障壁と見る立場からするなら，参入障壁を規制対象とする場合のその範囲確定の問題に置き換えることもできる．なお，このような規範的な意義での参入障壁の定義に関しては，von Weizsacker (1980) を参照．
[23] 川濱(2004) は，明示的にこの法理を認めた場合に，具体的な規制の際に直面する論点を整理している．

ざ取引拒絶によって補完的サービスの提供を閉ざすインセンティブは乏しいかもしれない．それゆえこのような場合に拘泥する必要はないという見解もあろうが，ある程度有力になったプラットフォーム事業者が，特定の事業者を排除することによって自身の関連事業者の利益を図ったり価格差別を実現したりするインセンティブを持つ可能性はある．この場合，たとえばプラットフォーム確立期において関連事業者にオープンであることを標榜して当該プラットフォームを定着させたような場合には事後もオープンであることが要請されるものと考えられる．いずれにせよ，特定事業者の排除が上述のような目的に出たものであることが示されれば当該取引拒絶は独禁法違反となるものと考えられる[24]．

9.3.2 事業法によるプラットフォームオープン化の問題

EF 理論の妥当性および妥当範囲をめぐる議論は，事後の取引義務の強制が事前の EF の構築へのインセンティブを低下させるかもしれない点などを勘案して取引義務の生じる範囲を妥当なものとできるか否かにあった．そうであるがゆえに，知的財産権にかかる EF 理論適用の是非が常にホットな話題となったのである．逆にいえば，EF としての地位が自然独占性など事前の貢献と連関しない場合は取引義務を認めることによる弊害は少ない．公益事業においてEF 理論が具体化されているのはそれゆえである．それでは，モバイルのプラットフォームについてそれへのアクセスをオープンにするような特殊な事情は存在するだろうか．電気通信事業分野におけるアクセス（接続）義務は競争政策以外の観点からも根拠づけられるが[25]，EF 理論を具現化した接続義務はモバイルの場合は電波資源の希少性ゆえの自然寡占性に求めることになろう[26]．

---

[24] ここではプラットフォームがある程度の市場支配力をもたらしていることを前提としている．これに対して，特定プラットフォームを利用するサービス提供の市場を考えれば，その市場での当該プラットフォーム利用は不可欠な投入要素といえるのでないかという誤解もあるかもしれない．たとえば，差別化されたプラットフォームにロックインされたユーザが存在する場合，そのようなユーザ向けのアフター市場においてプラットフォームは EF だといった論法である．通常，そのようなものまで EF 理論の広範な取引義務を課す必要はないと考えられている．しかしながら，そのような局面であっても独禁法上違法な目的達成の手段として取引拒絶を行い，アフター市場における事業活動を困難にすれば不当な取引拒絶に該当しうる（公正取引委員会，1991，第三 2）．

[25] Spulber & Yoo (2009) はネットワークアクセスをリテール，ホールセール，相互接続，アンバンドリング，プラットフォームに分類するが，リテールや相互接続は競争政策以前のものと位置づけられる．

[26] これが十分条件となるかは異論もあろう．また，利用可能な周波数が拡大すれば，かかる規制の必要性は弱くなる．そうでない以上，逆に周波数割当段階で広範なオープン化の義務を課すことに

それではプラットフォームにおけるアクセスはどう考えるべきか．プラットフォームレイヤーでの市場参加者はネットワーク運営事業者だけではない．ネットワーク運営事業者が管理するプラットフォームが有力なものとなったとき，電波の希少性等に起因するアドバンテージがその地位の背景となっているといえるだろうか，それともそれと無関係な事情によるのだろうか．ネットワーク運営事業者としての地位が重要な要因となっているのであればプラットフォームのオープン化を強制する特別な事情が存在するといえるかもしれない．ネットワーク中立性原則からネットワーク運営事業者のプラットフォームのオープン化を導く議論は，競争政策の観点からはネットワーク運営事業者の有利性を重視している立場といえる．もっとも，ネットワーク中立性原則を経済的な観点からでなく，メディア規制の一環として見るなら社会的目的による介入として別個の観点からプラットフォームのオープン化が要請されることになる．

9.4 多面的市場にかかる独禁法の適用

プラットフォームを管理する事業者は，その基盤上で事業活動を行う事業者とそれを利用するユーザの双方の市場を視野に入れて事業活動を行う必要がある．この場合，一方の市場における需用者数が他方の市場における需要者の便益に影響する．このように異なった需用者グループ間でネットワーク効果がクロスする場合には，ネットワーク効果を勘案した価格設定を行うことが重要になる．第7章で詳しく検討されたように，このような多面的市場におけるプラットフォームの機能は近時の産業組織論でもっともホットな話題の1つである．

それでは，プラットフォームが多面的市場の特性を示している場合，独禁法適用において特別な問題を生じることはないのか．多面的市場におけるプラットフォーム間での競争が問題になるとき，まず関連市場の画定の仕方，ついで略奪的行為を評価する基準が影響されるのではないかと考えられる．

9.4.1 市場画定問題

多面的市場におけるプラットフォームではユーザをめぐる競争，その基盤上

よって事前に弊害を防止する規制戦略（第2章，第5章，第6章参照）は透明性の点で好ましいかもしれない．

でさまざまな役務等を供給する事業者との取引を獲得する競争の2つに直面する．伝統的な市場画定では，それぞれの需要者ごとに市場画定を行うことがまず考えられる．一方向の市場ごとに仮定的独占者基準を用いることになる．これに対しては多面的市場の特性を考えると，市場を狭くとりすぎる危険性があるのではないかという批判がある．一方の需要者群に対して仮定的に独占者となったものが5％の価格引上げをしたとして利潤増があるか否かを判断するのが仮定的独占者基準であるが，多面的市場の特性を持つ場合，ある市場での価格引上げによる需要者の減少は，他の市場での需要減を伴う．その効果が勘案されていないというのである．

この問題はこれまで主として，米国の決済カード市場に関わる事件で問題となってきた．計量経済学の手法を用いて仮定的独占者基準を直接適用して市場分析を行うことが多い米国反トラスト法では，多面的市場の特性をもつ決済カードで需要者間の効果を無視すると厳密な計測の意味が没却されかねないからである (Resman, 2007; Hesse, 2007)．それでは，多面的市場の特性を利用して仮定的独占者基準はどのように適用されるべきだろうか．当該プラットフォームが市場支配力を持つ場合とそうでない場合の価格構造に関係するデータなどに依拠した提案などがなされている[27]が，仮定的独占者の直接的計測自体が多くのデータと複雑な分析を必要とするのに，それ以上に多量のデータと複雑な分析を行うことで市場画定の精度がどれだけ向上するか疑問となろう．特定方向の需要者毎に他の条件を一定として仮定的独占者基準を適用し，場合によっては定性的に修正するというのが現実的だと考えられる (Hesse & Soven, 2006)．

9.4.2 価格設定活動の評価

多面的市場におけるプラットフォームで重要なのは市場間の相互依存関係を視野に入れて市場間の裁定を行うことによって効率的な価格設定を行うことである．

ところで，ある市場で価格を引き下げることによって需要を喚起し，別の市場での需要も喚起させることが最適な場合に，前者の市場だけに注目するならば不当廉売と誤解される可能性があるのではないかが問題となる．不当廉売の

---

[27] Ordover (2007) は，市場支配力と価格構造が関連しない場合には双方の市場に同比率での価格引上げを想定した仮定的独占者基準が適切だとする．

規制においては，平均可変（ないしは回避可能）費用を下回る対価での供給が継続して行われその結果，他の事業者の事業活動が困難になった場合には原則として独禁法違反になり，平均総費用を下回った価格で他の事業者の事業活動を困難にした場合には不当性を根拠づける事情が立証された場合に規制されるといった費用にリンクされた基準が採用されている[28]．一方向での費用と対価の関係を見た場合，合理性のある行為を不当な原価割れと判断する危険性がある．この場合，多面的市場での利潤機会を算定して，言い換えれば機会費用を検討して費用割れか否かを判断することが正しい手法ということになる[29]．この場合も，特定の市場に注目して費用＝対価関係の立証を行った後に，多面的市場の特性ゆえに現実には費用割れでないことを正当な理由として問題とすることになろう[30]．

ところで，多面的市場の典型である決済カード市場では，より正確には決済ネットワーク型カード市場ではInterchageFee (IF) の評価が従来問題となってきた．決済ネットワークは競争関係にある金融機関が共同してプラットフォームを形成するのであるが，決済ネットワークの利用手数料としてカード加盟店から徴収するIFを一律に取り決められることがある．IFの取決めが，競争回避的なカルテル的活動と評価されるべきなのか，それとも多面的市場プラットフォームにおける裁定活動の一環としての意味を持つのかが問題とされてきた．米国の事案ではこれを競争回避的行動と見なかったが[31]，欧州委員会がこれを反競争的な共同行為とした例[32]がある．なお，欧州委員会もこれを単なる価格協定と考えたわけではなく，競争制限効果を正当化するだけの競争促進効果がないとしたものである[33]．

IFと同様の慣行が他のプラットフォームで成立するか否かははっきりしないが，プラットフォームにおいて市場間裁定を行うにあたってプラットフォーム

---

28) 金井他 (2008), 259-262 頁参照
29) Ordover (2007), p.184
30) 原則違法型の不当廉売では，まず歴史的費用から平均可変費用割れを立証し，経済的費用が実際はそれより低かったことは正当な理由の　内容として扱われている．
31) National Bancard Corp. v. Visa U.S.A., Inc., 779 F.2d 592, 602 (11th Cir. 1986). Baxter (1983) も参照．
32) IP/07/1959[Commission Prohibits Master Card's intra-EEA Multilateral Interchange Fees(MIF)] available at http://europa.eu/rapid/pressReleasesAction.do?reference=IP/07/1959&format=HTML&aged=0&language=EN&guiLanguage=en
33) IFに対する懐疑的な立場としてSalop (1990), Carlton & Frankel (2005) を参照．

に関わる競争業者間の価格に関わる共同行為が必要な場合もあるかもしれない．そのような場合には同種の問題に直面する可能性がある．

参考文献

[1] Areeda, P. and H. Hovenkamp (2004) *Antitrust Law*, Vol. 10 (2nd ed.), Aspen Publishers

[2] Baldwin, C. Y. and W. C. Jason (2008) The Architecture of Platforms: A Unified View, *Harvard Business School Finance Working Paper* No. 09–034

[3] Baxter, W. F. (1983) Bank Interchange of Transactiona Paper: Legal and Economic Perspectives, *Journal of Law and Economics*, **26**: 541–588, 553 n.9

[4] Bresnahan, T. F. and S. Greenstein (1999) Technological competition and the structure ofthe computer industry, *Journal of Industrial Economics*, **47**(1): 1–40.

[5] Carlton, D. W. and A. S. Frankel (2005) Transacton Costs, Externalities, and "Two-Sided" Payment Markets, *Columbia Business Law Review*, 617, 631

[6] Farrell, J. and J. W. Philip (2003) Modularity Vertical Integration, and Open Access Policies: Towards a Convergence of Antitrust and Regulation in the Internet Age, *Harvard Journal on Law and Technology*, **17**(1): 86–134

[7] Gawer, A. ed. (2009) *Platforms, Markets and Innovation*, Edward Elger

[8] Hesse, R. B. (2007) Two-Sided Platform Markets and the Application of the Traditional Antitrust Analytical Framework, *Competition Policy International*, **3**(1): 190–195

[9] Hesse, R. B. and J. H. Soven (2006) Defining Relevant Product Markets in Electronic Payment Network Antitrust Cases, *Antitrust Law Journal*, **73**(3): 709–738

[10] 稗貫俊文 (2009)「マイクロソフト NAP 条項審決の検討」NBL911 号 93 頁

[11] 池田千鶴 (2008)『競争法における合併規制の目的と根拠』商事法務

[12] 金井貴嗣・川濱 昇・泉水文雄 (2008)『独占禁止法 第二版補正版』弘文堂

[13] 川濱 昇 (2004)「不可欠施設にかかる独占・寡占規制について」ジュリスト 1270 号 59 頁

[14] 川濱 昇・泉水文雄・瀬領真悟・和久井理子 (2006)『アルマベーシック経済法 第二版』有斐閣

[15] 公正取引委員会 (2003a)「独占禁止法改正の基本的考え方」

[16] 公正取引委員会 (2003b)「独占禁止法研究会報告書」

[17] 公正取引委員会 (2005)「標準化に伴うパテントプール等の形成等に関する独占禁止法上の考え方」

[18] 長岡貞男・山根裕子・青木玲子・和久井理子 (2005)『技術標準と競争政策——コンソーシアム型技術標準に焦点を当てて　公正取引委員会競争政策研究センター共同報告書』101–142 頁

[19] Nalebuff, B. (2004a) Bundling as an Entry Barrier, *Quarterly Journal of Economics*, **119**(1): 159–187

[20] Nalebuff, B. (2004b) Bundling as a Way to Leverage Monopoly, Yale School of Management Working Paper No. ES-36, available at http://ssrn.com/abstract=586648

[21] 根岸　哲・川濵　昇・泉水文雄 (2007)『ネットワーク市場における技術と競争のインターフェイス』有斐閣

[22] Ordover, J. A. (2007) Comments on Evan & Schmalensee's "The Industrial Organization of Markets with Two-sided Platforms", *Competition Policy International*, **3**: 180–189

[23] Rochet, J.-C. and T. Jean (2003) Platform competition in two-sided markets, *Journal of the European Economic Association*, **1**(4): 990–1029

[24] Rysman, M. (2007) The Empirics of Antitrust in Two-Sided Markets, *Competition Policy International*, **3**: 197–209

[25] Salop, S. C. (1990) Deregulating Self-Regulated Shared ATM Networks, *Economics of Innovation and New Technology*, **85**: 93–94

[26] 白石忠志 (2004)「独占寡占規制見直し報告書について」NBL776 号 47 頁

[27] 総務省 (2006)『IP 化の進展に対応した競争ルールのあり方について——新競争促進プログラム 2010』

[28] 総務省 (2007a)「ネットワークの中立性に関する懇談会報告書」

[29] 総務省 (2007b)「モバイルビジネス研究会報告書」

[30] 総務省 (2008)「電気通信事業分野における競争状況の評価 2007」

[31] 総務省 (2009)「通信プラットフォームの在り方（通信プラットフォーム研究会報告書）」

[32] Spulber, D. F. and C. S. Yoo (2009) *Networks in Telecommunications: Economics and Law*, Cambridge University Press

[33] Stigler, G. J. (1968) *The Organization of Industry* Chap.6, Homewood

[34] 和久井理子 (2002)「共同の標準化活動と独禁法」北大法学 53 巻 4 号 1048 頁

[35] Whinston, M. D. (1990) Tying, Foreclosure, and Exclusion, *American Economic Review*, **80**: 837–859

[36] 柳川　隆・川濵　昇編 (2006)『競争の戦略と政策』有斐閣

[37] van Schewick, B. (2007) Towards an Economic Framework for Network Neutrality

Regulation, *Journal of Telecommunications & Technology Law*, **5**: 329

[38] von Weizsacker, C. C. (1980) A Welfare Analysis of Barriers to Entry, *Bell Journal of Economics*, **11**(2): 399–420

第10章
モバイルプラットフォームとエッセンシャルファシリティ理論

10.1 プラットフォームとボトルネック

　プラットフォームは，情報通信分野で重要な地位を占めるようになっており，今後情報通信ネットワークを高度に利活用するためには必須のものになると想定されている．しかし，そのネットワーク外部性などにより周辺市場を含めた寡占化傾向が見受けられ，プラットフォーム事業者が取引相手に対して不公正な取引を強いる事例が発生しており，プラットフォームが新たなボトルネックを形成し，事業者の自由で健全な経済活動だけでなく，情報の自由な流通をも阻害するおそれが現実のものとなりつつある，との認識がある (総務省, 2007)．プラットフォームレイヤーをまとめて1つの独立したレイヤーとして事業法による共通の事前規制をおくことも検討されたが，実際のプラットフォームは多様であり，それらを包括する規制を導入することは見送られることとなった (総務省, 2009b)．現に問題が認識されている特定のプラットフォームについては，事業法による規制対象に組み込まれるが，多くは独禁法による事後規制によるしかない状況である．

　独禁法による規制では，プラットフォームそれ自体が問題とされ規制されるわけではなく，個別具体的な事案における行為と反競争的効果が問題とされる．技術革新等の経済効率を求めて行われる新たなプラットフォームの形成，プラットフォーム間での競争，標準化されたプラットフォーム上での競争などは，競争促進的効果が期待される．モバイルプラットフォームに限定しても，多数のプラットフォームが存在し，どのプラットフォームを取り上げるかにより，競争において果たす役割や，その競争に与える影響，現在の競争状況など，それ

それ異なる．モバイルプラットフォームは急速に発展し変化し続けているため，現時点で具体的な事例を取り上げ詳細に分析することは難しい．しかし，上記でも危惧されているボトルネックが，モバイルプラットフォームについて生じる可能性がないとはいえない．ここでは，あるプラットフォームがボトルネックになっているときに，独禁法はそのアクセスを確保することができるか，という点について理論的な整理を試み，モバイルプラットフォームにおける可能性を考える．

　反競争的効果を伴うボトルネックを用いた行為にはいろいろな種類の行為があるが，ここでは，ボトルネックを独占する事業者に対して独禁法を適用しアクセスを確保することができるか，という観点から，取引拒絶（あるいは供給拒絶）を取り上げる．ボトルネックはエッセンシャルファシリティ（以下，「EF」という）とも呼ばれ，その取引拒絶の違法性を論じる EF 理論が形成され，その妥当性が議論されてきた．EF 理論とは，EF を有する者はそれを他の者と分け合う義務を負い，それを拒絶することは反トラスト法または競争法に違反である，とする理論，と一般的には理解されている．

　EF 理論の適用については，米国反トラスト法および欧州競争法における議論と実績が先行しているが，米国と欧州とでは異なる態度をとっているようにみえる．EF 理論が形成された米国においては，1980 年代までに下級裁判決において EF 理論を採用したものがみられたが，連邦最高裁は慎重な態度を維持し，EF 理論そのものを否定したものではないが，その採用には消極的な姿勢を示した．司法省も消極的態度を示している．

　他方，欧州委員会は，1990 年代以降，EF 理論を明示的に用いて事件を処理している．いくつかの事件において，欧州裁判所は慎重な態度をとっているようにみえるが，EF 理論を否定しておらず，実質的には EF 理論における議論を慎重に適用するものであり，EF 理論は現役である．

　以下では，米国反トラスト法および欧州競争法において EF 理論がどのように論じられ運用されてきたか整理し，どのような違いがあるのか，あるいはどのような点で共通するのか，を整理する．そして，EF 理論から得られた知見を日本の独禁法において活かすことができるか検討し，モバイルプラットフォームに対してどのような態度をとるべきか，について検討する．

10.2 米国における EF 理論

10.2.1 判例における EF 理論の形成と展開

しばしば EF の事例として取り上げられる事例に，*Terminal Railroad* 事件と *Associated Press* 事件がある．判決文には EF 理論は用いられておらず，後の研究者が EF 理論を説明する際にしばしば用いている．

1912 年，*Terminal Railroad* 事件[1]では，鉄道会社がミシシッピ川の両岸を結ぶ 2 つの橋とフェリー，およびそこに達するために地理的に通過せざるをえないレールや連結施設を，被告鉄道会社 14 社の組織とその共同所有会社が，順次統合し所有していった．橋自体は有料で開放されていたが，そこに到るためのレールや連結施設等の使用も，組織への加入も，既存メンバーの全員一致の同意がなくては認められなかった．また，独自の施設を有することは，経済的にも地理的にも現実的でなかった．連邦最高裁は，特殊な物理的または地理的な条件により特定の施設を利用せざるをえず，それを利用する者すべてに公平な条件で利用させていない場合，その施設の排他的な支配が州際通商の障害であり制限であるという明白な理由となる，と述べた．そして，被告の支配と所有はセントルイスの商業と川の東西の通商の違法な制限であり，かつ独占を企図する掌握である，としてシャーマン法 1 条および 2 条に違反すると判断した．政府は統合前の 3 つに分割するよう主張したが，裁判所は分割を命ずることなく，その利用を望む他の鉄道会社に対しても被告等と同一の便益と負担で使用させるよう，基本契約を変更するよう命じた．

1945 年，*Associated Press* 事件[2]では，1,200 以上の新聞社からなる協同組合である Associated Press（以下，「AP」という）の内規が問題となった．AP はメンバー各社からニュースを収集し配信することを業務としており，メンバー各社はそれぞれの地域のニュースを AP に送り，配信されてくる全国のニュースを用いて新聞を発行していた．AP の内規は，メンバーが非メンバーにニュースを売ることを禁止していた．AP への加入は，通常，評議会の承認により比較的容易に加入できたが，既存メンバーと同一地域の新聞社が AP に加入しよ

---

1) United States v. Terminal Railroad Association of St. Louis, 224 U.S. 383 (1912).
2) Associated Press v. United States, 326 U.S. 1 (1945).

うとする場合には，当該地域の既存メンバーは評議会の承認を妨げる権利を有していた．この防御権が行使された場合，加入を望む競争新聞社は多額の負担金を支払い，総会において多数票を得ねばならなかった．司法省は，シャーマン法1条および2条に反するとして差止請求の訴えを提起した．連邦最高裁は，APの内規は，その規定自体から（実際に生じた）過去の効果を考慮せずとも取引制限を構成する，と述べ，原告の申し立てたサマリー・ジャッジメント[3]を認容した地裁判決を支持した．非メンバーである競争者の手にメンバーの一切のニュースが渡らないように，APの内規が非メンバーに対するニュースの販売を禁じた，と争いのない証拠によって示されていることが，ニュースの州際販売を妨げ制限したという地裁の認定を支持する根拠とされた．そして，APのような比類なき規模のニュース集約組織からニュースを買うことのできない新聞社の著しく不利な立場，そして，既存メンバーの存在する都市への新規参入の困難，という効果を指摘した．

　以上の2つの事例はいずれも共同ボイコットの事例である．EF理論は学説から発展したのであるが，そこではもともと共同行為と単独行為の両方が予定されていた[4]．その後，単独の取引拒絶が違法とされる類型として発展し，議論されてきた．以下では，単独の取引拒絶の事例と，下級裁判所によるEF理論の採用，そして，連邦最高裁の立場を示す事例を列挙する．

　1973年，*Otter Tail* 事件[5]では，電気事業者による送電施設の利用拒絶が問題とされた．電気事業は，自治体により10～20年のフランチャイズ権（電気の一手販売権）を付与された事業者が行い，自治体によっては公営で行うところもあった．Otter Tail は465の町で電気事業を展開する大手の電気事業者であり，その近隣では，自治体公営が45，地元電気事業者によるものが105あった．Otter Tail が供給していた12の町で，電気の一手販売権の期限が迫り，それを機に電気事業者の切り替えの議論が起こった．それらの町では，Otter Tail の電気の一手販売権を更新せず，町が自ら電力を小売することが計画された．そのため，外部から電力の卸供給を受ける必要があり，卸供給を受けるためには，Otter Tail に送電施設を利用させてもらう必要があった．しかし，Otter

---

3) 重要な事実について真正な争点がなく法律問題だけで判決できる場合に，申立により正式事実審理を経ないでなされる判決．
4) Neale (1960) pp.68-72, pp.131-137.
5) Otter Tail Power Co. v. United States, 410 U.S. 366 (1973).

Tail は，送電施設の利用も，電力の卸供給も拒絶した．これに対する策を講じているうちに時間が経過し，議会は決定を撤回し，Otter Tail に電気の一手販売権を再付与した．連邦最高裁は，EF 理論には言及しなかったが，独占力を用いて競争を妨げ，あるいは競争上の優位を獲得したと述べ，独占化行為でありシャーマン法2条に違反すると判断した．

1983 年，*MCI* 事件[6)]では，原告 MCI が長距離電気通信事業に参入するために，被告 AT&T の地方電話網への交換接続を要求した．連邦控訴裁判所は，MCI が長距離通信で競争するためには相互接続が不可欠 (essential) であると認め，*Otter Tail* 事件判決に依拠し，EF 理論によりシャーマン法2条違反の独占化行為であると判断した．原告は，AT&T が技術的にも経済的にも接続可能であることを示した．独占者による EF の支配 (control) は，製造段階から他の段階へ，ある市場から他の市場へと独占力を拡張しうる，と指摘している．裁判所は，EF が認められる要件として，以下の4つを示した．

(1) 独占者による EF の支配．

(2) 現実的にまたは合理的に競争者がその EF を独自に設けることが不可能．

(3) 競争者に対する当該ファシリティの使用の否定．

(4) 当該ファシリティの供給可能性．

その後の下級裁判例では，(1) の要件について，*McKenzie* 事件判決[7)]は，病院施設へのアクセスの制限について，自己の診療所で患者の多くの治療ができるので不可欠 (essential) ではない，と判断した．また，*Bellsouth* 事件判決[8)]は，電話帳の著作権についても EF 理論におけるファシリティたりうる，として無体物へも拡大した．

(2) の要件について，*Fishman* 事件[9)]では，シカゴ・スタジアムの賃貸を拒

---

6) MCI Communications v. American Telephone and Telegraph Co., 708 F.2d 1081 (7th Cir.), *cert. denied* 464 U.S. 891 (1983).
7) McKenzie v. Mercy Hospital, 854 F.2d 365 (10th Cir. 1988).
8) Bellsouth Advertising & Publishing Corp. v. Donnelley Information Publishing, 719 F.Supp. 1551 (S.D.Fla. 1988), *aff'd*, 933 F.2d 952 (11th Cir. 1991).
9) Fishman v. Estate of Wirtz, 807 F.2d 520 (7th Cir. 1986). プロバスケットボールのチームである Chicago-Bulls の買収をめぐって競争し敗れた被告が，原告による取得に対する全国バスケット協会の承認を妨げる目的で，当該チームの興行のため原告により申し込まれたシカゴ・スタジアムの賃貸を拒絶した．

否され,スタジアムは不可欠 (essential) であると認定されたが,原告は,賃貸の方が経済的に合理的であると示せなかった.Laurel 事件判決[10]では,代替物があれば EF を破る,と述べられている[11].

(3) の要件について,Laurel 判決は,現実の物理的拒絶は必要でなく,不合理な変更もファシリティへのアクセス拒絶になる,とした.

(4) の要件については,事実問題としての実行可能性 (feasibility) が問題となる[12].

以上のような下級裁判所における EF 理論に対して,連邦最高裁は次のような態度をとった.

1985 年,Aspen 事件[13]では,原告は 1 つのスキー場を有し,同地区にある被告の有する 3 つのスキー場との共通券を発行してきたが,被告の不満により共通券は廃止され,その後の原告による共通券発行の提案も拒絶した.さらに,原告のスキー場と被告のスキー場の券をパックで販売しようとして,原告が被告スキー場の入場券を小売価格で入手しようとしたが,これも拒絶した.控訴裁は EF 理論を肯定したが,最高裁判決では EF 理論に基づくことなく,通常の独占化行為として違法と判断された.

2004 年,Trinko 事件判決[14]では,1996 年通信法により競争者とのアクセス義務を負う地域電話会社であるベライゾンが,競争者からアクセス義務を果たしていないと申し立てられ,連邦通信委員会(以下,「FCC」という)により改善命令を命ぜられた.その後,競争者の顧客である Trinko が原告となり,反トラスト法違反を理由に 3 倍額損害賠償を求めて提訴した.連邦最高裁は,1996年通信法が反トラスト法の適用を妨げるものではないが,1996 年通信法による義務に反したことが直ちに反トラスト法違反になるわけではない,ということを確認している.そして,取引拒絶が反トラスト法違反となるのは例外的であり,競争者に対する支援が不十分であったことは反トラスト法違反とはならない,という一般論を述べ,EF 理論については肯定も否定もしないという立場をとっている.本件では,規制当局がアクセス義務を課し,すでに反競争的効果

---

10) Laurel Sand & Gravel, Inc. v. CSX Transp., 924 F.2d 539 (4th Cir. 1991).
11) *Laurel*, 924 F.2d at 544-545.
12) ABA (2007) pp.262-266.
13) Aspen Skiing Co. v. Aspen Highlands Skiing Corp., 472 U.S. 585 (1985).
14) Verizon Communications Inc. v. Law Offices of Curtis V. Trinko, 540 U.S. 398 (2004).

を抑止し是正していることから，シャーマン法2条の適用に消極的である．また，単独利用による利益をねらった投資がなされることは望ましいことであり，競争者に対する利用拒絶を違法とすると投資インセンティブを削ぐことになるので，単独の取引拒絶は競争促進効果を有すると指摘している．

10.2.2 EF 理論と取引拒絶

(a) 形式的な EF 理論の否定

米国における EF 理論の形成は，ボトルネックとなる施設を共同で保有し，その利用を拒絶することで競争者を排除する行為が違法とされた事例の分析から始まった．共同行為としての側面ではなく，ボトルネックを独占し排除する行為としての側面から分析することで，単独の取引拒絶においても同じ反競争効果が生じるのであれば同様に違法とすべし，というのが EF 理論である．

ところが，MCI 事件判決で示された4要件に表れているように，取引拒絶の対象が「EF であるか否か」が決定的な判断要素とされた．いったん EF であると認定されれば，その意図・理由や反競争効果にかかわらず，取引義務を課されるのではないか，というおそれが広まり，かえって長期的な競争への悪影響（投資インセンティブが削がれることによる技術革新の抑制）が生じることが懸念されることになった．学説においても，EF 理論の導入に慎重な見解が有力に唱えられた[15]．他方で，実際の事例における妥当な判断を導くため，「EF」であると認定するための MCI 事件判決の4要件それぞれの具体的な事例に対する当てはめについて，慎重な判断を下した下級裁判決もある．「不可欠性」や「複製可能性」「供給可能性」等につき，より細かな条件を設定し要求する試みは，ほとんど常に反競争効果が生じるような事例のみを「EF」と認定することができるようにすることで上記批判に応えようとするものといえる．しかし，それらは成功したとはいえ，連邦最高裁は EF 理論の採用に消極的な判断を下した．

反トラスト法執行機関である司法省も，EF 理論には否定的である．2008年に公表された「シャーマン法2条における単独行為規制に係る報告書」（以下，「単独行為規制報告書」という）(US DOJ, 2008) において，「EF 理論は，単独で無条件の取引拒絶が，競争を害するか否かを判断する方法としては欠陥があ

---

15) しばしば引用される最も有力な文献として，Areeda (1990) 参照．

る」[16]と述べ，Trinko 事件判決と同様に，投資インセンティブ低下への懸念と措置の実効性の確保の難しさを指摘している．その後，同報告書は取り下げられたが (US DOJ, 2009)，これまでの連邦最高裁判決に真っ向から反する態度をとるとは思われず，EF 理論に対する基本的な認識は維持されるであろう．

(b) 取引拒絶としての規制

それでは，米国においては EF 理論は否定され意味をなさなくなり，ボトルネックに対するアクセス拒絶を規制することはなくなったのか．たしかに，EF を有する者はそれを他の者と分け合う義務を負い，それを拒絶したことは反トラスト法または競争法に違反である，という単純な EF 理論の形式的な適用は否定された．しかし，過去の事例において，ボトルネックを保有する事業者による取引拒絶がシャーマン法違反とされた先例は残っており，取引拒絶の事案として違法とすべきか否かを検討されることになる．すなわち，伝統的な反トラスト法と同様に，反競争効果に着目した検討がなされる．先例に表れている取引拒絶の違法性判断基準は，おおよそ以下のように整理できる．

第 1 に，水平的な合意による競争者間の共同の取引拒絶である．EF 理論の基になった先例である Terminal Railroad 事件と Associated Press 事件は，共同ボイコットの事例としても有名である．共同ボイコットは反競争効果の強い行為類型であるとされ，当然違法の原則が適用されてきた[17]．今日では当然違法の原則の全面的な適用については疑問があるとされているが，競争促進的な合理的な理由のないあからさま (naked) な共同ボイコットについては，ほとんど常に反競争効果が生じる行為であり違法とされる，と解されている[18]．ボトルネックを保有している集団による取引拒絶の場合は，反競争効果が生じる可能性がより高くなるものとして扱われるだろう．

第 2 に，単独で保有するボトルネックにかかる取引拒絶である．伝統的な手法の 1 つは，独占意図に着目するものである[19]．主観のみによるのではなく，

---

16) US DOJ (2008) chap.7.
17) 通常，反トラスト法違反の疑いのある行為は，合理の原則 (rule of reason) の下で競争制限効果が分析されるが，競争制限効果が明らかな一定の行為類型については，その行為類型に該当するという認定のみで市場に対する効果の分析なく違法とする当然違法の原則 (per se illegal) の下で判断される．
18) 詳しくは，河谷 (2008)．
19) *E.g.*, United States v. Colgate & Co., 250 U.S. 300 (1919), Eastman Kodak Co. v. Southern Photo Materials Co., 273 U.S. 359 (1927).

行為者の行為ともたらされる効果等から合理的に推認される客観的な意図に基づき，反競争効果をもたらす取引拒絶を違法とするものである．ボトルネックを保有する事業者がそのような意図を有し，その達成手段としてボトルネックへのアクセスを拒絶した事実を示すことは，反競争効果をもたらす蓋然性を示す重要な判断要素となるだろう．

伝統的な手法の2つ目はレバレッジ（独占の梃子）である．ある市場にいて独占力を有する事業者が，その独占力を用いて隣接する市場をも独占する行為であるとされる[20]．川上市場において独占力を有する事業者が，川下市場において必要とされる投入要素の供給を拒絶し，自らあるいは密接な関係のある事業者が川下市場において独占力を獲得する危険な蓋然性 (dangerous probability) がある行為である．レバレッジは，ボトルネックに限らず他の市場における独占力を利用してなされる行為であるが，ボトルネックを保有している場合にはより深刻な排除であることを示すことができる．

1980年代に経済学の見地から示された手法として，ライバル費用引き上げ戦略（以下，「RRC」という）がある．ライバルが必要とする投入要素の供給を拒絶することで，ライバルの費用を引き上げ，競争力を弱めることで排除する，という戦略である．ボトルネックを保有している場合には，容易にこのRRCを実施することが可能となる[21]．

これら3つの分析手法は，理論的には相互排他的なものではない．過去の事例でいえば，*Aspen* 事件は，従来あった取引を打ち切り，小売価格での取引をも拒絶したことを重視した事例であることから，独占意図に着目し判断された事例ともいえるが，RRCの事例としての分析も可能である．*Otter Tail* 事件も，送電施設を使わせないことで電力小売市場の競争者（町）を排除し独占を再獲得しようとした事例であり，独占意図もあり，レバレッジでもあり，RRCともとらえることができる．ボトルネックあるいはEFといえる要素を保有している事業者は，いずれの手法による場合でも反競争効果を導きやすいということはできる．

しかし，*Trinko* 事件判決に表れているように，単独の取引拒絶を違法とする

---

20) *E.g.,* Barkey Photo, Inc. v. Eastman Kodak Co., 603 F.2d 263 (2d Cir. 1979), *cert. denied,* 444 U.S. 1093, 100 S.Ct. 1061 (1980).

21) たとえば，Krattenmaker & Salop (1986) でも，ボトルネックあるいはEFを保有する事業者によるRRCが1つの類型として扱われている．

ことで取引義務を課すことは，投資インセンティブを害し技術革新を妨げる，との考えから単独の取引拒絶を違法とすること自体に慎重である[22]．単独の取引拒絶は原則として適法である，という態度は従来からとられてきたが，問題はいかなる場合に例外的に違法とすべきか，である[23]．さらに，取引拒絶を違法とした場合に，どのような条件での取引を義務づけるのか，といった困難が予想される．従来あった取引の打ち切りの事例であれば従来の取引条件を，特定の事業者に対する差別的な取引拒絶であれば他の事業者と同等の条件を命じる，ということも可能かもしれない．しかし，取引実績のないボトルネックあるいは EF にかかる新規の取引申し込みを拒絶した事例の場合，たとえば，従来製造から小売りまで一貫して行っていた事業者に対して小売業者が卸供給を求め，その拒絶を違法とした場合には，取引を命じようとしても価格等の取引条件の目安が存在しない．その場合，小売価格よりも安い卸価格での取引を命じることができるだろうか，という問題がある[24]．このように，取引拒絶を違法とする場合には，取引の義務づけ，取引条件の設定，その後の取引の実効性の継続的監視，といった困難があり，これらは司法的手続きになじまないことから，事業法による規制がある場合には当該規制当局の規制に委ねるべきである，という議論になりやすい (河谷，2009a)．

10.3 欧州における EF 理論

10.3.1 委員会による EF 理論の発展

(a) 市場支配的地位の濫用と供給拒絶

欧州競争法 82 条は市場支配的地位の濫用を禁じている．市場支配的地位とは，「事業者がその競争者，顧客および究極的にはその消費者とある程度独立して行動することができる力を与えられることによって，関連市場における有効な競争の維持を妨げることを可能とする経済力を有していること」とされてい

[22) 撤回された US DOJ (2008) では，EF 理論だけでなく単独の取引拒絶に対する規制についても消極的な姿勢が述べられていた．

[23) See, e.g., Candeub (2005).

[24) たとえば，Spulber & Yoo (2007) は，Aspen 事件であれば，その違法性評価の 1 つの要因が小売価格での販売さえも拒絶したことであると考えられるので，小売価格での販売を義務づけることは可能であろうが，卸価格で販売することまで義務づけるのは難しいだろう，と述べている．

る[25]．そして，条文上の例示にはないが，供給拒絶（取引拒絶）も濫用に該当しうる行為の一類型として理解されてきた[26]．

EF 理論が明示的に導入される前の取引拒絶の事例として，1974 年の *Commercial Solvents* 事件判決[27]がある．Commercial Solvents 社は，医薬品エタンブトールの製造に必要な原料（ニトロプロパンとアミノブタノール）につき，商業生産のノウハウを有する唯一の事業者であった．エタンブトールの製造業者は 2 社あり，Zoja 社はその 1 つである．Commercial Solvents 社は，従来取引してきた Zoja 社に対する原料の供給を打ち切った．Commercial Solvents 社によると，子会社を通じて新たにエタンブトールの製造を開始するため，その製造に必要な原料を留保する目的による供給拒絶であった．欧州裁判所は，支配的地位を認定し，原料の製造につき支配的地位にある事業者が，供給を拒絶し，当該原料を用いた製品の製造における自己の競争者を排除する行為を濫用であると認め，委員会の決定を支持した．

1988 年の *Sabena* 事件委員会決定[28]では，オンライン航空券予約システムの利用の拒絶が違法とされた．この航空券予約システムは Saphir と呼ばれ，ベルギーにおいて航空輸送事業を行う Sabena 社が保有し運営しており，ベルギーの約 40～50％の旅行会社の端末に接続され，予約状況と価格を検索し，航空券の予約をすることができた．ブラッセル＝ルートン間の航空輸送事業に新規参入した London European 社は，当該航空券予約システムを利用した自社の航空券の予約・販売を希望したが，Sabena 社はこれを拒絶した．委員会は，Sabena 社が，ベルギー国内の航空券予約システムの運営に関わる市場において，支配的地位を有していると認定した．そして，当該システムへのアクセスを拒絶した行為を濫用に該当すると判断した．London European 社による新規参入が断念される消費者に不利益が生じること，Sabena 社が交渉過程において価格協定や抱き合わせとなりうる要求をしていたことなどが指摘されている．

---

25) United Brands v. Commission, Case 27/76, (1978) ECR 207.
26) 欧州における EF 理論について，たとえば，根岸 (1999)，藤原 (2001)，柴田 (2002)，泉水 (2003)，川原 (2005)，細田 (2006)．*See also* Lang (1994), Stoyanova (2008) chap. 2.
27) Commercial Solvents v. Commission, Case 7/73, (1974) ECR 223.
28) London European v. Sabena, OJ 1988 L 317/47.

(b) 委員会による EF 理論の導入

委員会が EF 理論を明示的に用いたのは，1992 年の *B&I* 事件委員会決定[29])が最初である．Sealink 社は，ウェールズ（イギリス）にあるホリーヘッド港を保有・管理し，ホリーヘッド＝ダブリン（アイルランド）間のフェリーも運航していた[30])．B&I 社は，同一航路においてフェリーを運航する競争者である．ホリーヘッド港は狭く浅いため，一方の船が通過する際は他方の船は大きく揺れ，乗船・下船作業を中断しなければならない．Sealink 社は，フェリーの発着時刻表の改訂を B&I 社に通知した．改訂版時刻表では，B&I 社の作業の中断が増加し，フェリー運行の競争において不利になることが見込まれた．委員会は，ホリーヘッド＝ダブリン航路によるフェリー運航サービスに必要なホリーヘッド港の使用に関わる市場を関連市場として画定し，Sealink 社の支配的地位を認定した．そして，競争者が自己の顧客にサービスを提供するためには，当該施設その他のインフラストラクチャーへのアクセスなくしてはできないような EF を保有・管理し，かつ，自らも当該施設を使用する支配的事業者は，競争者に対して，当該施設へのアクセスを拒絶したり，自己よりも不利な条件でのみアクセスを認める場合には，それによって競争者は競争上不利な立場におかれることになり，その他の要件が充足される限りにおいて，82 条に違反する，と判断された．取引拒絶ではなく，不利益変更による差別的取り扱いの事例であるが，委員会は EF 概念を用いて濫用行為を認定している．

1994 年の *Sea Containers* 事件委員会決定[31])では，新規参入者に対する港湾施設の使用の拒絶が問題となった．Sea Containers 社は，上記 *B&I* 事件のホリーヘッド＝ダブリン航路で新規に高速フェリーの運航を開始しようとして，Sealink 社とホリーヘッド港の発着枠の交渉に入った．Sealink 社から示された発着枠は Sea Containers 社の希望に添うものではなく，Sea Containers 社からの提案も含めて交渉を重ねたが合意に至らなかった．そこで，Sea Containers 社は委員会に申し立てを行ったところ，Sealink 社は譲歩し新たな提案を行い，Sea Containers 社はフェリーを就航させることができた．委員会は，上記 *B&I* 事件と同様に支配的地位を認定し，EF の供給において支配的地位を有し自ら

---

29) B&I Line v. Sealink, (1992) 5 CMLR 255.
30) 実際には，港の保有・管理をする会社と，フェリーを運行する会社は，同じ Stena グループの兄弟会社であるが，経済的一体性を有しているため Sealink 社として扱われている．
31) Sea Containers v. Stena Sealink, OJ 1994 L 15/8.

使用する事業者は，客観的な正当化理由なく，当該 EF へのアクセスを拒絶し，または自己よりも不利な条件でのみアクセスを認める場合には，82 条の他の要件を満たす限りにおいて違反である，とした．さらに，EF の保有者が，他の関係する市場における自己の競争者に対し，アクセスの拒絶あるいは不利な条件でのみアクセスを認め，当該競争者に競争上の不利益を与える行為は 82 条に違反するものであり，新規参入者に対するものである場合にも適用される，とも述べている．

1993 年の *Rødby* 事件委員会決定[32]では，加盟国の規制当局による認可が問題となった．デンマーク運輸省に属する公企業である DSB 社は，ロドビー港を保有・運営するとともに，デンマークと近隣諸国とを結ぶフェリーを運航している．ロドビー港を他の事業者が使用するためには，デンマーク運輸大臣の許可が必要とされていた．スウェーデンの Stena 社は，ロドビー（デンマーク）＝プットガルテン（ドイツ）間のフェリー航路を開設するため，ロドビー港に隣接した場所に自前のターミナルを建設する許可か，ロドビー港の既存のターミナルを使用する許可のいずれかを与えるよう求めたが，いずれも許可されなかった．同航路には，DSB 社とドイツの DB 社とが，すでにフェリーを共同運航していた．委員会は，ロドビー＝プットガルテン航路によるフェリー運航サービスに使用されるロドビー港施設の提供市場において DSB 社は支配的地位を有すると認めた．また，ロドビー＝プットガルテン航路によるフェリー運航サービス市場において，DSB 社と DB 社は共同して支配的地位を有すると認めた．そして，デンマーク運輸当局が Stena 社による上記要求のいずれも許可しないことは，ロドビー＝プットガルテン航路における DSB 社と DB 社とによる共同の支配的地位を強化する効果がある，として，デンマーク政府は 86 条（旧 90 条）1 項で禁止される「公企業に対する不当な国家的援助」に該当するとした[33]．

---

32) Port of Rødby, OJ 1994 L 55/52.
33) デンマーク政府は，当該フェリー航路について満たされていない需要があるという証明がなく，将来その需要が生じる見込みもないことを理由に上記 Stena 社の要求を拒否した，と主張したが，委員会は，DSB 社と DB 社がその後事業を拡大させたことを指摘し，この理由を否定している．また，デンマーク政府は，Stena 社に既存の港湾施設を使用させると既存事業者を押し出すことになる，と主張したが，委員会は，既存の港湾施設が満杯であるという証拠がないことを指摘している．

(c) アクセス告示

1998年，欧州委員会は，「電気通信分野におけるアクセス協定に対する競争法の適用に関する告示」（以下，「アクセス告示」という）(EC Commission, 1998)[34]を定めた．このアクセス告示は，電気通信分野にも EF 理論が適用され競争法 82 条（旧 86 条）違反となりうることを示すとともに，EF 理論が適用される基準を示した．

1998年アクセス告示においては，ネットワーク・インフラストラクチャーへのアクセス拒絶が支配的地位の濫用となりうるシナリオが 3 つ示されている[35]．(a) 他の事業者にアクセスを与えている状況における特定の事業者に対するアクセスの拒絶，(b) 他の事業者にもアクセスを提供していない状況におけるアクセス提供の拒絶，(c) 従来提供してきたアクセスの取りやめ．このうち，(b) について，EF 理論が展開されている．

委員会が示した EF の考慮要素は以下のようなものである[36]．

(1) 問題となるファシリティへのアクセスが関係のある市場における競争に一般的に不可欠 (essential) であること．ここで鍵となる争点は，なにをもって「不可欠」であるとするか，である．アクセスが認められると当該アクセスを求める事業者の地位がより有利になる，というだけでは不十分であり，アクセスの拒絶によって問題の事業活動が不可能となるか，深刻かつ不可避的に非経済になるのでなければならない．

(2) アクセスを提供するファシリティにおいて十分な供給能力があること．

(3) 当該ファシリティの保有者が，既存の商品・サービス市場における需要を満たしていないこと，潜在的な新商品・サービスの登場を妨げていること，または，既存のまたは潜在的な商品・サービス市場における競争を阻害していること．

(4) アクセスを要求する事業者が合理的かつ非差別的な料金を支払う用意があり，その他あらゆる点で非差別的なアクセス条件を受け入れること．

---

34) 解説として，和久井 (2000).
35) EC Commission (1998) para. 84.
36) EC Commission (1998) para. 91.

(5) アクセスの提供の拒絶に客観的な正当化理由がないこと．客観的な正当化理由には，要求されたアクセスを提供することが著しく困難であることや，新商品・サービスを投入するため当該ファシリティを使う十分な時間と機会が必要であることなどが含まれる．正当化理由は，ケース・バイ・ケースで慎重に審査されねばならないが，電気通信分野においては，旧国家独占事業者の競争制限行為によって最終利用者の利益が掘り崩されることのないようにすることが特に重要である．

以上の考慮要素は，これまで供給した実績がないにもかかわらずアクセスを認めるべき事例を選別するための基準として，EF 理論を用いようとするものである．

他方，他の事業者にアクセスを与えている状況において特定の事業者に対してアクセスを拒絶する，という差別的な拒絶については，一般に支配的地位にある事業者は，自己の川下部門も含めた他の事業者に与えるのと比べて不利でない条件でアクセスを提供する義務を負う，としている[37]．また，従来提供してきたアクセスの打ち切りである場合には，通常，濫用に該当する，とされている[38]．ただし，いずれの場合にも，客観的な正当化理由がある場合には濫用とはならない，とされている．

(d) 欧州裁判所と EF 理論

欧州裁判所は，1998 年の *Oscar Bronner* 事件判決[39]において，EF 理論に基づく主張に対し判決することになった．全国的な戸別配達ネットワークを有しない日刊新聞発行者である Oscar Bronner 社は，Mediaprint 社の有する全国的な戸別配達ネットワークは EF であるとして，当該ネットワークの利用を求めてオーストリアの裁判所に訴訟を提起した．オーストリアの裁判所は，欧州裁判所に対し，82 条（旧 86 条）の解釈につき先決判決を求めた．欧州裁判所は，先例では，原材料またはサービスの供給拒絶が濫用に該当すると認定されたのは，当該行為がその競争者の参加する競争をすべて排除する可能性が高い場合であることを指摘した．そして，アクセスを要求する新聞社の属する市場における競争が完全に排除され，かつ，客観的な正当化をすることができな

---

37) EC Commission (1998) para. 86.
38) EC Commission (1998) para. 100.
39) Oscar Bronner v. Mediaprint, Case 7/97, (1998) ECR I-7791.

い，というだけでなく，現実または潜在的な代替的手段がなく，拒絶されたアクセスが当該競争者の事業遂行にとって不可欠 (indispensable) である，ということを要求した．欧州裁判所は，オーストリア国内で唯一の全国的な戸別配達ネットワークであり，支配的地位を有するとしても，本件は濫用に該当しないと判断した．その理由の1つは，戸別配達以外に郵便や売店における販売などの代替的手段があり，実際に利用されていることであった．そして，当該アクセスが不可欠 (indispensable) であるとするためには，少なくとも，既存のネットワークによって配達される日刊新聞と同等の部数を配達するための第2の戸別配達ネットワークを創設することが経済的に利益にならないことを証明する必要がある，と述べている．

以上のように，*Oscar Bronner* 事件判決は，委員会が用いた EF 理論をそのまま採用したものではない．しかし，取引拒絶に関わる先例を参考にしつつ，隣接する市場における競争を排除する蓋然性を判断するために，当該アクセスが不可欠 (indispensable) であるかどうかを慎重に分析した．その内容は，米国 *MCI* 事件判決において示された4要件の1つである「現実的にまたは合理的に競争者がその EF を独自に設けることが不可能」という要件に近い内容であり，委員会によるアクセス告示では，必ずしも明示的に要求されていなかった要件である．

IMS Health 事件では，知的財産権のライセンス拒絶が問題とされた．IMS 社は，医薬品販売および処方箋に関する地域的なデータの提供をする事業者であり，1999 年まではドイツで唯一の事業者であった．IMS 社のデータは，ブリック構造と呼ばれる集積データであり，ブリック構造を構築するため複数の製薬会社から援助を受けていた．その後，NDC 社および AzyX 社が市場に参入するため，IMS 社のブリック構造を利用するための著作権ライセンスの供与を求めたが，IMS 社はライセンスを拒絶した．2001 年に委員会はライセンスを命じる仮決定をしたが，第一審裁判所は，当該仮決定の執行を停止する暫定命令を下し，委員会は当該仮決定を撤回した[40]．

2001 年，上記の委員会仮決定に対して，IMS 社は，「1860 ブリック構造」の使用の禁止を求める訴訟をドイツのフランクフルト地裁に提起した．地裁は，

---

40) NDC Health/IMS Health, Commission Decision of 3 July 2001, Case 2001/165/EC, NDC Health/IMS Health, Commission Decision of 13 August 2003, Case 2003/741/EC.

欧州裁判所に対して先決判決を求めた．欧州裁判所は，以下の条件が満たされた場合に，ライセンス拒絶が82条の市場支配的地位の濫用に該当すると示した[41]．

(a) ライセンスを要求した事業者が，当該データの供給市場において著作権者によって供給されていないが，消費者に潜在的需要がある新製品（データ）を提供しようという意図があること．

(b) ライセンス拒絶が客観的な正当化理由を有しないこと．

(c) ライセンス拒絶が，当該市場におけるすべての競争を排除することによって，当該加盟国における医薬品のデータの供給市場を著作権者の下におくためのものであること．

著作権等の知的財産権にかかる拒絶が市場支配的地位の濫用となりうることは，*Magill* 事件判決[42]による先例がある．ただし，知的財産権を保有すると必然的に支配的地位にあるというわけではない．*IMS Health* 事件判決においても，知的財産権はEFである，とはまったく述べておらず，むしろEFという言葉を避けて，不可欠性と市場支配的地位の濫用の関係について論じているようにみえる．

10.3.2 市場支配的地位の濫用とEF

(a) EF理論と反競争効果

欧州において委員会により採用されたEF理論は，米国におけるEF理論と同じものだろうか．

Oscar Bronner 事件判決でみたように，アクセス告示までの委員会の基準に一歩踏み込んだ検討を加え，内容的には米国 *MCI* 事件判決で示された4要件の1つである「現実的にまたは合理的に競争者がそのEFを独自に設けることが不可能」であることに近い要素を取り込んだ．他方で，アクセス告示に示さ

---

41) IMS Health v. NDC Health, Case C-418/01, (2004) ECR I-5039.
42) Radio Telefis Eireann (RTE) and Independent Television Publications Ltd (ITP) v. Commission (Magill), Joined Cases C-241/91 P and C-242/91 P, (1995) ECR 743. 各放送局が番組情報の提供を拒絶し，全放送局の週間番組表を掲載したテレビガイドという消費者の需要のある新製品の出現を妨げた行為が，市場支配的地位の濫用とされた事例．解説として，根岸 (1992)．

れた5要件には,「(3) 当該ファシリティの保有者が，既存の商品・サービス市場における需要を満たしていないこと，潜在的な新商品・サービスの登場を妨げていること，または，既存のまたは潜在的な商品・サービス市場における競争を阻害していること」という市場に対する効果を求めている．欧州裁判所も IMS Health 事件判決等で，これに類似する反競争効果を要求している．また，アクセス告示においても欧州裁判所判決においても，客観的な正当化理由を認めている．これらは，「EF を有する者はそれを他の者と分け合う義務を負い，それを拒絶することは反トラスト法または競争法に違反である」という，米国で考えられていた一般的な EF 理論そのままではない．米国における EF 理論に対する批判の1つには，反競争効果を確認することなく EF を保有するということだけで供給義務を課すことの危うさがあったのであり，反競争効果を示し，正当化理由の検討をするのであれば，EF 理論にこだわることなく，シャーマン法2条における独占力あるいは市場力の維持・拡大を問題にすればいい，ということになる．

　以上のように考えると，欧州における EF 理論は，米国では，EF 理論とは異なるもの，ということになるかもしれない．しかし，米国では，EF 理論に慎重な態度をとることで，現実の事例における具体的な分析を通じた妥当な結論を見いだそうとする一方で，欧州では，素朴な EF 理論に考慮要素を加えていくことで，具体的事件における妥当な結論を担保しようとしている．EF 理論の採用・不採用という面では，一見すると異なる運用がなされているようにみえるかもしれないが，向かう方向は大きく異なるものではないように思われる．

(b)　82条適用指針

　欧州における EF 理論は，アクセス告示までの委員会の積極的な態度を，その後の欧州裁判所判決の慎重な態度により補正する，という経緯を経てきた．その結果，EF 理論としての独自性が薄れたかもしれないが，逆に EF 理論から得られた知見が供給拒絶の分析に取り入れられ，市場支配的地位の濫用となりうる供給拒絶の一類型として融合しつつあるようにみえる．

　2009年に示された「支配的地位の濫用による排除行為に対する EC 条約 82 条の適用指針」(以下，「82条適用指針」という) (EC Commission, 2009) では，支配的地位の濫用に当たる供給拒絶の考え方が示され，その拒絶対象の例の1つに EF とネットワークが含まれている．EF 理論についての特別の記述

はなく，委員会が EF 理論を用いた先例は供給拒絶の事例として扱われている．

まず，82 条の市場支配的地位の濫用となる供給拒絶について，供給義務を課すことは事業者の投資・技術革新に対するインセンティブを削ぎかねないから，委員会は細心の注意をもって検討しなければならないことが確認されている．この指針では，典型となる川下市場における競争者に対する問題に限定して扱い，その他のタイプもあるが，この指針では扱わないものとされている．供給拒絶に対する 82 条適用指針指針の概要は以下の通りである．

供給拒絶の概念には広い範囲の行為が含まれる．既存・新規顧客への拒絶．知財ライセンスの拒絶．必要なインターフェース情報の提供拒絶．そして，EF やネットワークへのアクセスの拒絶である．

委員会は，以下のような状況が存在する場合に優先的に取り上げる．

- 川下市場において有効な競争を可能とするために客観的に必要な商品・サービスに係る拒絶であること．
- 川下市場における有効な競争を消去するであろう拒絶であること．
- 消費者を害するであろう拒絶であること．

すでに川上市場で公的に供給を義務づけられている場合には，これら 3 つの考慮は必要ない．そのような供給義務を課している場合，規制当局は，インセンティブについてバランスをとるという必須の作業をすでにしている．そのような場合には，川上市場で支配的な地位にある事業者は，排他的な権利の下で発展してきたり，公的投資がなされたりしてきたといえる．

(1) 客観的に必要な投入要素

市場において有効な競争することを可能とするために必要かどうか，をみる．一切の競争者が参入できない，あるいは存続しえない，ということを意味するものではない．これに関連して，予見できる程度に近い将来，支配的事業者により供給されている投入要素を，競争者が効果的に複製可能かどうか，についても評価することになる．複製可能とは，川下市場において，支配的事業者に対し競争的圧力を加えることを競争者に可能とするだけの効率的な代替的供給源が作り出されることを意味する．

取引前・後の拒絶の両方に適用あるが，既存の供給契約の打ち切りの方が濫用的とされやすい．かつては供給することに利益があったということを示している．支配的事業者は，現実の状況が変わった理由を説明するよう求められるだろう．

(2) 有効な競争の排除

上記 (1) を満たした場合，支配的事業者による供給拒絶は，川下市場における短期または長期にわたって効果的な競争を排除しそうである，と一般的には考えられる．支配的事業者の川下市場におけるシェアが大きいほど，一般的には，有効な競争が排除される可能性が高くなる．

(3) 消費者の不利益

消費者にとって，関連市場における供給拒絶のネガティブな効果が，供給義務を課することによるネガティブな効果を長期にわたり上回る可能性が高いかどうか，を検討する．たとえば，供給拒絶の結果，閉め出された競争者が革新的な商品・サービスをもたらすことを妨げる場合，そして，それに続く技術革新が抑制される可能性が高い場合には，消費者の不利益が生じると考える．川上市場における投入要素の価格が規制されており，川下市場における価格が規制されておらず，川下市場における競争者を供給拒絶により排除した支配的事業者が規制されていない川下市場において過大な利益を獲得している場合にも，当該供給拒絶は消費者の不利益を生じそうだと考える．

(4) 効率性

委員会は，投入要素のビジネスを発展させるために要求される投資に対する十分なリターンを獲得する，すなわち，失敗に終わるプロジェクトのリスクも考慮したうえで将来における投資を継続するためのインセンティブを生じさせるために，供給拒絶が許容されるべきであるという主張を考慮する．また，供給義務あるいは市場環境の構造的変化によって技術革新がネガティブな影響を受ける，という主張も考慮する．ただし，その場合には，支配的事業者が，供給義務によって生じるであろう自己の技術革新に対するネガティブな影響を示すことを要求される．もし問題の投入要素がすでに供給されていた場合には，このネガティブな影響の説明は，当該供給拒絶は効率性に基づき正当化されるという主張を評価するうえで重要である．

以上にみた82条適用指針は，単独の供給拒絶について，さらに川下市場にお

ける競争制限に限定した考え方を示したものであり,上記 (1) などは EF 理論で要求されていた水準よりも低いようにみえる.他方で,EF 理論をめぐる議論においてみられた考え方の一部が,供給拒絶一般の考え方に取り入れられていることもみてとれる.そもそも,EF であるか否かにかかわらず市場支配的地位の濫用となる供給拒絶であれば違法とされ,逆に,不可欠 (essential) だからといってそれだけで必ず違法とされるのではなく,アクセス告示にもあるように,ある程度の反競争効果あるいはその蓋然性が要求され,さらに客観的な正当化理由を考慮する余地も残されている.それでは,EF であると認定されることは,どのような意味があるのだろうか.

10.4 EF とモバイル

10.4.1 取引拒絶と EF

(a) 米国と欧州の異同

「EF を保有する事業者は,競争者に EF を供給する義務を負う」という意味での EF 理論は,米国でも欧州でも,そのまま単純に適用するという運用はできない状況にある.競争者にとって不可欠であるというだけで供給義務を負うことは,投資インセンティブを削ぐ効果が生じる.このような素朴な EF 理論では,拒絶の対象となった商品・サービスが「EF」に該当するか否かが決定的であるため,EF であることを認定するために考慮しなければならない要素を追加することが必要になる.しかし,それは簡単ではなく,また,具体的事例における反競争効果を検討することなく違法とすることに対する危惧は強い.

他方,EF(不可欠)であることに加えて,当該事案における反競争効果と正当化理由を検討するのが,現在の欧州のアプローチである.欧州委員会における EF 理論の導入は,米国とは異なった競争環境,とりわけ共同体内の経済自由化を進める必要性から競争当局による強力な競争導入が必要とされる状況があったことが影響している,ともいわれる[43].たしかに,加盟国の規制当局によっては,*Rødby* 事件のように,新規参入を抑制し競争を防止するよう権限を行使する例もあったため,欧州委員会はこれらを開放させる手段として EF 理論が有効であったといえる.伝統的な公益事業のインフラ施設のようなボトル

---

[43] *See* Lang (1994) p.483. 藤原 (2001) 74 巻 3 号 68 頁.

ネックに対する適用を想定していたところ[44]，後に，私的に構築されたネットワークや投入要素にまで適用するよう求める事業者が現れたことに対して，欧州裁判所は *Oscar Bronner* 事件判決で慎重な態度を示したようにもみえる．82条適用指針は，アクセス告示後の動きを踏まえ，EF 理論に頼りすぎない規制方法を示したものともいえる．

　米国においても欧州においても，いかなる場合に取引拒絶を違法とすべきか，についての考え方に大きな違いがあるわけではない．ただし，取引拒絶をすると違法になる，というイメージだけが先行することによる弊害を避けるために，米国では安易な EF 理論の導入を避け競争効果分析を基本とする姿勢を貫き，欧州では EF 理論を用いるための考慮要素の充実により長期的な競争への影響を実質的に確保しようとしている．EF 理論の採用について形式的には異なる態度をとっている米国と欧州であるが，具体的な取引拒絶の事案の違法性判断においては大きく異なるものではないだろう．そもそもシャーマン法2条あるいは競争法82条の枠内で違法とすることしかできないのであるから，その枠から突出した違法類型を作ることはできない．

　それでは，EF である，という認定は意味があるのだろうか．たしかに，他の事業者の事業活動にとって不可欠な投入要素等（EF あるいはボトルネック）を保有していることは，排除等の競争に対する効果が生じるプロセスを示し反競争効果を立証する重要な要素になるだろう．ただ，それだけでは，わざわざ EF 理論として論じる意味はあまり高くない．

　欧州委員会がアクセス告示においてわざわざ EF 理論を論じているのは，従来なされてきた取引を打ち切る場合や，ある事業者と取引しつつ他方の事業者との取引を拒絶する場合ではなく，自己以外の事業者には一切アクセスを提供していない状況で他の事業者にアクセス提供を拒絶した場合に違法となる可能性を示すためであった（10.3.1 項 (c) 参照）．従来は垂直統合された事業として川上から川下まで一貫して自己が提供してきた場合に，川下市場を分離し競争者の新規参入を可能とするための理論として EF 理論は論じられたのである[45]．欧州委

---

[44] ただし，欧州委員会は EF の範囲を公益事業等に限定したことはない．テレビのセット・トップ・ボックスや，多用途決済システム，プレミアム有料テレビ番組なども考えられていた．*See* Whish (2009) pp.697-699.

[45] *See, e.g.*, Whish (2009) pp.690-692, Nikolinakos (2006) sec. 3.8.

員会による，1993年の *Rødby* 事件委員会決定および1994年の *Sea Containers* 事件委員会決定は，そのような事例としてとらえることができる．

他方，米国においては，他の事業者とも取引していない状況で別の事業者との取引を拒絶した場合に違法とすることは難しいだろうといわれている[46]．また，取引拒絶を違法とした場合に，いかなる取引条件（価格）を設定すべきか，についても問題になる[47]．これは米国でも欧州でも同じ困難があるはずだが，この点だけは米国と欧州とで態度が異なっているというべきである．

なお，当該EF保有者が川下市場において競争者を排除する場合が典型例であるが，それに限定されるものではない．しばしば，EF理論は「競争者と分かち合う義務」という説明がなされるが，EF保有者が川下市場で事業展開していない場合や，新規に創出される市場である場合でも，反競争効果が生じるのであれば，少なくとも理論上は，取引を拒絶された相手方がEF保有者と競争関係にあることは必須ではないというべきだろう[48]．

(b) 日本法におけるEFの取り扱い

日本の独禁法において，EFであることの認定はどのような意味があるのか．独禁法3条あるいは19条を用いる以上，競争の実質的制限あるいは公正競争阻害性という反競争効果を無視するような内容のEF理論を用いることは，条文上ありえない．取引拒絶の反競争効果を導く過程の分析において，EF理論における考慮要素を検討することは有益であり，EFに該当するという認定は，その拒絶自体から違法性が示されるものではなく，反競争効果を立証する間接事実の1つとして扱われることは確かである．

公取委は，「排除型私的独占に係る独占禁止法上の指針」（以下，「排除型私的独占指針」という）（公正取引委員会，2009）において，川下市場において事業活動を行うために必要な商品の供給を拒絶することは，それに代わりうる他の

---

46) 米国連邦最高裁は，*Aspen* 事件をシャーマン法2条の限界事例と位置づけ，過去の取引の実績があり，小売価格での買い取り提示も拒絶した，という事情が存在したことを評価している．*Trinko*, 540 U.S. at 409-410.
47) *See, e.g.*, Geradin (2004) sec.3.1.3.
48) 潜在的な競争関係を認めることもできるかもしれないが，当該市場における競争を害する効果が生じているときに，わざわざそれを認定する必要があるかは疑問である．「競争法は，競争者の保護するのではなく，競争を保護するためのものある」と，しばしば述べられるが，逆に，競争を保護するためであるなら，反競争効果が生じているときに，取引を拒絶された相手方が競争者であることを要求することもおかしいだろう．

供給者を容易に見いだすことができない事業者の事業活動を困難にさせ，川下市場における競争に悪影響を及ぼす場合がある，と述べている．そして，「供給する商品が『供給先事業者が市場（川下市場）で事業活動を行うために必要な商品』といえるか否かについては，供給先事業者が川下市場で事業活動を行うに当たって他の商品では代替できない必須の商品であって，自ら投資，技術開発等を行うことにより同種の商品を新たに製造することが現実的に困難と認められるものであるか否かの観点から判断される．また，規模の経済又はネットワーク効果が強く認められる事業分野においては，国その他の公的主体が排他的に利用権等を割り当てていた施設等を有する機関が民営化されて事業を営んでいる場合がある．このような場合，当該施設等を利用することができなければ，事業者が川下市場において事業活動を行うことは困難であることが多い．したがって，当該施設等の利用許諾は，『供給先事業者が市場（川下市場）で事業活動を行うために必要な商品』に該当するものが多いと考えられる」と述べている．

　ここに示された「必要な商品」の考え方には，EF 理論において議論されてきた要素が盛り込まれていることがわかる．また，排除行為に該当しうるのは，「合理的な範囲を超えて」供給拒絶等をする行為であるとされており，合理的理由による正当化の可能性は残されている．3 条前段の私的独占として違法となるには，以上の排除行為に該当することに加えて，競争の実質的制限という反競争効果が必要になる．公取委による排除型私的独占指針の考え方は，欧州委員会による 82 条適用指針と近い立場であるといえる．EF 理論を強調することなく，供給拒絶の一類型あるいは典型例として EF を位置づけ，EF 理論で培われた「不可欠 (essential)」の要素を取り入れつつ，反競争効果を要求し，合理的な理由による正当化を認めている．

　では，EF である，と認定することに意味はあるのだろうか．欧州のアクセス告示のような EF 理論を前面に出した法規がない日本では，EF である，という認定を行うことで何か決定的な変化があるわけではない[49]．私的独占の排除

---

49) 2003（平成 15）年 10 月に公表された独占禁止法研究会報告書の「第二部　独占・寡占規制の見直し」では，不可欠施設等を有することにより競争上圧倒的に有利な立場にある事業者による参入阻止行為を，迅速，効果的に排除することが提言された．しかし，この独占・寡占規制の見直しについては，その後の改正案からは削除され，現在に至るまで導入されていない．報告書の総括として，池田 (2007) 参照．

行為を認定し，それによる反競争効果を認定するための重要な要素であることは確かである．

　欧州委員会によるアクセス告示では，EF 理論は，従来の取引の打ち切りでも，差別的な拒絶でもなく，自己以外の事業者には一切アクセスを提供していない状況で他の事業者にアクセス提供を拒絶した場合について，市場支配的地位の濫用を論じるものであった（10.3.1 項 (c) 参照）．EF である，と認定することで，このような取引拒絶を私的独占として独禁法違反とし，供給義務を課すことができるのであれば意義が大きい．このような取引拒絶の類型については，排除型私的独占指針では特に言及していない．しかし，「国その他の公的主体が排他的に利用権等を割り当てていた施設等」について利用を許諾させることが必要であるならば，供給された実績があることを要求するのでは実効性がないだろう．たとえば，従来事業法による参入規制が行われていた市場が開放され新規参入が可能になったはずであるが，新規参入を可能にするための措置を事業法が用意しておらず，不可欠な投入要素 (EF) を新規参入者者に供給することを拒絶し，EF へのアクセスができず新規参入できない状況となっているような場合には，当該取引拒絶を独禁法により違法とすることも必要ではないだろうか．そして，独禁法でそのようなアクセスの確保が必要なのは，EF である，と認定できる投入要素に限られるだろう[50]．

　欧州における経験を踏まえたうえでまとめると，EF の取引拒絶の違法性判断については，おおよそ以下のような考慮が必要であるといえる．

　(i) ファシリティ（商品，サービス，知的財産など）の不可欠性．(a) 市場において有効な競争することを可能とするために不可欠であることを意味し，(b) 代替的供給者がいないこと，(c) 代替手段（商品）がないこと，(d) 自らが複製できる可能性がないこと，などが検討される．「国その他の公的主体が排他的に利用権等を割り当てていた施設等」であるという歴史経緯があれば，これを認める要素として考慮されるであろう．逆に，私的に投資・構築してきた施設等である場合には，(b) や (d) が慎重に検討される必要があるだろう．

---

50) たとえば，「支配的事業者であっても，自己の努力により獲得または発展させてきた不可欠でない強み (non-essential advantages) については，競争法は非差別的な条件でそれを分け合うことを義務づけることはしない」(Lang, 1994, pp.487-488) という有力な見解もある．もちろん，事業法においては，EF とまではいえない投入要素であっても，政策上の目的から取引義務を定めることはありうる．

(ii) 反競争効果あるいはその蓋然性．競争の実質的制限あるいは公正競争阻害性といった反競争効果を認定する必要がある．典型的には，川下市場における競争の排除が問題となる．その排除にいたる手法の分析は，米国におけるレバレッジ・RRC などの理論も利用可能だろう．ただし，市場からの完全な駆逐や，新規参入の完全な阻止といった結果が現実に発生していることまで必要とされるわけではない（公正取引委員会, 2009）[51]．また，主観的な反競争的な意図は必須ではないが，それが明白である場合や，現に反競争効果が生じている場合には，排除行為を推認するための重要な事実となりうる．単独ではなく，競争者間の共同行為による場合には，多くの場合には反競争効果が生じる類型として扱われるだろう．

(iii) 追加的考慮事項．取引に応じることが困難である客観的な正当化理由は認められる．たとえば，消費者の不利益や効率性として，技術革新の抑制となる場合，投資インセンティブを大きく損ねてしまう場合，供給が技術的・経済的に不可能な場合，また，合理的な取引条件を提示しているのに相手方が応じない場合，支払いその他の信用に問題がある場合などもありうる．

事業法が存在する場合における競争法の適用については，米国と欧州とでは，その積極性に差がある．米国では，*Trinko* 事件連邦最高裁判決に表れているように，事業法による供給義務がある場合には，当該規制当局に委ねることを基本としている．欧州委員会は，規制当局がすでにインセンティブ等の利益とバランスをとったうえで供給義務をすでに課しているのであれば，競争当局が競争法を適用するとともに，同じ条件での供給を命じても投資インセンティブ等を削ぐことにならない，と考えている[52]．日本においても，理論上は事業法と独禁法の両方が適用される可能性があるが（公正取引委員会・総務省, 2001），実際には規制当局が実効性のある規制をしている限りにおいて，それとまったく重複する規制を独禁法で行う必要はないだろう，ということになる．ただし，仮に私訴が提起された場合には，明示的に適用除外する規定がない以上，適用

---

51) 欧州では，完全な競争の消滅まで要求するかのような判決もあるが（たとえば *Oscar Bronner* 事件, 10.3.1 項 (d) 参照），通常は，実質的な量の競争減殺で足りるのではないだろうか．欧州委員会によるアクセス告示では，需要に対して供給が不足している場合や，新商品・サービスの登場を妨げている場合でも足りるとされている．拒絶の対象や態様などによって，要求される程度が異なってくるかもしれない．

52) EC Commission (2009) para. 82. 滝川 (2005) も同様の指摘．

の可能性を検討せざるをえないだろう．

10.4.2　モバイルプラットフォームと EF

　モバイル分野において，ボトルネックあるいは EF が問題になるのはどのような場合であろうか．従来から議論されてきた電気通信のイメージからは，通信に不可欠な設備に対するアクセスを思い浮かべるかもしれない．しかし，地域固定電話網と異なり，モバイル市場においては複数の事業者が競争しており，モバイル通信設備についてはボトルネック設備に該当しない，とされている[53]．固定電話であれば各家庭への地域回線網がボトルネックとして認識されているが，モバイル通信は電波によりラストワンマイルを飛び越えて接続することが可能であり，また，複数の競争者が存在しそれぞれが通信設備を保有しているため，寡占的な市場構造ではあるが，いずれかの事業者のモバイル通信設備を EF と認定するまでには至っていない，ということである．さらに，電気通信事業法により相互接続等のアクセスが確保されており，この規定が適切に機能している限りでは，現在のモバイル通信事業者が単独で保有する通信設備自体が EF として問題となることは通常はないものと考えられる[54]．

　そこで，ネットワーク外部性がはたらきやすいプラットフォームが EF たりうるのではないか，との議論がなされる．モバイル通信市場においては，音声通話の割合が減少しデータ通信の割合が増加しており，コンテンツ・アプリケーション市場が拡大するとともにプラットフォーム機能の役割が重要になってきている（総務省, 2008）．

(1) 垂直統合型

　モバイル通信におけるプラットフォームとして，しばしば例として扱われる機能として，認証・課金機能がある．コンテンツ等を利用するための認証・課金機能が，垂直統合型ビジネスモデルにより開放されない場合には，プラットフォームを保有する事業者がコンテンツ等の市場における競争に対し影響を与える可能性がある，というものである．また，ポータル機能も，目的のコンテン

---

53)　総務省 (2009c) 13 頁．
54)　電気通信事業法 34 条における第二種指定電気通信設備として，シェア 25%以上の携帯電話事業者である NTT ドコモと KDDI および沖縄セルラーの一定の設備が指定されている．そして，MVNO 契約は「卸」ではなく「相互接続」とされ，その接続料は「適正な原価に適正な利潤を加えたもの」とされる．

ツ等に到達するためのボトルネックとなり，ユーザのコンテンツ等の選択に影響を与える可能性がある，といわれる．しかし，モバイル通信設備と同様に複数の事業者が存在していること，課金についてはクレジット・カード等の他の決済手段が選択・利用可能な状況になっていること，ポータル機能については通信速度の向上によりフルブラウザを利用した公式ポータル外へのアクセスが容易になっていること，から考えると，現時点ではEFであるとまではいえないだろう．ただし，寡占市場であることは確かであり，不当な取引条件の差別や拒絶行為が問題となることはありうる．また，どのようなプラットフォームが事実上の標準にまで成長するか，未来を知ることはできないが，将来，ネットワーク効果が作用することで単独で標準となるようなシステムが出現し，そのアクセス等がボトルネックとして問題となった場合には，EFとして論じる意味があるかもしれない．

(2) 水平的な連携

ネットワークは，ボトルネックとなりうる典型例の1つとして，従来から認識されてきた．ここでいう「ネットワーク」は，通信におけるネットワークレイヤーよりも広い概念であり，通信設備など物理的なネットワークも典型例の1つとして含まれるが，事業者間の事業提携のようなソフトなネットワークまで含まれる．たとえば，米国における事例で取り上げた *Associated Press* 事件は，新聞社の間でニュース記事を相互に配信する共同事業としてのネットワークの事例である（10.2.1項参照）．このような事業者間の共同行為としてのネットワークが，プラットフォームとして機能することがありうる[55]．そして，プラットフォームレイヤーに属する，いわばサービスとしてのネットワークは，基本的には事業法ではなく独禁法の守備範囲である．

たとえば，ある2つの通信事業者が，それぞれ保有する認証・課金プラットフォームを相互運用させるため，仕様を共通化するなどして相互に連携し運用が可能なよう調整し，合意がなされたとする．このとき，他の認証・課金プラットフォームを保有する通信事業者が，このグループへの参加を申し入れたが拒絶された場合，他に連携できる相手を見いだすことができず，市場から排除さ

---

[55] 近年では，銀行の共同事業によるクレジット決済ネットワークにかかる *VISA U.S.A.* 事件がある．United States v. VISA U.S.A. Inc., 344 F.3d 229 (2nd Cir. 2003). 詳しくは，河谷 (2007) 参照．

れ反競争効果が生じるかもしれない．プラットフォーム間の相互運用性を確保することは，プラットフォームのネットワーク外部性を維持しつつ運営主体の数を増やすことができるため競争促進効果が期待され基本的には望ましいと考えられる (総務省, 2009a)．しかし，すべての事業者が参加する義務はなく，また，すべての事業者を取り込まなければならない義務もない状況では，上記のようにあぶれてしまう事業者が生じる可能性は否定できない[56]．複数の通信事業者が共同して他の事業者を排除するための戦略として，その集団の内部ではプラットフォームの相互運用をする一方で，外部の事業者に対しては当該プラットフォームとの相互運用を拒絶した場合には，これを独禁法により違法とし，相互運用への参加を受け入れるよう義務づける必要があるかもしれない．このとき，違法とするための論理構成としては，共同ボイコットであることを主張することも可能であるが，EF（不可欠な投入要素）であることを認定することにより取引義務等を課しやすくなるのではないだろうか．

また，共同事業として運営するプラットフォームについては，縦の取引を拒絶する場合でも，相手方事業者を排除し，川下市場において反競争効果を生じさせる可能性がある．共同で運営するプラットフォームにかかる取引拒絶は，単独で運営する場合に比べて独禁法上の問題が生じやすい．

(3) 知的財産権

知的財産権も，場合によってはボトルネックあるいは EF として機能する可能性がある．米国における EF 理論においてもその可能性は指摘されてきたし，欧州裁判所の事例にも著作権に関わるものが存在する．プラットフォームを形成したり，プラットフォームを利用するために不可欠な知的財産が，ボトルネックあるいは EF とされ，問題となる可能性がある[57]．

標準化団体による特許プールや著作権管理団体等，知財取引のプラットフォー

---

56) プラットフォーム間での提携や統合は，認証・課金以外のプラットフォームで行われる可能性も，そのプラットフォームを保有する行為主体が通信事業者ではない可能性もある．通信事業者でない場合，事業法で規制することは難しく，基本的には自由な提携交渉にまかせ，独禁法の事後規制によることになる．

57) 端末 OS などが近年注目を集めているが，複数の主体による競争が行われている現時点では，ボトルネックあるいは EF とは評価できないだろう．私的独占ではなく不公正な取引方法の不当な拘束条件付取引とされたクアルコムによる CDMA 携帯無線通信に関わる知的財産は，EF たりうる可能性を議論する余地があるかもしれない．クアルコム事件・公取委排除措置命令平成 21 年 9 月 28 日．

ムの行為が問題となる場合もあるかもしれない[58]).

また，特定のプラットフォームを普及させていく過程で，コンテンツに関わる著作権をその手段として用いることもある．たとえば，「着うた事件」は，ボトルネックあるいは EF の事例ではなく，大手レコード会社 5 社による原盤権の利用許諾の共同の拒絶が違法とされた事例である．拒絶したのは原盤権の利用許諾であるが，一連の申し合わせの目的は，共同子会社に 5 社の着うた配信業務を集中させるとともに，他の着うた配信事業者に人気楽曲の配信をさせないことで，着うた配信プラットフォームの競争において共同子会社に優位な立場を獲得させようとするものであった[59])．(1)(2)(3) の要素をあわせもつ事例といえる．

以上，(1)～(3) は過去の事例を参考にモバイル分野において考えられる類型を思いつく範囲でに列挙したものにすぎず，その他にも EF が問題となりうるモバイルプラットフォームは存在するだろう．モバイル分野は，現在，最もダイナミックに変化するビジネス分野であり，どのような要素がボトルネックあるいは EF となりうるか，まったく想像がつかない．そのような状況では，事業法に事前規制の規定をあらかじめ盛り込んでおくことは困難であり，独禁法による事後的な規制が必要になってくる．そして，まさに投資インセンティブが必要な技術革新の重要な分野でもあるため，ボトルネックあるいは EF に該当するとしても，直ちにそのこと自体から供給義務を課すという形式的な措置をするべきではなく，個別具体的な事案に応じた分析と適切な措置が講ぜられるべきである．

参考文献

[1] ABA (2007): *Antitrust Law Developments*, Vol. 1 (6th ed.)
[2] Areeda, P. E. (1990): Essential Facilities: An Epithet in Need of Limiting Principles, *Antitrust Law Journal*, **58**: 841–853

---

58) 標準化については，第 13 章参照．
59) 着うた (SME) 事件・公取委審判審決平成 20 年 7 月 24 日．詳しくは，河谷 (2009b) 参照．

[3] Candeub, A. (2005): Trinko and Re-Grounding the Refusal to Deal Doctrine, *the University of Pittsburgh Law Review*, **66**: 821–870

[4] EC Commission (1998): Notice on the Application of the Competition Rules to Access Agreements in the Telecommunications Sector: Framework, Relevant Markets and Principles, OJ 1998, C 265/2

[5] EC Commission (2009): Guidance on the Commission's Enforcement Priorities in Applying Article 82 of the EC Treaty to Abusive Exclusionary Conduct by Dominant Undertakings, OJ 2009, C 45/7.

[6] 藤原淳一郎 (2001):「欧州におけるエッセンシャル・ファシリティ論の継受（一）（二・完）」法学研究 74 巻 2 号 1 頁, 3 号 37 頁

[7] Geradin, D. (2004): Limiting the Scope of Article 82 EC: What Can The EU Learn From The U.S. Supreme Court's Judgment In Trinko In The Wake Of Microsoft, IMS, And Deutsche Telekom ?, *The Common Market Law Review*, **41**(6): 1519–1553

[8] 細田孝一 (2006):「支配的事業者による単独の取引拒絶と EC 競争法」土田和博・須網隆夫編著『政府規制と経済法――規制改革時代の独禁法と事業法』247 頁, 日本評論社

[9] 池田千鶴 (2007):「独占・寡占規制の見直し――今後の解釈上の課題」根岸 哲・川濱昇・泉水文雄編『ネットワーク市場における技術と競争のインターフェイス』76 頁, 有斐閣

[10] 川原勝美 (2005):「不可欠施設の法理の独占禁止法上の意義について――米国法・EC 法及びドイツ法を手がかりとして」一橋法学 4 巻 2 号 669 頁

[11] 公正取引委員会・総務省 (2001):「電気通信事業分野における競争の促進に関する指針」（2001 年 11 月 30 日）

[12] 公正取引委員会 (2009):「排除型私的独占に係る独占禁止法上の指針」（2009 年 10 月 28 日）

[13] 河谷清文 (2007):「ネットワークと取引拒絶」根岸哲・川濱昇・泉水文雄編『ネットワーク市場における技術と競争のインターフェイス』109 頁, 有斐閣

[14] 河谷清文 (2008):「ネットワーク分野における拒絶とアクセス――ボトルネックの存在と競争法」比較法研究 42 巻 2 号 211 頁

[15] 河谷清文 (2009a):「情報通信産業における事業法と競争法」依田高典・根岸 哲・林敏彦編『情報通信の政策分析 ブロードバンド・メディア・コンテンツ』135 頁, NTT 出版

[16] 河谷清文 (2009b)「レコード会社 5 社による原盤権の利用許諾の拒絶――着うた (SME) 事件審判審決」L&T (Law & Technology) 42 号 89 頁

[17] Krattenmaker, T. G. and S. C. Salop (1986): Anticompetitive Exclusion: Raising Rivals' Costs to Achieve Power over Price, *The Yale Law Journal*, **96**: 209–293

[18] Lang, J. T. (1994): Defining Legitimate Competition: Companies' Duties to Supply Competitors and Access to Essential Facilities, *Fordham International Law Journal*, **18**: 437–524

[19] Neale, A. D. (1960): *The Antitrust Laws of the United States of America — A Study of Competition Enforced by Law* (1st ed.)

[20] 根岸 哲 (1992):「テレビ番組リストの利用許諾拒否と支配的地位の濫用——EC 独禁法八六条と国内著作権の行使」公正取引 504 号 62 頁

[21] 根岸 哲 (1999):「『エセンシャル・ファシリティ』の理論と EC 競争法」『正田彬先生古稀祝賀 独占禁止法と競争政策の理論と展開』303 頁，三省堂

[22] Nikolinakos, N. (2006): *EU Competition Law and Regulation in the Converging Telecommunications*, Media and IT Sectors

[23] 柴田潤子 (2002):「不可欠施設へのアクセス拒否と市場支配的地位の濫用行為（一）」香川法学 22 巻 2 号 1 頁

[24] 泉水文雄 (2003):「欧州におけるエッセンシャル・ファシリティ理論とその運用」公正取引 637 号 32 頁

[25] 総務省 (2007):「通信・放送の総合的な法体系に関する研究会」報告書（2007 年 12 月 6 日）

[26] 総務省 (2008)「電気通信事業分野における競争状況の評価 2007」（2008 年 9 月 5 日）

[27] 総務省 (2009a)「通信プラットフォームの在り方（通信プラットフォーム研究会報告書)」（2009 年 1 月 30 日）

[28] 総務省 (2009b):「通信・放送の総合的な法体系の在り方＜平成 20 年諮問第 14 号＞ 答申（案)」（2009 年 6 月 19 日）

[29] 総務省 (2009c):「電気通信市場の環境変化に対応した接続ルールの在り方について 答申」（2009 年 10 月 16 日）

[30] Spulber, D. F. and C. S. Yoo (2007): Mandating Access to Telecom and The Internet: The Hidden Side of Trinko, *The Columbia Law Review*, **107**: 1822–1907

[31] Stoyanova, M. (2008): *Competition Problems in Liberalized Telecommunications Regulatory Solutions to Promote Effective Competition*

[32] 滝川敏明 (2005):「情報通信の接続規制——事業法から競争法基準への転換」『厚谷襄兒先生古稀記念論集 競争法の現代的諸相（下)』787 頁，信山社

[33] US DOJ (2008): Competition and Monopoly: Single-Firm Conduct under Section 2 of the Sherman Act

[34] US DOJ (2009): Justice Department Withdraws Report on Antitrust Monopoly Law (May 11)

[35] 和久井理子 (2000):「欧州における支配的電気通信事業者に対する規制（上）（下)」公正取引 601 号 39 頁，602 号 47 頁

[36] Whish, R. (2009): *Competition Law* (6th ed.)

第IV部
技術開発をめぐる競争

　技術革新のスピードの速いモバイル市場では，事業者間の激しい技術開発競争が行われる一方で，技術の標準化が不可欠であり，オープン化も進められている．第IV部では，技術開発の動向を概観し，研究開発をめぐる競争政策を論じる．まず，第2世代 (2G)，第3世代 (3G) といった通信方式（世代）の変遷を振り返り，LTE などの次世代技術の開発に伴う高速化やサービスの多様化を展望する（第11章）．つづいて，携帯電話の端末・OS 開発について，スマートフォンの成長を背景とした OS のオープン化動向を紹介し，スマートフォンの台頭が技術開発に大きな影響を与える可能性を示唆する（第12章）．本書の最後に，標準の普及と知的財産権の保護との関係を考察するため，標準採択後の特許権行使（いわゆるホールドアップ問題），およびその対策としてのライセンス条件の事前開示について，競争政策の視点から検討する（第13章）．

第11章
モバイル通信技術の動向

11.1 通信方式（世代）の変遷

11.1.1 携帯電話の通信方式（世代）

携帯電話には，「第2世代」「第3世代」など，「世代」と称する区分がある．携帯電話には通信方式など明確な技術的特徴があるため，それを利用して区分している（図11.1）．

携帯電話が始まった当初の第1世代 (1G: 1st Generation) では，アナログ方式が使われており，音声伝送用として設計されていた．1990年代前半になると，デジタル方式の第2世代 (2G: 2nd Generation) へと移行し，音声・データ・FAX，その他各種付加価値サービスが提供可能となった．2Gの時代には，携帯電話端末の軽量化や料金の低廉化も進み，携帯電話が一気に普及した[1]．2000年頃からは第3世代 (3G: 3rd Generation) が導入された．3Gでは，国際的にシームレスなサービスを提供するため，ITU-R（国際電気通信連合・無線通信部門）[2]が中心となって標準化を進めた．3Gでは高速通信が可能となり，モバイル・ブロードバンド・サービスが提供できるようになった．

現在，日本では3Gがほとんどを占めている．世界では依然として2GのGSM方式が主流だが，3GのW-CDMA方式も拡大しつつあり，最も先進的な市場では，3.5Gや3.9Gと呼ばれる方式も導入されつつある（図11.2）．

本節では通信方式（世代）の変遷をその技術的特徴を横通しして概観する．また，各世代についておおまかに地域を区切っての紹介も行う．

---

1) 第1章，第3章を参照のこと．
2) International Telecommunication Union - Radiocommunication Sector.

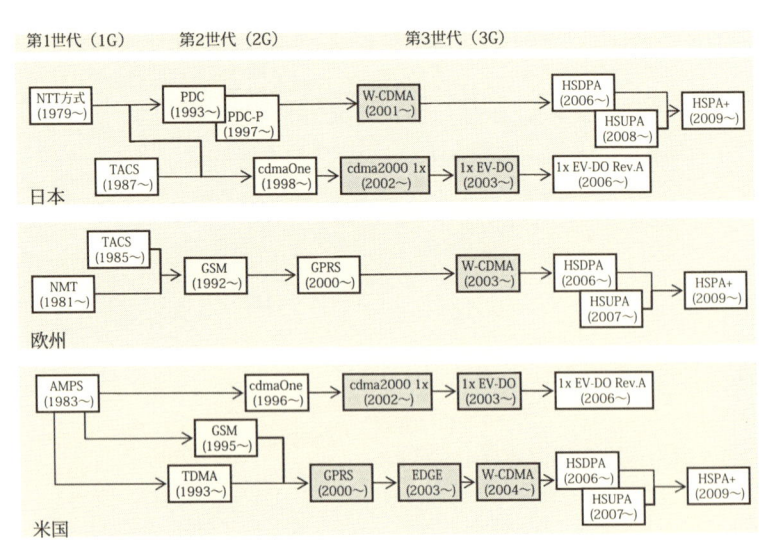

第 11 章　モバイル通信技術の動向

図 11.1　通信方式の変遷

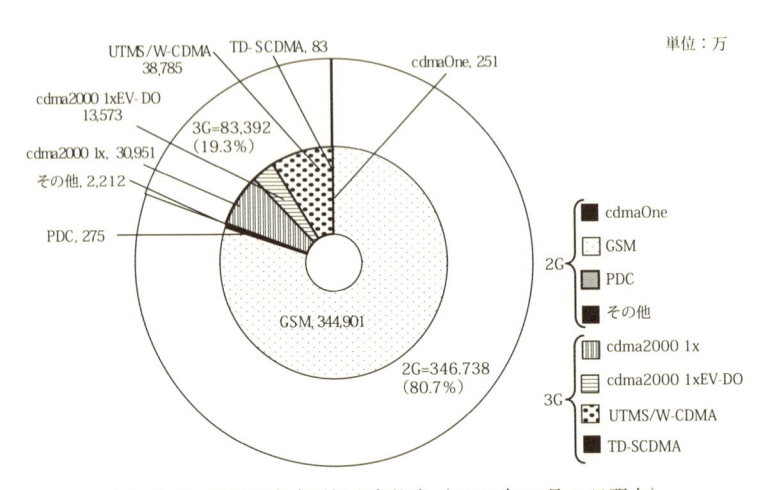

図 11.2　世界の方式別加入者比率（2009 年 7 月 8 日現在）

http://www.gsmworld.com/newsroom/market-data/market_data_summary.htm をもとに作成．

11.1.2　第 1 世代 (1G)

「アナログ」の世代と呼ばれる．技術的にはアナログ変調と FDMA (Frequency Division Multiple Access) の時代である．方式的には南北米，欧州，アジア，日本の各地域に分かれた．

携帯電話はそれまでの固定電話と同じく，音声伝送から利用が始まった．1G では，音声をそのまま使って携帯電話用電波を変調し，通信を行った．音声は工学的に「アナログ量」に分類されるので，この方式はアナログ変調と呼ばれる．そしてこの変調名はそのまま 1G の世代名にもなった．

携帯電話システムでは，遠くの別の携帯電話や固定電話とも通話する必要上，携帯電話基地局（基地局）を介して他の携帯・固定電話に接続する．したがって基地局には多くの携帯電話と同時に通信するための工夫が必要であり，その工夫の方式を多元接続方式という．FDMA は多元接続方式の 1 つであり，それぞれの携帯電話に別々の周波数の電波を通話ごとに割り当てる方式である（図 11.3）．アナログ変調は，使う電波が重なる「干渉」に弱いため，十分に離れた別々の周波数の電波を割り当てる必要があり，周波数利用効率（周波数帯域幅当たりの通信量）は低くなる．

変調方式と多元接続方式を主な構成要素に，商用システムとしてまとめ上げたものが携帯電話の通信方式である．米開発の AMPS 方式は 1983 年から南北米を中心にアジア，アフリカで使われた．同じく米開発の TACS 方式は AMPS の輸出仕様で欧州，アジア，日本でも使われた．北欧諸国が共同開発した NMT 方式は欧州を中心にアジアで 1981 年頃から使われた．NTT 方式は 1979 年から当初自動車電話として日本で使われた．

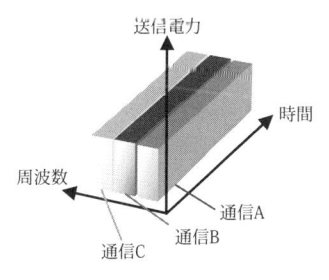

図 11.3　FDMA の原理

11.1.3 第2世代(2G)

デジタルの世代と呼ばれる．加入者数では2009年現在世界の主流である．技術的にはデジタル変調とTDMA (Time Division Multiple Access) またはCDMA (Code Division Multiple Access) の時代である．方式的には南北米，欧州を中心とする全世界，アジア，日本の各地域に分かれている．

2Gでは，音声を「サンプル」してデジタルデータに変換し，そのデータを使って電波を変調する．デジタルデータはもちろん「デジタル量」である．デジタル量の変調では，サンプルのタイミングとその時の値のみを伝えればよいので，すべてをそのまま伝えるアナログ変調とは異なる，デジタル変調と呼ばれる方式を用いる．この変調名はそのまま2Gの世代名になった．なお第2世代以降の全世代はデジタル変調を採用しているので，その観点ではすべてが「デジタルの世代」である．

多元接続方式は2種類が主流になった．TDMAは，時間を細かく区切り，その間は基地局と1つの携帯電話が通話を行うことを繰り返す．すなわち時間を通話ごとに割り当てる方式である（図11.4）．CDMAは特定の数学的特徴を持つすべて異なる「コード」の集合体から，各携帯電話に1つの「コード」を通話ごとに割り当てる方式である（図11.5）．CDMAでは通常のデジタル変調ののち，さらにこのコードを用いて「拡散変調」を行う．コードの集合体の持つ数学的特徴から，使う周波数が同じでも「逆拡散」という操作で各々の通話だけを取り出せる．

これらのデジタル変調と多元接続方式の組み合わせは，干渉の影響を低減する機能を組み込めるため，周波数利用効率は1Gよりも向上する．

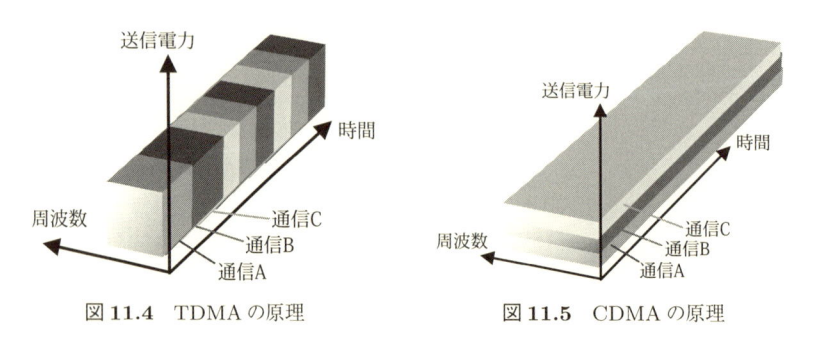

図11.4 TDMAの原理

図11.5 CDMAの原理

欧州開発のTDMA系のGSM方式は1992年から欧州を中心に全世界を席巻した．先進国でGSM方式がまったく展開されなかったのは韓国と日本のみである．米開発のTDMA系のDAMPS (Digital AMPS)方式は1992年から南北米を中心にアジアでも使われている．紛らわしいのだが，このDAMPS方式自体がしばしば「TDMA方式」と呼ばれる．米開発のCDMA系の方式も，「cdmaOne」のブランド名からやはりよく単に「CDMA方式」と呼ばれる．この方式は南北米，日中韓，豪州等で使われている．NTT開発のTDMA系のPDC (Personal Digital Cellular)方式は1993年から日本で使われた．

各々の世代内の基本技術の発展型通信方式（世代内進化型）も普及し，これらはパケット式のデータ通信方式である．GSM系データ通信方式はGPRS (General Packet Radio Service)，その発展型EDGE (Enhanced Data GSM Environment)，さらにその発展型EDGE Evolutionである．PDC系データ通信方式はPDC-P (PDC Packet)である．

11.1.4 第3世代 (3G)

モバイル・ブロードバンドの世代だが定着した世代名はない．2009年現在，世代内進化型を含め市場への導入がまだ続いているためである．技術的にはデジタル変調とCDMAの時代である．世代内進化型の中でも，特に2010年から始まると予想される第3.9世代 (3.9G)と呼ばれる方式は「次世代」扱いされており，CDMAを使っていない．この3.9Gは次節で紹介する．方式的には南北米，欧州を中心とする全世界，アジアの各地域に分かれている．

変調方式は変らずデジタルであるが，世代内進化型では使う周波数帯域をそのままに伝送量を増やす「多値化」が進められた．

多元接続方式は3種類のCDMAである．cdmaOne直系の進化型cdma2000方式，cdma2000方式より広い周波数帯域 (Wideband)を利用し干渉への対応法が異なるW-CDMA (Wideband CDMA)/UMTS (Universal Mobile Telecommunication System)方式（主にW-CDMAは日本，UMTSは欧州での呼称），そして中国開発のTD-SCDMA (Time Division Syncronous CDMA)方式である．2Gの「CDMA方式 (cdmaOne系)」陣営はcdma2000方式（やはりしばしば「CDMA方式」と呼ばれる）を，GSM方式陣営はUMTS方式を，そして中国はTD-SCDMA方式と上記2つを併用している．

3Gは当初から音声以外のデータ通信の利用が想定された初の通信方式世代であり，世代内進化型はデータ通信の需要増への回答として普及している．cdma2000 系には cdma2000 1x EV-DO，同 Rev.A の各方式がある．UMTS 系では HSPA (High Speed Packet Access) 系と総称される 4 方式がある；HSDPA/HSUPA (High Speed Downlink/Uplink Packet Access)，HSDPA と HSUPA を同時に行うという意味での HSPA，さらに MIMO (Multiple Input Multiple Output) と呼ばれる複数のアンテナを利用して伝送量を増やす工夫を採用した HSPA Evolution（HSPA+とも表記される）である．

11.1.5　第 4 世代 (4G)

超モバイル・ブロードバンドの世代であろうが，到来は 2010 年代の半ば以降とされる．技術的には，デジタル変調とおそらくは OFDMA (Orthogonal FDMA) の時代である．第 4 世代は 2009 年現在通信方式の提案と検討が進行中である．ただし無線モバイル・ブロードバンド通信には，すでに 4G を自称する商用化通信方式がある．次節で想定用途などを紹介する．

11.2　次世代技術の開発と高速化・サービスの多様化

11.2.1　LTE とモバイル WiMAX

世代が進むにつれ，周波数利用効率の改善等による通信速度の高速化が図られ，それに伴い提供できるサービスも高度化・多様化した．この流れは今後も加速すると考えられており，次世代とされる 3.9G が現在注目されている．

主要な 3.9G の通信方式は 2 つある．1 つは LTE (Long Term Evolution) と称する携帯電話系の通信方式，もう 1 つはモバイル WiMAX (IEEE802.16-2009. 旧 IEEE802.16e-2005) と称する地上無線アクセス系の通信方式である．いずれもデータ通信専用の通信方式として設計され，音声通信もデータ通信の一種として行うことを前提とする初の方式である．

LTE は 3G の一部扱いだが，通信方式としては 3G の CDMA ではなく，4G の技術とされる OFDMA を採用している．実は「～.9G」との表現は 3.9G が初めてである．今まで世代内進化型には「～.5G」または「～.75G」との表現が用いられてきた．2.75G，3.5G といった具合である．3.9G という名称には，

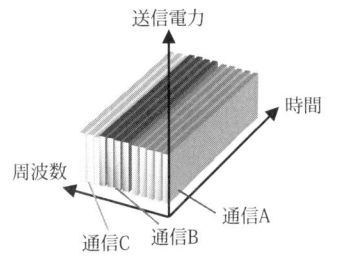

図 **11.6** OFDMA の原理

3.5G の次であり，3G 系基盤を活用し，4G への移行をスムーズに行うための 4G にきわめて近い通信方式，との主張が込められている．

OFDMA は，デジタル変調の「サンプルのタイミングとそのときの値のみを伝えればよい」という性質と電波の直交性という性質を利用して，きわめて狭い間隔で電波を並べた FDMA とみなせる．ただし，1 つの通信で複数の電波を同時に使う部分は FDMA と異なる（図 11.6）．

LTE では，より進んだ多値化を行うデジタル変調，複数のアンテナを同時に使う MIMO，OFDMA を活用して伝送量を改善した通信方式を実現した．最大仕様伝送量は 300 Mbit/s を超え，光ファイバ通信並みの高速度を得られる．これは特に先進国で顕著になってきたデータ通信需要急増への対応にふさわしく，採用を表明する通信事業者は多い．なお，欧米の通信事業者は LTE をしばしば「4G」と呼ぶが，これは前記の事情とマーケティング上の要請によるものであろう．実際には後で触れるように，ITU において 4G 方式の勧告はまだされておらず，LTE を 4G と呼ぶのは適切でない．

モバイル WiMAX は，いわゆる「最後の 1 マイル」問題の解決策の 1 つとして提案された WMAN (Wireless Metropolitan Area Network) アクセス用の FWA (Fixed Wireless Access) の WiMAX に，移動しながらの使用に対応できる特性を持たせた通信方式である．技術的には LTE と同じく多値化したデジタル変調，MIMO，OFDMA を採用している．最大仕様伝送量は 75 Mbit/s である．今のところ，この値はデータ通信需要の急増への対応に十分である．

モバイル WiMAX の LTE との目立つ違いは，複信方式に TDD (Time Division Duplex) を使用していることと，2008 年に商用化されたことであろう．LTE の複信方式は FDD (Frequency Division Duplex) が主で，商用化は 2010

年頃の予定である．ただし，複信方式は仕様上両方式とも TDD/FDD に対応しているので，単にスタート条件の差である．なお，米国の通信事業者はモバイル WiMAX を「4G」と呼ぶが，おそらくはマーケティング上の要請によるものであろう．理由は ITU はモバイル WiMAX を 3G の規格としているからであり，また既述のように 4G 方式の ITU 勧告はまだないからでもある．

11.2.2　4G におけるサービスの可能性

4G は 3.9G の次の世代である．移動時に 100 Mbit/s，静止時に 1 Gbit/s 程度の最大伝送量が期待されている．技術的には 3.9G を進化させた技術の他，AAA (Adaptive Array Antenna) に適応等化技術を組み合わせて干渉をより低減する技術，コグニティブ無線のような通信の最適化技術等が採用されると目されている．2011 年頃の無線規格制定を目指し作業が続けられている．

4G で期待されるサービスには以下のようなものがある．

- 会話型：音声通話，TV 会議

- ストリーミング：モニタ，インターネットラジオ，ビデオ/大容量ストリーミング

- インタラクティブ：音声メッセージ，モバイルコマース，Web ブラウジング，ダウンロード

- バックグラウンド：テレメトリ，マシン間通信，フォトメッセージ，ファイル転送

上記はさまざまな通信パターンとデータ伝送速度を想定している．これは ITU における 4G の議論の際，「多様なサービスへの対応」の要求が出たためである．

11.2.3　フェムトセル

モバイル通信技術の進化は通信方式だけではない．超小型基地局によって，より密にエリアをカバーできるフェムトセルが注目されている．

フェムトセルは，半径十数 m 程度の極小カバレッジの超小型携帯電話基地局と，そのエントランス回線たる顧客の固定ブロードバンド回線を最低限の構成要素とするサービスを事実上意味する．稠密なカバレッジのエリアでは屋内電

波状況の改善，携帯電話網の負担減，さまざまな付加価値の提供目的で使用される．サービスエリア外では，主に携帯電話カバレッジの創出，さまざまな付加価値の提供目的で使用される．付加価値サービスには，フェムトセルの極小カバレッジを利用した料金割引サービス，プレゼンスサービスなどが考えられている．フェムトセルとマクロセルの間でのハンドオーバーや干渉等の問題がありつつも，今後数年間での大きな伸びが期待されている．

日本国内では 2009 年 11 月，NTT ドコモが上記の意味でのフェムトセルを初めて商用提供した．付加価値としてプレゼンスを通知するサービスを提供している．一方，ソフトバンクモバイルは早くからフェムトセルへの対応に取り組んでいた．しかし，マクロセルからフェムトセルへ入った際に携帯電話がフェムトセルに切り替わらない「キャンプオン問題」への対応を理由に，2009 年初頭からフェムトセルに関する発表がなくなっている．

11.3 世代交代と設備競争

3G 以降の規格を事実上承認（勧告）する ITU は，実は 3G，4G とはいわない．3G 以降をすべて IMT (International Mobile Telecommunications) とし，IMT は IMT-2000（6 方式が勧告済）と IMT-Advanced（2009 年 10 月現在勧告案募集中；すなわち勧告済方式はない）から成る，とする．前者が 3G，後者が 4G に相当する．これは，IMT-Advanced は IMT-2000 の進化型であり，世代は変わっていない，とのメッセージである．メッセージの受け手はある種の携帯電話事業者であり，携帯電話事業者の設備競争に一因がある．

世代の交代には莫大な設備投資費用と長期の投資回収期間を要する．新世代設備の多くをゼロから作り顧客に移行を促す一方，十分に移行するまでは旧世代設備を運用し続けるからである．これは 2G までは一国の通信業界内の競争の問題であった．しかし，3G では企業が傾くほどの費用を要した国があり，携帯電話事業者の世代交代に対する態度は分かれた．投資費用の回収をまず行いたいと考える携帯電話事業者は，次世代の話自体をしたがらない．一方，激増するデータ通信需要と標準化に要する長い年月を勘案し，自社ネットワークがあふれる前に新技術で解決したいと考える携帯電話事業者は，早く次世代の話を始めたい．2G 以降，世界規模の標準化は必須と全関係者が認識していたため，

後者は前者を無視できず，標準化の話し合いの場に引き出す必要があった．その際の抵抗を小さくするため，後者は世代交代を連想させる言葉を使わないようにした．同時になるべく前世代の設備が活用できるように「新世代通信方式」を選んだ．これは先の IMT の表現のみならず，3G の UMTS は 2G の GSM の RAN (Radio Access Network) の取り替えと見ることができ，3G の cdma2000 は 2G の cdmaOne の単なるアップグレードと見ることができる点に出ている．

そうして世代交代の直接費用は抑えつつ，カバレッジやデータ伝送速度等，サービスやブランドの優位に直結する設備には投資してきた．

現在では，設備は携帯電話事業者の競争の対象から外れてライバル間で共用する動きすら，欧州を中心に出ている．代わって付加価値サービスのような上位レイヤーにおける競争が激化している．

参考文献

[1] 情報通信総合研究所編 (2009)『情報通信データブック 2010』NTT 出版
[2] 中村武宏・安部田貞行 (2006)「Super 3G の技術動向その 1――Super 3G の概要および標準化活動状況」NTT DoCoMo テクニカル・ジャーナル **14**(2): 50–54
[3] 坂中靖志他 (2009)「ITU-R における IMT-Advanced 標準化動向（小特集）」電子情報通信学会誌，**92**(7): 535–572

第 12 章
オープン化を巡る端末・OS 開発の動向

　モバイル業界において，スマートフォン[1]の存在感が増してきた．右肩上がりに成長してきたモバイル業界でも，2008 年秋から始まった金融不安による経済危機の影響が大きく報じられ，期待の高かった新興市場での苦戦も報じられている．このようななか，新たな成長市場としてスマートフォンが新たな成長市場として注目されている．そしてスマートフォンでは，そのコアとなる OS やプラットフォームに参入するプレーヤが，業界に多大な影響力を持つ大き勢力として，その動向に大きな注目が集まっている．

12.1 携帯電話 OS のオープン化とそのメリット

　スマートフォンと既存の携帯電話の最大の違いは，そのコアとなる OS やプラットフォームにある．従来の携帯電話端末では，端末メーカが OS やプラットフォームを自社開発したり，その仕様を非公開としたものがほとんどを占めていた．一方スマートフォンには，オープンな OS（汎用 OS）が採用されている．
　端末メーカは，汎用 OS を活用することにより，従来の携帯電話端末と比較して大幅に開発コストやその期間を短縮することが可能となり，開発における懸念を大幅に減らせる．さらに，これに対応するアプリケーション開発ツールを提供することで，第三者がアプリケーションを開発することが可能となり，幅広いアプリケーションの提供が望めることとなる．
　ユーザにとってスマートフォンを活用する最大のメリットは，動画や SNS

---

[1] スマートフォンに対し絶対的な定義が存在するわけではないが，本章では，業界で最も一般的な定義となっている「オープンな OS を採用し，かつ第三者がアプリケーションを開発する環境が整っている携帯電話」を示すこととする．

（ソーシャル・ネットワーキング・サービス），音楽コンテンツなど，特にパソコン環境でのインターネットを活用したサービスが利用しやすい点にある．これは，従来の携帯電話と比べアプリケーションの追加やソフトウェアの更新が容易なため，新サービスにも素早く対応できることにもよる．

さらに汎用 OS は携帯電話端末参入の間口を大幅に拡大させている．スマートフォン市場には従来からの端末メーカのみならず，パソコンメーカやインターネット関連企業など新たなプレーヤが携帯電話に参入するようになった．さらに，OS やプラットフォーム，これに対応するアプリケーションを一貫して提供することで，携帯電話を活用した新たな市場を創設することも期待されている．

12.2 スマートフォン市場の歴史とその規模

スマートフォンは 1990 年初頭から姿を見せるようになり，2000 年以降にはマイクロソフトの Windows Mobile を搭載したスマートフォンが登場するなど，ビジネスユーザや法人市場を中心に徐々にその市場を確立していった．さらに法人市場では，カナダの RIM (Research In Motion) が「BlackBerry」を発表，電子メール・ソリューションと共に提供される同社の製品は，その使い勝手の良さや安全性の高さが評価され，世界中に広まっていった．

しかしこれほどまでにスマートフォン市場が過熱してきたのは，アップル参入による影響が大きい．2007 年に登場した「iPhone」は，大きなタッチディスプレイを指でなぞって操作する新たなユーザ・インターフェース (UI)，携帯音楽プレーヤ iPod としてもそのまま使える音楽機能など，その設計や機能の先進性は高く評価され，登場してからわずか 2 年ほどでスマートフォン市場での 10％を超えるシェアを獲得した．iPhone 旋風が，特にコンシューマのスマートフォン市場過熱の口火をつけたとも言える．

スマートフォン市場の規模には業界からの期待も大きい．英調査会社 Informa Telecoms & Media の予測では，2009 年の携帯電話出荷台数は 10 億 7,794 万台と前年比 10％の減少となるが，スマートフォン市場は 1,960 万台と同 30％の成長で，これは全端末の約 2 割に相当する規模となる．さらに，2013 年にスマートフォンはモバイル市場の 38.1％となる．ガートナーではさらに積極的な見方を示しており，2013 年には世界の携帯電話販売台数に占めるスマートフォ

ンの割合は43%にも上るようになると予測している．

携帯電話先進国の日本だが，スマートフォンに関しては後発組となる．携帯電話出荷台数に占めるスマートフォンの割合は，昨年では全世界では10%を超えた一方，日本では数%程度に過ぎない．しかしここへ来て，各携帯電話事業者からのスマートフォンの新機種発表が相次いでおり，市場が加熱する兆しが見える．この狙いの1つとして挙げられるのが，2台目の需要の開拓である．日本国内では携帯電話の普及率は8割を超え飽和市場となっている．昨年から開始している端末販売奨励金の禁止から端末売上げも前年比20%程度落ち込んだ．しかしここでスマートフォンの普及が拡大すれば，端末売上げもデータ通信による収入も増加が見込めることになる．

12.3 携帯電話向け汎用OSの提供者とそのトレンド

12.3.1 各OS/プラットフォーム陣営の参入——理由と戦略

スマートフォンのOSやプラットフォームに参入する企業は，その戦略もさまざまである．アップルのスマートフォン市場参入後は特にインターネットやパソコン業界など，モバイル業界外からの参入が目立つ点も特徴的である．

このなかで，現在最大のシェアを持つのがノキアの推進するSymbianである．携帯電話端末約4割の世界シェアを持ち業界の巨人とも呼ばれる同社は，スマートフォンOSを活用し既存顧客を囲い込みたい意向を持つ．マイクロソフトは，Windowsにより固定環境でのパソコン業界で培った巨大勢力を携帯電話へも拡大する戦略で臨んでいる．新参組でもある検索エンジンのグーグルは，無料のスマートフォン・プラットフォームを提供することで，インターネットを活用した同社のサービス・ユーザを携帯電話の領域へ拡大させることを狙っている．このように，各社ともに共通しているのは，成長が見込まれるスマートフォン市場で勢力を拡大し，自社のコアビジネスをさらに成長させるシナリオを描く点である．

12.3.2 OSの無償化，オープンソース化の流れ

スマートフォンOSは従来，ライセンス料金を課してOSをビジネスとして推進するのが一般的であった．このため，端末メーカは，端末1台当たり数ド

第 12 章 オープン化を巡る端末・OS 開発の動向

プラットフォーム*	OS	中核企業	中核企業のコアビジネス	ターゲット市場 / 戦略 (*)	アプリケーションストア名(開始時期)
Symbian	Symbian OS	ノキア（フィンランド）	携帯電話メーカ	シェア4割を持つ世界最大の携帯電話メーカー．スマートフォンOSとこれに対応するサービスの普及により，顧客囲い込みを狙っている．	Ovi Store (2009.5)
Android	Linux	グーグル（米国）	インターネット関連ビジネス	無料のスマートフォン・プラットフォームを提供することで，インターネットを活用した同社のサービス・ユーザを携帯電話の領域へ拡大させる．	Android Market (2008.10)
Windows Mobile	Windows CE	マイクロソフト（米国）	パソコン / ソフトウェア	パソコンでのWindows普及が見込まれるモバイル市場での勢力拡大を目指している．	Windows Market Place for Mobile (2009年内)
iPhone	Mac OS X	アップル（米国）	パソコン / ソフトウェア	Macブランドを武器に，端末の設計デザイン，製品開発，コンテンツ提供，ブランド戦略等でアップルが一環，Macファンを武器にモバイル市場での勢力を拡大する．	App Store (2008.7)
RIM	RIM	RIM (Research In Motion)（カナダ）	携帯電話メーカ / ソリューション開発	法人市場を中心としたセキュリティを拡充させた電子メール等のソリューションを含め，モバイルサービスを包括的に提供する．	BlackBerry Application Center (2009.3)

(*) 各陣営は中核となる企業のコアビジネスに伴い，さまざまなモデルで参入している．

*プラットフォームに該当する呼称がない場合はOS，端末名等の他の呼称を記載

図 12.1　スマートフォン OS をめぐる各陣営の基盤と戦略

一般的にスマートフォンでは，「OS/プラットフォーム」と呼称されるが，各陣営ごとにそのカバー範囲は異なっている．

■ 各プラットフォームの構成比較

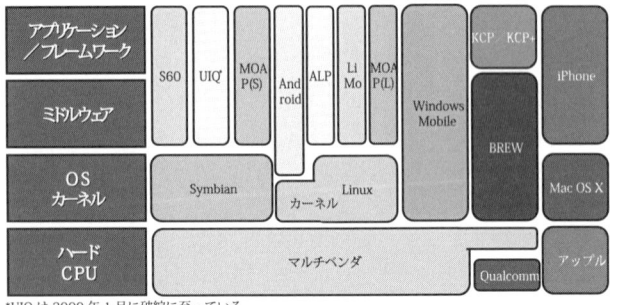

*UIQ は 2009 年 1 月に破綻に至っている
アプリケーション部分をプラットフォームに含めているかは各陣営でばらつきがある

図 12.2　スマートフォンの OS/オープンプラットフォーム構成の比較

ル〜十数ドルともいわれたライセンス料金を OS 提供元へ支払う必要があった．しかし，アップル参入後ほどない 2008 年ごろから，これを無償化するという動きが一気に加速している．

　ノキアは 2008 年 6 月，シンビアン (Symbian) を子会社化し，同社の OS をオープンソース化する方針を発表した．この方針はノキアのスマートフォン戦

略における大きな方向転換となり脚光を浴びることとなった．これは，それまで有償で提供してきた Symbian OS をオープンソース化し，無償提供とする計画であり，世界最大の携帯電話端末メーカが同じく世界最大の OS 企業を買収した形となった．そして同社は，主要端末メーカや携帯電話事業者とともに，シンビアン・ファウンデーション (SF) の設立を発表した．SF は，Symbian OS を活用した主要なプラットフォームを統一することを目的に掲げている．当時 Symbian OS を採用したアプリケーション・プラットフォームには，ノキアの「S60」，モトローラおよびソニーエリクソンの「UIQ」，NTT ドコモの「MOAP(S)」の 3 つがあり，参画する企業がそれぞれ独自で開発していたが，これを共同資産として無償提供し，新たな共通プラットフォームとして統一させることとなった．

Symbian の無償化の背景には，オープンソースの Linux を活用した無償 OS の脅威があった．検索エンジン最大手のグーグルは，OHA (Open Handset Alliance) を設立し Linux OS を採用したスマートフォン・プラットフォーム「Android」を発表した．さらに NTT ドコモ等の携帯電話関連企業は，同じく Linux をコアとするプラットフォームを推進する Limo ファウンデーションを設立した．スマートフォン開発ではコスト削減が厳しく迫られるなか，このような無償 OS を活用したプラットフォームが次々と登場すれば，有償ライセンスにより収益を確保するシンビアンは苦戦を強いられるようになったことが予想される．

さらに，それまでの OS を有償で提供するビジネスモデルにも限界がきていた．シンビアンはそれまで，収入の 9 割以上を OS のライセンス等によるロイヤリティ料金に依存していた．特定のハイエンドユーザをターゲットとした高額な端末が目立つスマートフォン市場の萌芽期には，このビジネスモデルは有効に働いた．しかし，市場がある程度成長すればこのモデルには限界がくる．端末開発におけるコスト削減へ要求が高まり，1 台当たり数百円もかかる OS ライセンス料金の値下げに対するプレッシャーは強まる一方であった．さらに無償 OS に顧客を奪われるようになれば，必然的にライセンス料金による収入も低下する．シンビアンは新たな収益源を確保するためのビジネスモデルを模索する必要性に迫られていた．これがノキアによる買収の受け入れに繋がったことが予想される．その後シンビアンは，ロイヤリティ料金による収益モデルか

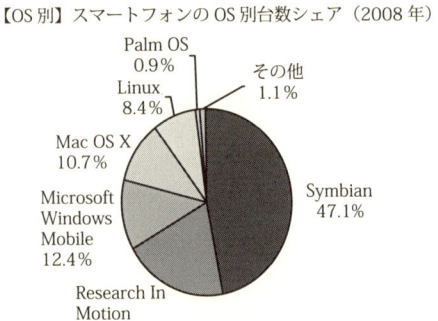

【OS別】スマートフォンのOS別台数シェア（2008年）

- Palm OS 0.9%
- その他 1.1%
- Linux 8.4%
- Mac OS X 10.7%
- Microsoft Windows Mobile 12.4%
- Research In Motion 19.5%
- Symbian 47.1%

図 **12.3** エンドユーザ向けスマートフォンのOSの販売台数シェア
データ出所：Gartner 2009年3月（報道発表）(http://www.gartner.com/it/page.jsp?id=910112).

ら，サービス開発やカスタマイゼーション，製品開発といった事業内容へ方向転換している．

12.3.3 アプリケーションストア・ブームの到来

2009年に入り，各陣営はこぞってアプリケーションストアの提供を開始した[2]．これは，個人がアプリケーションを開発しこれを販売でき，さらに販売額から開発者に利益を分配するしくみである．アプリケーションストアを運営することにより，各陣営共にコンテンツや開発者を囲い込むことが可能となり，競争力を増す強力な武器となる可能性も小さくはない．

12.4 スマートフォンの台頭がもたらす業界変革

さらに，スマートフォン市場での覇権争いが熾烈化する背景には，モバイル業界を取り巻く環境の変化がある．ネットワークの高速化により，ブロードバンドが広範囲に浸透してきた．世界各地で3Gサービスが始まり，3.9世代と呼ばれるLTEも来年から一部で開始する見込みである[3]．これに伴い，携帯電話によるインターネット利用が急激に広まってきた．特にSNSやYouTubeなどの動画サービスへの人気の高まり，いつでも，どこでも利用できるという携帯

---

[2] アプリケーションストアについては，第1章，第5章を参照のこと．
[3] LTEについては，第11章を参照のこと．

電話の利便性から，携帯電話はその恰好のツールとなりつつある．

　人気の高いアプリケーションやコンテンツは携帯電話の人気をも左右する．携帯電話を単体で利用していた時代には，端末に搭載する機能がそのままその製品の評価に繋がり，加入者を獲得する大きな基準となっていた．しかしブロードバンドに接続された今，この状況も変化しつつある．特に，成長が期待されるスマートフォンでは，利用可能なアプリケーションやコンテンツが端末を選択する大きな理由となってきている．つまり，どのOSやプラットフォームでどのコンテンツが使えるかが消費者の大きな選択要因となる可能性も潜んでいる．

　スマートフォンの台頭は，携帯電話端末全般における製品戦略やメーカの開発体制に大きな変革をもたらしている．携帯電話を単体で利用していた時代には，端末に搭載される高度で画期的な機能がそのままその製品の評価に繋がった．単なる話すツールであった端末にカメラが搭載され，画面がカラー化し，テレビ視聴機能も装着され，その解像度や精細さも差別化の要因となるなど，ハイエンドユーザ向けの端末では，端末メーカはその技術力を競って端末自体を高機能化させ他社の製品と差別化することを目指していた．2009年頃，この分岐点ともいえる地点に到達している．端末がブロードバンドに接続される昨今，ユーザは端末自体の高機能化ではなく，その端末でネットワークを活用して何ができるか，支払う金額に見合ったサービスが利用できるかといった，全般的な要因で端末を選ぶようになってきた．これにより端末メーカは，端末だけを高機能化させるのではなく，ネットワークやサービスと連携させ包括的にサービス開発に取り組む姿勢を強化している．

　さらに，スマートフォンはモバイル業界にもある国境の壁を低める可能性も指摘されている．これまで特定の携帯電話事業者が特定にユーザに対して提供してきた側面が大きかったが，スマートフォンの普及により，特定の携帯電話事業者に限定されず，そのサービスやアプリケーションが国境を越えて利用できるようになるからである．スマートフォンは携帯電話サービスや端末のグローバル化の可能性を大きく秘めている．

参考文献

[1] Gartner Dataquest (2009) Forecast: Smartphone by Operating System and End User Segment, Worldwide, 2007-2013

[2] Informa Telecoms & Media (2005) Mobile Application Platforms and Operating Systems 2nd Edition

[3] ARC Group, July (2003) Future Mobile Handsets, Worldwide Market Analysis & Stragegic Outlook 2003–2008

[4] Informa Telecoms & Media (2009) Mobile Handset Analyst, Volume 6/ Issue 5

第13章
競争政策から見た標準化と知的財産権

13.1 標準化と知的財産権との相克

モバイル産業においては，その性格上，モバイルサービスの提供に必要な要素技術に関して，標準設定機関 (Standard-Setting Organization: SSO[1]) を通じた意識的な標準の設定が不可欠である[2]．他方，各要素技術においては異分野の事業者も交えた研究開発競争が繰り広げられ，研究開発の成果としての知的財産権は多数の事業者に帰属している．そこで，モバイル産業では，標準化と知的財産権との相克の問題が顕在化することになる．具体的には，SSO が設定した標準に依拠した商品・役務の提供がいずれかの事業者の保有する知的財産権を侵害するおそれがあるために，当該標準の普及が妨げられる可能性があることを指す．この問題の処理のあり方は，この事業分野全体における競争の枠組みを根底で規定するといっても過言ではない．したがって，本書全体の関心に照らして，この問題の解決に競争法ないし競争政策がどのような役割を果たせるのかが問われる．

本章は，競争法ないし競争政策の視点からこの問題について論点を整理し，これを踏まえてモバイル産業における問題解決のスキームの評価を試みるもので

---

[1] 「標準開発機関 (Standard Development Organization: SDO)」という呼び方もあるが，本章では，SSO を用いることにする．公的な機関と純粋に私的な機関との区別があるが，本章では，主として後者を念頭においている．すでに多くの実態研究が明らかにしているように，どちらかといえば，標準を利用する立場の事業者，したがって，標準に関わる知的財産権との関係ではライセンスを受けたいと考える立場の事業者が多く参加する傾向にあるといわれる．また，従来は，関連する事業者のエンジニアが議論に参加することが多く，標準設定に関する議論は純粋に技術の優劣の観点から行われることが多かったといわれる．やや古いが，全般的には Lemley (2002) を参照．

[2] 標準の分類，意義，機能については，和泉 (2009) がわかりやすく整理している．

ある.なお,本章では米国の事例や議論を検討の素材としている.

この問題を検討するに際しての筆者の問題意識は以下のとおりである.

近年,米国では,行き過ぎたプロパテント政策(特許保護の拡大を図る政策)に対する反省から,財産権としての知的財産権の性格の再検討を迫る議論が見られるようになっている.たとえば,①知的財産法において研究開発ないし創造のインセンティブ促進の論理を貫徹させようとする議論,②公益上の要請から制限を伴う所有権とのアナロジー,あるいは,③絶えず競争政策の観点から妥当範囲の見直しを迫られる存在としての自然独占とのアナロジーによって知的財産権を捉える議論などがある[3].いずれも,知的財産法における保護と利用との均衡の再定義を志向する議論である.

上記のような議論が展開される背景には,知的財産権が本来果たすことを期待されていたはずの役割を実際には十分に果たしていないのではないか,あるいは,本来想定されていたのとは異なる機能を現実には果たしているのではないかとの問題意識がある.知的財産法における保護と利用との均衡は再定義されるべきなのか,再定義されるべきだとすれば,新たな均衡はどのようにして図られるべきなのか.これらは,知的財産権の現実の機能の分析のうえに立ってはじめて検討しうる.競争政策は,知的財産権の現実の機能に光を当てるのに重要な役割を果たしうる.標準化と知的財産権との相克の問題は,そのことを示す格好の例だと思われる.

標準化と知的財産権との相克においては,当初から競争法(反トラスト法)の適用による問題の解決が試みられたが,そのことが,問題の背景にある知的財産法制(具体的には,特許法制)の不備を浮き彫りにした.いまだ議論は収束していないものの,この問題の根本的解決のためには知的財産法における保護と利用の均衡の再定義が不可欠との認識が共有されつつあるように思われる.逆に,知的財産法による問題への対処が有効である限り,競争法はこの問題において自制すべきとの議論も出始めている[4].標準化と知的財産権との相克の問題は,かような意味での競争政策と知的財産法とのダイナミックな相互補完性を例示しているように思われるのである.

---

3) 枚挙に暇がないが,たとえば,Burk & Lemley (2003), Lemley (2004), Lemley (2005), Carrier (2004), Cotter (2006), Ghosh (2008) を参照.

4) たとえば,Hovenkamp (2007), Hovenkamp (2009), Lemley (2007) を参照.

13.2　問題の所在

標準化と知的財産権との相克が問題となるのは，より具体的に見ると，次のような場合である．すなわち，標準の設定過程において当該標準に関わる特許権の存在が知られていなかった場合，あるいは，そのような特許の存在は知られていたが，無料ないし低額の実施料でライセンスが得られることを前提に当該標準が採択された場合で，多くの事業者が当該標準への対応のために多額の投資を行った後に突然特許権が主張されたり（ホールドアップ），当初約束されていたよりも高額の実施料が請求されたりする場合である．標準を設定し，それを利用する側にとっては，標準採択後の特許権の行使は，いわば「不意打ち」となる．このような「不意打ち」が可能となる背景には，米国特許法における継続出願制度や分割出願制度，さらには，出願公開制度の不備があるといわれている．

いずれにせよ，このようなことが生じると，標準の普及が妨げられることになる．標準の設定そのものは効率性に適うと一般に認識されているので，標準の普及が妨げられることは社会的に見て非効率をもたらすといえそうである．もっとも，技術進歩への貢献に見合うだけの報酬を特許権者に保障することが新たな研究開発投資へのインセンティブとして機能するという命題は，標準の利用に対して事後的に行使される特許権についてもあてはまるとする見方も根強く存在する[5]．結局，特許法の解釈運用に関わる他の問題と同様に，ここでも，特許発明の保護と利用との均衡のあり方，図り方が問われているのである．

標準と知的財産権保護との相克の実態を分析するうえで参考となる理論としては，次のものが挙げられる．

まず，相互補完的な多数の要素技術によって供給が可能となる商品・役務における一部の要素技術について特許侵害を理由とする差止めが可能であることは，特許紛争の当事者間の交渉において特許権者が当該特許の本来の価値（他の代替技術と比較して当該特許発明が当該製品に付加した価値に連動）を超える実施料の徴収を可能とするとの理論が挙げられる (Lemley & Shapiro, 2006–2007a)．

---

[5]　このような立場に立つ論考として，Teece & Sherry (2002–2003), Sidak (2007–2008) がある．

これは，特許侵害を回避するための商品・役務の再設計が不可能ないし著しく費用がかかることに起因するとされる．この理論に対しては，それが特許侵害訴訟において差止請求が容認される場合を限定すべきとする主張と結びつけて唱えられたこともあって，批判も多い．しかし，本理論は，標準化と知的財産権との相克が問題となる状況を1つの典型例として想定しており，ホールドアップの可能性が高額の実施料をもたらすメカニズムの一端を明らかにしていることは間違いないと思われる．

さらに，特定の商品・役務の提供に多数の特許が関わるために，「特許の藪 (patent thicket)」(Shapiro, 2001) とか「アンチコモンズ（反共有地）の悲劇」(Heller & Eisenberg, 1998) と呼ばれる状況が出現する場合があることが指摘されている．すなわち，これら多数の特許は相互に補完的な関係にあることから，補完財についてのクールノー効果（補完財の各々に独占が成立する場合に，補完財を組み合わせて供給される商品・役務の産出量が最適水準を下回る効果）が働き，当該商品・役務の提供に必要な実施料の累積額が社会的に見て望ましい水準を超え，したがってまた，当該商品役務の産出量の水準も社会的に望ましい水準を下回る可能性が指摘されている．この問題が強く意識される場合には，標準化機関による特許政策の策定と同時に特許プールが形成されることが多い．

もっとも，これらの理論が予想するような事態が本当に顕在化しているのかは，必ずしも十分に検証されているわけではない[6]．実際には，これらの理論が予想する効果を打ち消す要因が存在する．たとえば，後述するSSOによる特許政策の策定や特許プールの形成は，問題の顕在化を一定程度防いでいる可能性がある．この現象を指して，私的秩序 (private order) の形成によって特許発明の保護と利用との均衡が事実上再定義されたと捉える向きもある[7]．また，そもそも，特定の標準に関する特許を保有する事業者は，たいていの場合，自分自身も当該標準に対応する事業を展開している．このような事業者は，特許権者（ライセンサー）であると同時にライセンシーでもある．このような事業者相互の間では「不意打ち」的な特許権の行使に対して自制が働くものと想像される．いわば相互抑止によるデタントが成立する可能性が高いのである．この

---

6) 分析として，たとえば，Geradin et al. (2008) を参照．
7) 特許プールに関して同様の捉え方を提示するものとして，Merges (1996) を参照．

点は，SSOによる特許政策や特許プールの実効性を担保する要因ともなっていると思われる．

　しかし，なお問題が顕在化する可能性は否定できない．最大の問題は，技術開発に専念し自らは商品・役務を提供しない事業者がホールドアップにうったえる可能性であろう．後述する反トラスト事件のほとんどは，このような事業者による特許権の「不意打ち」的行使を問題とするものであった．この種の事業者にとって，主たる収入源は自らが開発した技術についてのライセンスであろうから，前述のような相互抑止が働かない．この種の事業者がホールドアップにうったえて高額の実施料を得ようと考えたとしても不思議はない．したがって，逆にいえば，SSOや標準を利用する事業者にとっては，この種の事業者をいかにしてSSOや特許プールの方針に従わせるかが問われる．この種の事業者も技術進歩に貢献しうるから，SSOがその研究開発のインセンティブを削ぐような特許政策を採用することは社会的には得策ではないであろう[8]．

13.3 ホールドアップ問題への対処と関連する法的問題

13.3.1 SSOによるホールドアップ問題への対処

　それでは，SSOとしては，標準設定後の特許権行使への備えとしてどのような対策が考えられるだろうか．この点，すでに内外で実態調査も含めて分析がなされている[9]．ホールドアップの可能性が技術本来の価値を超えて高額の実施料請求を可能とするメカニズムに照らしてみると，標準採択に先立って特許調査を行って特許侵害をあらかじめ回避するか，さもなければ，標準採択の際に，ライセンス条件と技術それ自体の効用とを総合的に考慮してあらかじめ代替技術間の優劣を判断できる仕組みが理論的には望ましいということになる．

　より具体的には，主として以下の項目についてどのようなルールを設定するかが問われる．すなわち，「オープン標準」（知的財産保護の対象となる技術を避けて採択された標準）の採用の是非，標準採択の過程における特許および特許出願の開

---

[8] なお，本章では詳しく分析できないが，1つの商品・役務が複数の標準に関わり，各標準について，SSOがそれぞれ独自の特許政策を採用し，あるいは独自の特許プールが組織されている場合には，累積の実施料が高額になりがちだという問題が指摘されている．かような場合への対処策としての「プールのプール」の提案について，加藤 (2006), 148–157 頁参照．

[9] Lemley (2002), Lemley (2007) 等を参照．

示義務，標準関連特許の探索義務，標準採択前のライセンス条件の開示義務，標準採択前における「合理的かつ無差別的な (reasonable and non-discriminatory: RAND)」ないし「公正，合理的かつ無差別的な (fair, reasonable and non-discriminatory: FRAND)」条件（以下，それぞれ「RAND 条件」「FRAND 条件」と呼ぶ）での実施料および実施料以外のライセンス条件の義務付け，である．

若干付言すると，標準採択前にそれに関連する特許がすべて明らかとなり，各特許についてライセンスの条件があらかじめ具体的に明示されておれば，標準設定後のホールドアップに対する懸念はほぼ払拭されるであろう．しかし，標準設定の議論が一定程度煮詰まらなければ，そもそも，誰が保有するどの特許のどのクレームが当該標準に関わるのかわからないという問題がある．したがって，SSO に代表を派遣している事業者に対して，特許ないし特許出願の存在やライセンス条件の開示義務を課すとしても，どのタイミングでどの程度の開示を求めるかについて工夫が要る．

また，ライセンスの条件については，事前にどの程度具体的な義務付けが可能かという難問がある．RAND ないし FRAND 条件は，その文言の抽象性から解釈の余地が大きいため，事前に RAND ないし FRAND 条件でのライセンスを約束した事業者が標準設定後に高額の実施料を請求することを完全には防げない．この問題を克服するためにどのような工夫が求められるのか，その際，競争法上いかなる問題があるのかについては後述する．

さらに，SSO がホールドアップの可能性を封じるためにいかに有効な特許政策を策定したとしても，当該 SSO に初めから参加していない，あるいは，標準採択の議論の途中で脱退した事業者に対しては実効性が限られるという問題がある．

以上要するに，SSO による特許政策の策定は，確かに私的秩序の形成によって特許発明の保護と利用との均衡を再定義するという意義を有するが，そこには限界もある．それが社会的制度として定着するか否かは，法がいかなる規律を用意するかにかかっているのである．

13.3.2　ホールドアップへの対処に関わる法的問題の概観[10]

本章は，競争法（反トラスト法）による規律に焦点を当てようとするものであるが，その前に，SSO によるホールドアップへの対処に関わって，米国でどのような法的論点が提起されてきたかを概観してみよう．

(a)　SSO の特許政策の私法上の有効性の問題

SSO の特許政策は SSO の規約等において具体化されることが多いことから，私的団体の定款 (bylaws) は執行可能な契約 (contract) といえるかが問題となる．私的団体の定款であってもメンバーの合意の形態によっては契約としての拘束力を認めてよいと考えられるが，より困難な問題は，標準設定の議論の中途である事業者が SSO を脱退した場合に，当該事業者に対して定款の効力を主張できるかという問題である．

(b)　ホールドアップへの特許法理の適用

ホールドアップが生じたときに，それに対処しうる米国特許法上の法理としては，衡平法上のエストッペル (equitable estoppel) 法理，暗黙のライセンス (implied license) 法理，特許濫用 (patent misuse) 法理が挙げられる．

このうち，衡平法上のエストッペルは，特許権者が，誤認誘導行為 (misleading conduct) を通じて，特許侵害者（と主張されている者）をして，特許権者が自分に対して特許を執行する意図がないと合理的に推測させる場合に，当該特許の執行を認めないとする法理である．標準採択後の「不意打ち」的な特許権の主張に対する抗弁として有効な手段のようにも見える．しかし，特許侵害者と主張されている者が特許権者による誤認誘導行為に依拠して自らの行動を決定したことの立証が必要とされ，判決例によっては，その立証のために特許侵害者（と主張されている者）と特許権者との間に何らかの関係ないし連絡があったことが必要と解するものもある．この点が厳格に解されるならば，ホールドアップへの対処としては限界がある法理と評価されている[11]．また，そもそも，

---

[10]　以下の記述においては，Lemley (2002) をベースに，Merges & Kuhn (2009) を適宜参照したが，筆者の専門を超えるため，必ずしも最新の動向を反映していないかもしれないことをお断りしておきたい．

[11]　衡平法上のエストッペルの限界を克服しつつ反トラスト法適用の困難さをも回避する新たな法理として，標準エストッペル (standards estoppel) 法理を提唱するものとして，Merges & Kuhn (2009) を参照．

特許権者が事前に特許を開示したが，事後に，約束したライセンスの条件に従わずに高額の実施料を請求したといった場合にはこの法理は適用されにくいという問題がある．

暗黙のライセンス法理は，事前にライセンスを約束した特許権者が標準採択後に高額の実施料を請求する場合で，特許権者から明示的にライセンスを受けていない標準の利用者がかような請求に対処するうえで有望視されるが，いまだ可能性の議論にとどまっている．特許濫用法理の活用についても，それを唱える論者は存在するが，米国の裁判所は特許濫用法理の拡大適用に慎重なため，これも可能性の議論に止まっている．

(c) 特許侵害訴訟における差止請求に関する裁判所の裁量権の行使

米国の 2006 年 *eBay* 事件連邦最高裁判決[12]は，特許侵害に対する差止（衡平法上のインジャンクション）請求可否の判断が衡平法に基づく裁判所の裁量によることを確認し，その判断における 4 つの考慮要因——(i) 原告は救済不可能な損害を被ったか，(ii) 原告はコモン・ロー上十分な救済を有するか，(iii) 当事者間の負担の比較 (balance of hardship) が衡平法上の救済を正当化するか，(iv) 公共の利益への効果——を再確認した．従来，特許侵害の事実が認定される場合には上記要件の充足が推定されるとされてきたが，本判決は，この推定が常に成立するわけではないことを示唆するものであった．本判決は，米国におけるプロパテント政策への反省の機運を象徴するものと受け止められているが，どのような場合に上記の推定が妥当しなくなるのかについて本判決自体は明確な指針を提示しなかったので，これ以降の下級審判決は若干特許保護の範囲を縮減する方向に振れすぎたのではないかとの批判もあるようである (Tang, 2006–2007)．

本判決を受けて，標準設定後の「不意打ち」的な特許権の主張を，上記の推定が働かない典型例と考える見解が唱えられるようになった．もっとも，具体的にどのような条件が揃えば上記の推定が妥当しなくなるのかについて，なお議論は収束していないようである[13]．

---

12) eBay Inc. v. MercExchange, L.L.C., 126 S. Ct. 1837 (2006).

13) たとえば，Lemley & Shapiro (2006–2007a) は，特許権者が自らと競争関係にない者を特許侵害で訴える場合には，特許侵害の事実のみから救済不可能な損害の存在を推定することを止めること等を提言するが，Cotter (2009) は，これに比べて推定が妥当しない場合をより限定的に考えるようである．

(d) 不法行為法，反トラスト法の適用

標準設定後の「不意打ち」的な特許権の主張に対しては，不法行為 (tort) 法の適用も考えられる．問題の状況にもっとも当てはまりそうな行為類型は「詐欺 (fraud)」である．しかし，事前の非開示に基づく詐欺が成立する要件としては，それを主張する原告に対する何らかの義務の存在が示されなければならないとされており，SSO に参加していない事業者や一般消費者に対する救済策とはなり難いとされる．

これに対して，米国の競争法（反トラスト法）は，標準採択後のホールドアップに対して，かなり早い時期から適用されてきた．その意味で，反トラスト法は，この問題に対処するための私的秩序を補強する役割を果たしてきたといえる．その過程において標準採択後のホールドアップの問題点が明確化され，このことが，特許法理の新たな展開に向けた議論を触発してきたことは前述のとおりである[14]．詳しくは，13.4 節で検討する．他方，反トラスト法は，標準採択後のホールドアップへの SSO の対策に制約を課す存在でもある．詳しくは 13.5 節で検討するが，標準に関わる特許の実施料に関する集団交渉が反トラスト法上可能かという問題がある．反トラスト法が SSO の対策に及ぼす影響は，以上の2つの局面を区別したうえで，分析されなければならない．

13.4 標準採択後の特許権主張への反トラスト法の適用

13.4.1 事例の動向

標準採択後の特許権の主張が反トラスト法違反に問われた事件としては，従来から，*Dell* 事件（1995 年連邦取引委員会 (FTC) 同意審決）[15]や *Union Oil Company of California* 事件[16]が知られていた．いずれも，標準設定過程において当該標準に関わる特許ないし特許出願を有していながら特許ないし特許出願の保有について虚偽の情報を SSO に伝え，その結果として自らが特許を保有

---

14) 脚注 4 に掲げた文献を参照．
15) In the Matter of Dell Computer Corp. 121 F.T.C. 616 (1996).
16) Union Oil Co. of Cal., FTC Docket No. 9305.
　本件での FTC による行政事件提訴は 2003 年だが，2005 年に Chevlon 社が Union Oil Company of California の親会社である Unocal の買収について反トラスト法違反を問われた際に，本件で Union Oil Company of California に対して FTC が求めていた措置にも応じることで同意審決が成立した．

する技術が標準として採択された後に当該特許権を主張したことが問題であった．近年，これらとは異なる事実関係の下で反トラスト法違反が問われる事例が現れ，議論は新たな展開を見せている[17]．

(a) Broadcom Corp. v. Qualcomm Inc., 501 F. 3d 297 (3d Cir. 2007)

本件被告 Qualcomm 社は，Universal Mobile Telecommunications System (UMTS) 標準の作成に携わった European Telecommunication Standards Institute (ETSI) のメンバーだったが，ETSI その他の SSO に対して，それらの特許政策（とりわけ FRAND 基準でのライセンス付与）に従うことに偽って合意することにより，自社が保有する特許に関わる技術を UMTS 標準に含ませ，その後，FRAND 基準に従わない条件でライセンスすることにより上記合意を破ったとされ，シャーマン法 2 条に違反する独占力の意図的な取得，独占の企図に当たるとして提訴された．原告の主張は法的主張として成り立たないため訴えは却下されるべきとの被告の主張に対して，本判決は，反トラスト法に関する原告の主張は法的主張として成り立つと判示した．その際，判決は，標準設定後のホールドアップとその脅威を背景とする高額の実施料請求の問題性を指摘したうえで，(i) 合意志向的な私的な標準設定の環境において，(ii) 特許権者が意図的に，自らの保有する不可欠技術を FRAND 条件でライセンスする旨の偽りの約束を行い，(iii) 当該技術を標準に含める際に SSO が前記約束に依拠しており，(iv) 当該特許権者によるその後の約束の破棄を伴う場合，それは提訴可能な反競争的行為だと判示した．

(b) In the Matter of Rambus, Inc., FTC Docket No. 9302 (Opinion of the Commission, Aug. 2, 2006)

Joint Electron Device Engineering Council (JEDEC) のメンバーで，自らは半導体の製造販売に従事しない研究開発会社である Rambus 社は，JEDEC が synchronous DRAM (SDRAM), DDR SDRAM, DDR2 SDRAM につい

[17) この局面では，特許権者の行為が，反トラスト法のうちシャーマン法 2 条にいう「独占行為 (monopolization)」に該当するか否かが問題となる．その要件は，(i) 独占力の存在と (ii) 優れた製品，経営上の明敏さ，歴史的偶然の結果としての成長ないし発展から区別されるところの，独占力の意図的取得ないし維持，とに大別される．このうち，(ii) については，近年，（効率性に基づかないで競争者を市場から駆逐し，または，その費用を著しく引き上げるという意味での）「排他的行為」の存在の立証が求められるようになっている．本章の以下の記述は，もっぱら (ii) の要件の成否の問題に関わることをお断りしておきたい．実際には，独占力の立証も，反トラスト当局や私訴における原告にとって大きな関門となりうることに留意されたい．

て標準作成作業を進めている間に，これらの標準に関わる4つの技術について密かに特許出願を行い，標準に関する作業の推移に応じて自らの特許出願が標準に含まれるように出願内容を調整したうえで，自らの特許の対象である技術を含む標準が成立した後，半導体メーカに特許侵害訴訟を提起したりライセンス交渉に応じるよう要求したりした．

FTCは，おおよそ次のように述べて，FTC法5条違反を認定した．Rambus社の行為は，FTCのpolicy statementに照らして[18)]FTC法5条にいう欺瞞的行為 (deceptive act and practice) に当たり，これがJEDECによる標準選択をもたらし，さらにJEDECのメンバーである半導体メーカのロックインをもたらした．Rambus社の特許ないし特許出願の内容をJEDECのメンバーが予め知っておれば，別の技術が標準として採択されたか，あるいは，JEDECのメンバーは，関連する特許を保有するメンバーにあらかじめRAND条件によるライセンスを義務付けるといった対応を取ることにより高額の実施料を回避できたであろうから，Rambus社は排他的行為によって上記4つの技術分野における独占力を獲得したといえる．

(c) Rambus Inc. v. Federal Trade Commission, 522 F. 3d 456 (D.C. Cir. 2008)（(b) 審決の取消請求事件）

本判決によれば，(b)のFTC審決は，Rambus社の欺瞞的行為がなければ，(i) 他の代替的技術の標準としての採用，あるいは，(ii) 事前のライセンス条件の交渉による高額の実施料の回避がもたらされたであろうという，仮定の条件での因果関係が排他的行為認定の論拠となっている．しかし，(i) については，救済策 (remedy) についてのFTCの意見のなかでFTC自身がJEDECによる他の技術の標準採択の可能性についての証拠が不十分であることを認めている．(ii) については，他の点で合法的な独占者がより高い価格を得るために欺瞞的行為を利用することは，競争のプロセスを害することが示されない限り反競争効果をもたらす行為とはいえず，Rambus社から事前にRAND条件について言質を取る機会を失ったことは代替的技術からの競争に悪影響を及ぼした

---

18) ここで引用されているのは1983年のpolicy statementで，それによれば，ある行為が「欺瞞的」とされるためには，当該状況の下で合理的に行動する他者を誤認させ，そのことによって，彼らの行動ないし決定に影響を及ぼしそうであるという意味で「重要 (material)」な「欺罔，省略又は慣行 (misrepresentation, omission or practice)」が示される必要があり，その立証においては，「欺罔，省略又は慣行」が起こった状況と行為の性格の分析が求められるとされる．

とはいえないとして，本判決は FTC の審決を破棄した．

(d) In the Matter of Negotiated Data Solutions LLC, File No. 051 0094 (complaint, Jan. 23 2008)（2008 年 9 月 23 日同意審決確定）

Institute of Electrical and Electronics Engineers (IEEE) は，LAN におけるデータ転送に関する標準 IEEE802.3 (Ethernet) の策定に携わる SSO である．その IEEE802.3 作業部会は，転送速度を速める新しい標準 (Fast Ethernet) を策定するにあたり，Fast Ethernet 用の装置と既存の Ethernet 用の装置との互換性を保障するための技術を組み込むことになり，当該技術については National Semiconductor 社が特許を有する技術，NWay が標準として採択された．他にも選択肢は存在したが，National Semiconductor 社の代表が，一括前払いで 1,000 ドルの支払いがあれば後は実施料を請求しないと約束したことが考慮されて NWay が標準に組み込まれた．その後，NWay は Fast Ethernet の普及に貢献した．

National Semiconductor 社は，その後関連特許を Vertical Networks 社に譲渡した．Vertical Networks 社は，特許を譲り受けた際に National Semiconductor 社が IEEE に対して行った約束の内容を知らされていたが，自社の特許ポートフォリオから新たな収益を得る方針に基づき，上記のライセンス条件の撤回を IEEE に通告し，いくつかの企業との間で上記実施料をはるかに超える実施料を請求した．後に関連特許を Vertical Networks 社から譲り受けた Negotiated Data 社も同様の政策をとった．

FTC は，上記行為をもって，反トラスト法違反とは区別される意味での「不公正な競争方法 (unfair method of competition)」および「不公正又は欺瞞的な行為又は慣行 (unfair practice or act)」として FTC 法 5 条違反を認定した．反トラスト法違反とは区別される意味での「不公正な競争方法」の要件は，行為の強圧性 (coerciveness or oppressiveness) とその反競争効果である．本件では，前者の要件はホールドアップによる標準へのロックインをもって，後者の要件は，National Semiconductor 社の当初の約束が全産業規模の SSO に及ぶことをもって充足されるとされた．

他方，「不公正又は欺瞞的な行為又は慣行」の要件は，①当該行為が消費者に実質的損害を引き起こすこと，②この損害は当該行為がもたらす消費者ないし競争への便益を上回らないこと，③当該損害は消費者が自ら合理的に回避でき

なかったであろうこと，である．①の要件は，高額の実施料がライセンシーによって製品価格に転嫁されると考えられることをもって，②の要件は，そのような便益は本件で示されていないことをもって，③の要件は，事前に予測できない類の損害であったことをもって充足されるとされた．

13.4.2 若干の分析

ここで紹介した事例のうち，13.4.1 項 (b) と (c) は，特許ないし特許出願の存否についての積極的な欺罔行為ではなく，その秘匿を問題としており，(a) と (d) はライセンスについての事前約束に違反して高額の実施料請求がなされたことを問題としている．いずれも，従来にはなかった事案であり，反トラスト法による規律の限界を考える格好の素材といえる．

このうち，(c) については，欺瞞的行為がなければ高額の実施料の回避がもたらされたであろう場合について排他的行為の成立を一律に否定するかのように読めるが，高額の実施料請求が特許本来の価値に基づくものでなく，標準採択後のホールドアップの可能性に起因することを見誤っているとして批判が多い[19]．(b) と (a) とでは事案は異なる ((a) は事前にライセンスの約束があった事例で，(b) はそれがなかった事例) が，(c) 判決の論理は，およそ事後的に高額の実施料を請求することが反トラスト法の関心事でないと決めつけるかのように読めるので，その限りで (a) の判旨と矛盾するように思われる．この論理が今後も適用されるのなら，この分野における反トラスト法の役割はかなり縮減されると予想される．

もっとも，(c) を批判し，欺瞞的行為がなければ高額の実施料の回避が可能だった場合でも排他的行為の成立を認めるべきとする論者も，「欺瞞的行為がなければ (but for)」生じたであろう状態との比較において行為の反競争効果を判断すべきとする点では，(c) 判決と変わらない．特許ないし特許出願の存否についての積極的な欺罔行為がない場合には，いずれにせよ，反競争効果の立証は一般に困難となるのではないかと思われる．

これらと比較すると，(d) 事件の FTC の理論に従うと，反トラスト法とは区

---

19) たとえば，Besen & Levinson (2009), Cotter (2009) を参照．他にも (d) 事件の同意審決案に対する David Balto 氏のパブリック・コメントも参照した (http://www.ftc.gov/os/comments/negotiateddatasol/534241-00022.pdf，最終訪問日 2009 年 9 月 30 日)．

別される FTC 法 5 条違反（「不公正な競争方法」および「不公正又は欺瞞的な行為又は慣行」——後者は，従来消費者保護のために活用されてきた）となるためには，シャーマン法 2 条の下で求められる程度の反競争効果の立証は求められないかのように読める．このような読み方が正しいとすれば，反トラスト法とは区別される FTC 法 5 条の適用は SSO によるホールドアップ問題への対処を補強する有力なツールとなる可能性がある．今後，この理論がどのように継承されるのか（あるいは，継承されないのか）注目される．

13.4.3　RAND ないし FRAND 条件の具体化の必要性

この問題と関わって，RAND ないし FRAND 条件を具体化する必要が唱えられてきたので，ここで簡単に言及したい．確かに，SSO が標準に関する特許の保有者に事前に RAND ないし FRAND 条件でのライセンスを求めたとしても，RAND ないし FRAND 条件の具体的意味が確定されていないと，標準採択後に RAND ないし FRAND の名の下で実質的には高額の実施料を標準の利用者が請求される可能性が払拭しきれない[20]．これに対して反トラスト法によって対処するとしても，13.4.1 項で紹介した審決・判決によれば，特許発明の本来の価値とは区別される，ホールドアップの脅威を背景としてはじめて請求できる実施料の水準がある程度特定されなければ，シャーマン法 2 条の要件としての排他的行為があったとは認められないことになろう．

RAND ないし FRAND 条件の具体化を試みる議論としては，Swanson & Baumol (2005–2006) の提案がよく知られている．これは，reasonable の基準としては，事前のオークションによって決定される実施料水準を提唱し，non-discriminatory の基準としては，efficient component-pricing rule (ECPR) ないし平衡原則 (parity principle) を提唱する．これによれば，知的財産権の保有者が自らの技術革新の利用について自分自身に課す価格こそが non-discriminatory の基準となるべきであるが，これは，当該企業が当該知的財産を用いた最終製品について顧客に課す価格から，当該企業が負担する当該最終製品の生産のために用いられる他のすべての投入要素の増分費用を減じたものに等しいとされ

---

[20]　ただし，RAND 条件でのライセンスの義務付けにより差止の可能性を封じ，標準採択後に知的財産権保有者と標準利用者（ライセンシー）との間で生じうる紛争を実施料の水準をめぐる紛争の枠組み内にとどめることそれ自体に意義を見出す議論として，Miller (2007) を参照．

る．また，Layne-Farrar らは，Swanson と Baumol の提案を，複数の当事者が保有する複数の特許が標準に組み込まれる場合に応用するとともに，これを，協調ゲーム理論に基づくレントの公正な分配のあり方に関わる Shapley Value の考え方を応用したモデルと比較対照する (Layne-Farrar et al., 2007)．

　これらは興味深い提案ではあるが，仮にこれらの提案に従うとしても個々の事案において RAND ないし FRAND の水準を特定するにはなお困難が伴うようである．そこで，SSO は，事前の RAND ないし FRAND の義務付け以外の対処方法を模索するようになる．しかし，そこでは，これまで見てきたのとは別の反トラスト法上の問題が浮上してくる．

13.5　ライセンス条件の事前開示等への反トラスト法の適用

13.5.1　問題の所在

　RAND ないし FRAND 条件の具体化の限界に鑑みると，標準採択前に，標準に関する特許の保有者に実施料を含むライセンスの条件を提示させ，技術の特性だけでなくライセンスの条件をも考慮して標準を採択することができるようにすること，さらには，特許保有者と SSO メンバーとの間でライセンスの条件について集団交渉を行うといった対処方法が浮上してくる．しかし，そのような対処方法は，"標準の利用者＝技術の購入者" による購入独占 (monopsony) の問題，購入独占の行使の結果としての特定の技術ないし製品のボイコット（購入側の提示する価格条件に従わなければ購入しないとする場合)[21] の問題を生ぜしめる可能性がある[22]．

---

21)　なお，一般的に競争者を害するための略奪的手段として標準が用いられる場合に反トラスト法違反となりうることは，米国ではすでに確立されているが，その場合には，虚偽の事実の流布，賄賂，その他の不当な手段による標準制定過程の歪曲が示されなければならないとされている．American Society of Mechanical Engineers, Inc. v. Hydrolevel Corp., 456 U.S. 556 (1982); Allied Tube & Conduit Corp. v. Indian Head, Inc., 486 U.S. 492 (1988) 等を参照．標準設定作業の結果，標準から排除される技術が現れるのは避けられないが，各分野の専門家によって構成される標準化機関がその専門的知見に基づいて行った判断を，ただそのことだけを理由として独禁法違反とするならば，標準化の試みを著しく萎縮させる．したがって，標準化そのものの競争促進効果を認め，専門家の判断の是非に立ち入ることを極力避けながら，競争促進効果を上回る反競争効果についての実際に検証可能な指標を何に見出すかが，ここでは課題となる．

22)　この問題を概観するものとして，Skitol (2004–2005) を参照．

13.5.2 判決例と議論の現状

(a) 判決例

この問題に関する判決例から一定の方向性を見出すのは難しい．たとえば，Addamax Corp. v. Open Software Foundation, Inc., 888 F. Supp. 274 (D. Mass. 1995) では，汎用コンピューターに関する共通の OS を開発することを目的に設立された非営利法人が，当該 OS の構成部分のソフトを競争入札によって発注することとし，その際に専門家パネルが見積りを審査する仕組みを採用していた．本件原告は，セキュリティ・プログラムの競争入札に参加して採用されなかったので，シャーマン法 1 条に違反する買手間価格協定の存在等を主張して提訴した．判決は，本件事案を共同購入協定の問題と捉えたうえで，その効率性の可能性に照らして当然違法の原則の適用を拒否し，参加メンバーによる独自の購入決定は妨げられていない等の事実から当該プロジェクトに参加するメンバー企業が購入面で市場支配力を有していたとは考えにくいとした．しかし，いったん標準としてある技術が採択されると他の代替的技術の競争の機会が奪われる可能性も考慮する必要があるとして，原告の主張が反トラスト法違反の主張として成り立つことは認めた．

また，Sony Electronics, Inc. v. Soundview Technologies, Inc., 157 F. Supp. 2d 180 (D. Conn. 2001) では，暴力的・性的に露骨な表現が画面に映し出されることをブロックするための V-chip と呼ばれる装置（連邦通信委員会 (FCC) により 2001 年 1 月 1 日以降すべてのテレビに取り付けることが義務付けられた）について標準を作成した EIA が，当該標準に関わる特許について情報提供を呼びかけた．その際に，EIA は，関連特許を保有すると主張する原告の Soundview 社に対して，テレビセット 1 台当たり 5 セントでライセンスを受けることで EIA のメンバー間で合意がある旨告げたとされ，Soundview 社は，これが反トラスト法に違反する買手間価格協定に当たるとして，EIA メンバーによる特許無効確認訴訟に対して反訴を提起した．

反訴の被告側は，仮に本件行為が存在したとしても，それは，生産費用の低減を通じて消費者価格の低減をもたらし，FCC により求められた技術を組み込んだテレビセットの普及を促すといった主張を展開した．それに対して Soundview 社は，本件行為が新たな技術の革新および開発へのインセンティブを減ずるこ

とにより技術と技術革新との両方の市場に悪影響を及ぼしうるといった主張を展開した．判決は，本件でSoundview社が主張する共謀は，提示された実施料の水準を受け入れなければまったくライセンスを受けないという二者択一的な選択をSoundview社に迫るものであることから，実施料が通常の市場の作用によりもたらされる最適価格よりも低い水準に押し下げられ，長期的にみて，供給者の退出により社会厚生上望ましくない帰結がもたらされる可能性が拭いきれないとして，原告の主張は法的主張として成り立つと判示した．

いずれの判決も，SSOないしそのメンバーが実施料の水準について取り決めることを当然違法に当たる行為とは捉えていないが，合理の原則の下で，どのような要素がどの程度考慮される結果として，どのような取り決めが違反となるのかについて明瞭な指針を提供するものとは言いがたい．

(b) 立法上の措置，反トラスト当局の立場

2004年には標準開発組織促進法[23]が制定され，SSOの「標準開発活動」への反トラスト法の適用が問題となる場合に合理の原則が適用され，そこでいう「標準開発活動」にはSSOの知的財産政策に関する活動も含まれることが明記された（同法103条7項）．

反トラスト当局の動向としては，連邦司法省反トラスト局がこの問題に関わる2通のビジネスレビュー・レター（特定のビジネス・スキームに関する反トラスト法上の問題についての事前相談に対する回答）を公表していることが注目される．

(i) 2006年10月30日付のVITAからの相談に対するビジネスレビュー・レター（http://www.usdoj.gov/atr/public/busreview/219380.htm，最終訪問日2009年9月30日）

VITA (VME bus International Trade Association) は，特定のアプリケーション専用のコンピューター・システムの設計を可能とするVMEbus architectureに基づくreal-time modular embedded computing systemの開発者，販売者，利用者からなるSSO[24]で，ANSI (American National Standards Institute) によって認証を受けている．VSOは，その下部組織で，標準の開発に従事して

---

23) Standards Development Organization Advancement Act of 2004, Pub. L. No. 108–237, 118 Stat. 661.
24) 原文ではstandard development organization (SDD) と表記されているが，ここでは，本章の用語法で統一することにした．

いた．VITA は当時，すでに 32 の標準を確定し，36 の標準の開発に従事していた．

VSO は，産業界が（知的財産権によって実施を妨げられないという意味で）オープンな VME architecture を実施できることを確保することにより，その標準の成功を促そうとしている．VSO は，オープンな VME architecture を実現するために，特許保有者が RAND 条件でのライセンスを約束した場合にのみそのような技術の標準への組み込みを認める方針であった．しかし，VITA の標準に対して特許権が主張される事例が現れ，RAND 条件だけでは標準がオープンであることを保つには不十分だと結論した．そこで，新たに次のような特許政策を提案した．

- 作業部会の各メンバーは，当該作業部会が開発しようとしている VSO の標準仕様に不可欠と自らが考えるもので，自らが代表する企業により所有され，支配され，あるいはライセンスされている特許について「誠実かつ合理的な調査 (good faith and reasonable inquiry)」を行い，そのようなすべての特許または特許出願を開示することを求められる．

- 作業部会の各メンバーは，自らが代表する企業をして，あらかじめ定義された FRAND 条件で不可欠特許クレームをライセンスすることを約束させなければならないが，それは，当該企業が当該特許クレームについて要求する最大限度の実施料率（ドルで表される絶対値か販売価格に対する比率かのいずれかで表現されるもの）ならびに実施料以外の最も制限的なライセンス条件を明示することによって行う．

- 新たな仕様を提案する VITA メンバーは，当該仕様の起案のために作業部会が設置される前に特許宣言（不可欠特許の存在・属性ならびにライセンスの条件を含む．以下，単に「宣言」と略称する）を行わなければならない．すべての作業部会メンバーは，作業部会設置後 60 日以内および仕様の起草案公表後 15 日以内に宣言を行わなければならない．上記に加えて，作業部会の各メンバーは，それまで非開示であった不可欠特許を，作業部会における，すべての顔を突き合わせる会合において開示することを求められ，当該開示後 30 日以内に宣言がなされなければならない．

- 上記の宣言が，最大限度の実施料率は明示したが，実施料以外の条件を含んでいない場合，当該企業はグラントバック，互恵的ライセンス，非係争条項

等の賦課について特定の制限を受け入れなければならない．上記のタイミングに従った，既知の不可欠特許の開示を怠る場合，"および/または"，最も制限的なライセンス条件の宣言を怠る場合，実施料なしで，かつ，実施料以外の条件の賦課について制限を伴うライセンスをすべての利害関係当事者に付与しなければならない．

● 義務の非遵守の主張についての仲裁手続（省略）

この提案について反トラスト局は，SSO における標準設定が予期せぬ特許によるホールドアップと高額の実施料請求の危険にさらされうることを一般的に確認した後，VITA の新提案は，標準設定過程で存在する代替技術間の競争のメリットを維持することによって，前記のような危険の回避に資すると評価した．VITA は，従来，技術的メリットのみに基づいて技術間の選択を行っていたが，今回の提案は，VSO の作業部会メンバーが，代替的技術をその技術的メリットとライセンス条件との両方に基づいて評価することを強要し，各特許保有者に対して，その特許技術が選択される機会を増加させるような宣言の提出により競争するインセンティブを作り出すであろうとされた．他方，この提案は，すべての VSO および作業部会の会合においてメンバー間または第三者とのライセンス条件に関する共同の交渉ないし討議を禁じているので，共同行為により特許技術についてのライセンスの対価を押し下げることをライセンシーに許容するものとはならない．さらに，作業部会メンバーがライセンス条件を設定するわけではなく，特許保有者は各ライセンシーと個別に交渉し，その際に，予めなされた宣言に服するだけであるので，新提案には反トラスト法上の問題はないとした．なお，VSO および作業部会の会合においてメンバー間または第三者とのライセンス条件に関する共同の交渉ないし討議が行われる場合でも，それは競争促進的でありうるので，反トラスト局は合理の原則の下で分析するだろうとされている[25]．

(ii) 2007 年 4 月 30 日付けの IEEE および IEEE-SA からの相談に対するビジネスレビュー・レター（http://www.usdoj.gov/atr/public/busreview/222978.htm，最終訪問日 2009 年 9 月 30 日）

前掲の IEEE は，航空システム，コンピューター，電気通信，バイオメディ

---

[25] このことは，本レターの脚注 27 で指摘されている．

カル工学，電力，家電製品といった広範囲に及ぶ技術分野のメンバーからなる非営利の専門職団体で，その標準協会 (IEEE-SA) を通じて標準作成に携わってきた．IEEE-SA もまた，標準の普及を促すために，標準の利用に不可欠な特許を保有する者に対して RAND 条件でのライセンスを求める特許政策を採用していたが，その曖昧さが標準の普及を妨げる訴訟を招きかねないことや，明確なライセンス条件が提示されないために，標準設定を実質的に議論する作業部会において費用と便益との比較に基づく技術の選択が妨げられるという問題があるため，新たな特許政策を策定することとした．

(i) で取り上げた VITA の提案と異なるところは，標準の利用に不可欠な特許を保有する者に 5 つの選択肢を認める点である．第 1 は，ライセンスに関する情報を提供しないという選択肢である．第 2 は，標準の利用に不可欠な特許を保有していない等，そのような特許についてライセンスを付与する権限を持たない旨の確約書を IEEE-SA に提出することである．第 3 は，標準の利用に不可欠な特許を，標準を利用するいかなる者にも行使しない旨の確約書を IEEE-SA に提出することである．第 4 は，標準の利用に不可欠な特許を無償または RAND 条件でライセンスする用意がある旨の確約書を IEEE-SA に提出することである．第 5 は，実施料額ないし料率の上限を含む，標準の利用に不可欠な特許のライセンス条件の詳細を提示することである．なお，確約書が提出された場合には，作業部会のメンバーはそのすべてにアクセスできるが，作業部会メンバーは，標準設定のための会合において特定のライセンス条件について話し合うことはないとされていた．

この提案についても反トラスト局は，VITA に対するビジネスレビュー・レターにおける見解をほぼそのまま引用して，反トラスト法上の問題はないと回答した．ここでも，SSO のメンバー間または第三者とのライセンス条件に関する共同の交渉ないし討議が行われる場合については，合理の原則が適用されると述べるにとどまっている．

(iii) U.S. Department of Justice and the Federal Trade Commission, Antitrust Enforcement and Intellectual Property Rights: Promoting Innovation and Competition, Chapter 2 (April 2007).

これは，連邦司法省反トラスト局と FTC が反トラスト法と知的財産法との接点に関わる諸問題（知的財産法の解釈運用も含む）について識者からヒアリ

ング調査を行った結果をまとめた文書であるが，その第 2 章が標準設定に関わる諸問題を検討している[26]．そこでは，ホールドアップを背景とする高額の実施料請求を回避するための事前のライセンス交渉に関わる反トラスト法上の懸念について次の 3 つの政策上の結論が得られたとしている．

第 1 に，知的財産権保有者によるライセンス条件の自発的で一方的な開示は，シャーマン法 1 条の下での審査に服しないし，SSO への技術の「販売」前の価格の一方的宣言は，それのみでは排他的ではありえず，したがってシャーマン法 2 条に違反しない．第 2 に，個々の SSO メンバーと個々の知的財産保有者との間の SSO の管理外でのライセンス条件の 2 当事者間での交渉も，それのみでは反トラスト法上の審査を要しないであろう．第 3 に，ホールドアップの危険を緩和するために，標準にどの技術を含めるべきかを決定する前に行われる SSO の共同の活動については，当然違法とすることは正当化されず，合理の原則が適用される．

13.5.3　現状の評価

2 通のビジネスレビュー・レターで示された方策は，現時点において，反トラスト法上の懸念を引き起こさずに，RAND ないし FRAND 条件の曖昧さに起因する懸念を払拭するために取りうる最大限の方策といえるだろう．ただ，それでもホールドアップとその脅威を背景とする高額の実施料請求は完全には防げないだろう．そこで，標準の利用に不可欠な特許の保有者と SSO メンバーとの共同の実施料交渉の可能性が次に俎上に上ることになる．

この点，標準設定前に，標準として採用されそうな技術とそれに関連する特許がある程度特定されるような状況下で，できる限り実施料水準を引下げるために SSO メンバーが共同歩調を取るとすれば，特許本来の価値を不当に下回る実施料しか特許保有者に保障されないのではないかという懸念が，反トラスト当局のなかでも完全には払拭し切れていないようである[27]．このような懸念にどの程度現実的根拠があるのか現時点で筆者には判断がつかないが，それが実施料の集団交渉に歯止めをかけているのは確かである．この局面において反ト

---

26)　なお，これ以外にも，Antitrust Modernization Commission Report and Recommendation, at 121 (Apr. 2007) がこの問題に言及している．

27)　2007 年当時の連邦司法省反トラスト局局長補であった Masoudi 氏の一連の講演，とりわけ，2007 年 5 月 10 日のマサチューセッツ州ボストンでの米国知的財産法協会での講演を参照．

ラスト法は，13.4 節で検討したのとは逆の方向で，すなわち，知的財産の保護を拡大する方向で，知的財産における保護と利用との均衡の再定義に影響を及ぼしているとみることもできる．

13.6 モバイル産業における問題の解決

モバイル産業における標準化と知的財産権との相克の解決は，SSO による特許政策に加えて，特許保有者による共同のライセンス管理を伴う点に特徴がある．

モバイル産業では，国際電気通信連合 (ITU) が第 3 世代の標準規格として IMT-2000 方式を策定した．ITU を含む世界の SSO がこの方式について採用している特許政策は，標準の利用に不可欠な特許の保有者に対してあらかじめライセンスに関する方針を提示することを求めているが，実施料を課す場合は RAND 条件を求めるにとどまっている．

IMT-2000 方式に従う 5 つの規格のうち W-CDMA 方式を採用する事業者は，独自に Platform WCDMA Ltd. を設立し，W-CDMA 方式の利用に不可欠の特許について実施料を含むライセンスの条件をそこで決定し，ライセンスを望む事業者との交渉を含むライセンスの管理を 3G Licensing Ltd. に委託する方式を取った．3G Licensing Ltd. は，ライセンサーとライセンシーとの間の，いわば仲介役であり，契約の当事者はあくまでも個々のライセンサーとライセンシーである（図 13.1 を参照）．特許をサブライセンスする権利を特定の組織に与える特許プール方式にしなかったのは，既存のライセンス契約（クロスライセンスを含む）との対象特許の重複に伴う実施料清算の手間が省けるからであるとされる．

Platform WCDMA Ltd. 発足当初は，ライセンシーが個々のライセンサーと個別に締結する「標準ライセンス契約 (Standard License Agreement: SLA)」方式のみがとられていたが，2004 年 10 月以降，1 人のライセンシーが複数のライセンサーから一括してライセンスを受けることができる「ジョイントライセンス契約 (Joint License Agreement: JLA)」方式が導入され，今日に至っている．具体的な実施料の定め方としては，各製品カテゴリーについて特許 1 件当たりの標準実施料率を定めるほか，多数の特許についてライセンスが必要と

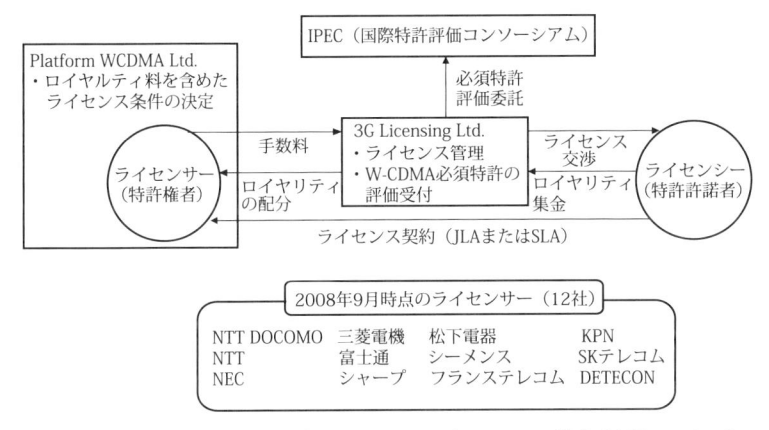

図 13.1 PlatformWCDMA による特許ライセンスプログラムの構成（中村・クリストファー，2008）

なり累積の実施料総額が高騰することを防ぐために最大累積実施料率を別に定め，それに応じて標準実施料率が縮減される仕組みとなっている[28]．

これは，多数の補完的関係にある特許の存在に起因する問題の解決を図るとともに，標準化と知的財産権との相克の問題に対する特許権者側からの対応という側面を併せ持つものと評価できる．Platform WCDMA Ltd. は，競争法上は，SSO による特許政策の策定とは逆に，ライセンサー間，すなわち技術の売り手間のカルテルとしての側面が問題となる．しかし，米国のビジネスレビュー・レター[29]や日本の公正取引委員会の事前相談[30]にもあるように，参加および離脱の自由や別ルートを通じたライセンス契約締結の自由が保障されていることのほか，ライセンスの対象となる特許は標準実施に不可欠な特許に限られ，特許の不可欠性は，ライセンサーの利害から中立的な国際特許評価コンソーシア

---

28) 以上につき，木島・武田 (2003)，中村・クリストファー (2008) を参照．
29) 2002 年 11 月 12 日付の 3G Patent Platform Partnership からの相談に対するビジネスレビュー・レター (http://www.justice.gov/atr/public/busreview/200455.htm，最終訪問日 2009 年 9 月 30 日) 参照．なお，米国では，後述の公正取引委員会の事前相談回答とは異なり，IMT-2000 方式に従う 5 つの規格のすべてを包含するライセンス管理の提案は容認されなかったことに注意する必要がある．システム間競争の余地を残しておくという判断である．この判断の功罪についても詳細に検討する必要があるが，今後の課題としたい．いずれにせよ，筆者の知る限り，独自のライセンス管理の仕組みを有しているのは，現時点では，W-CDMA 方式を採用するグループのみのようである．
30) 公正取引委員会事務総局「事業者の活動に関する相談事例集」(2001) 事例 13（2000 年 12 月 14 日付けで概要が公表されたもの）参照．

ムによって判断されるので，結論的にいえば，競争法上の問題は小さいと思われる．

もっとも，Platform WCDMA Ltd. への参加企業は，いずれもモバイル産業に関わる商品・役務の提供を自ら行う企業で，これらの企業の間には，互いにライセンサーであると同時にライセンシーでもあるという関係が成り立っており，だからこそ，Platform WCDMA Ltd. の設立が可能となったと推察される．本章のこれまでの分析に照らせば，自らは商品・役務の供給を行わず，研究開発に専念する事業者をいかに取り込むか，また，その際に，競争法がどのような役割を果たせるかについて，なお検討の余地があるのではないかと思われる．この点も含め，詳細な分析は今後の課題とせざるをえない．

13.7　むすびにかえて

標準化と知的財産権との相克をいかに解決するかは，それに関わる事業分野における競争のあり方を根底から規定するものであり，モバイル産業もまた例外ではない．この問題は，知的財産法における保護と利用との均衡の再定義を不可避とするが，競争法は，民間の事業者，エンジニア，諸団体が自発的に形成する私的秩序への規律を通じて，間接的に，知的財産法における保護と利用との均衡に影響を及ぼしてきた．モバイル産業における問題解決のスキームにおいても同様である．しかし，本章では，他の事業分野における問題解決のスキームにはない，モバイル産業における特徴を詳細に分析することはできなかった．今後の課題としたい．

参考文献

[1] Antitrust Modernization Commission Report and Recommendation (Apr. 2007)
[2] Besen, S. M. and R. J. Levinson (2009) Standards, Intellectual Property Disclosure, and Patent Royalties After Rambus, *North Carolina Journal of Law and Technology*, **10**(2): 233–282

[3] Burk, D. L. and M. A. Lemley (2003), Policy Levers in Patent Law, *Virginia Law Review*, **89**(7): 1575–1696

[4] Carrier, M. A. (2004) Cabining Intellectual Property Through a Property Paradigm, *Duke Law Journal*, **54**(1): 1–129

[5] Cotter, T. F. (2006) The Procompetitive Interest in Intellectual Property Law, *William and Mary Law Review*, **48**(2): 483

[6] Cotter, T. F. (2009) Patent Holdup, Patent Remedies, and Antitrust Responses, *Journal of Corporation Law*, **34**(4): 1151

[7] Farrel, J. and J. Hayes (2007) Carl Shapiro and Theresa Sullivan, Standard Setting, Patents, and Holdup, *Antitrust Law Journal*, **74**(3): 603–670

[8] Geradin, D. et al. (2008) The Complements Problem within Standard Setting: Assessing the Evidence of Royalty Stacking, *Boston University Journal of Science & Technology Law*, **14**(2): 144–176

[9] Ghosh, S. (2008) Decoding and Recoding Natural Monopoly, Deregulation, and Intellectual Property, *University of Illinois Law Review*, 2008(4): 1125–1184

[10] Golden, J. M. (2006–2007) Commentary "Patent Trolls" and Patent Remedies, *Texas Law Review*, **85**(7): 2111–2161

[11] Heller, M. A. and R. S. Eisenberg (1998) Can Patents Deter Innovation? The Anticommons in Biomedical Research, *Science*, **280**(5364): 698–701

[12] Hovenkamp, H. (2007) Standards Ownership and Competition Policy, *Boston College Law Review*, **48**(1): 87–109

[13] Hovenkamp, H. (2009) Patents, Property, and Competition Policy, *Journal of Corporation Law*, **34**(4): 1243–1258

[14] 和泉　章 (2009)『標準（スタンダード）のすべて』経済産業調査会

[15] 加藤　恒 (2006)『パテントプール概説』発明協会

[16] 木島　誠・武田壮司 (2003)「3Gパテントプラットフォームの現状」NTT DOCOMO テクニカル・ジャーナル, **11**(1), 95頁以下

[17] 木島　誠・武田壮司 (2003)「標準化活動における知的財産権の取扱いについて」NTT DOCOMO テクニカル・ジャーナル, **11**(2): 293頁以下

[18] Layne-Farrar, A., A. J. Padilla and R. Schmalensee (2007) Pricing Patents for Licensing in Standard-setting Organizations: Making Sense of FRAND Commitments, *Antitrust Law Journal*, **74**(3): 671–706

[19] Lemley, M. A. (2002) Intellectual Property Rights and Standard-Setting Organizations, *California Law Review*, **90**(6): 1889–1980

[20] Lemley, M. A. (2004) Ex Ante versus Ex Post Justifications for Intellectual Property, *University of Chicago Law Review*, **71**(1): 129–149

[21] Lemley, M. A. (2005) Property, Intellectual Property, and Free Riding, *Texas Law*

Review, **83**(4): 1031–1075

[22] Lemley, M. A. and C. Shapiro (2006–2007a) Patent Holdup and Royalty Stacking, *Texas Law Review*, **85**(7): 1991–2049

[23] Lemley, M. A. and C. Shapiro (2006–2007b) Reply Patent Holdup and Royalty Stacking, *Texas Law Review*, **85**(7): 2163–2173

[24] Lemley, M. A. (2007) Ten Things to Do about Patent Holdup of Standards (and One *Not* to), *Boston College Law Review*, **48**(1): 149–168

[25] Masoudi G. F. (2007a) Efficiency in Analysis of Antitrust, Standard Setting, and Intellectual Property, address at the High-Level Workshop on Standardization, IP Licensing, and Antitrust, Tilburg Law & Economic Center, Tilburg University, Chateau du Lac, Brussels, Belgium, January 18, 2007 (http://www.usdoj.gov/atr/public/speeches/220972.htm, 最終訪問日 2009 年 9 月 30 日)

[26] Masoudi G. F. (2007b) Antitrust Enforcement and Standard Setting: The VITA and IEEE Letters and the "IP2" Report, address at the Spring Meeting of the American Intellectual Property Law Association Boston, Massachusetts, May 10, 2007 (http://www.usdoj.gov/atr/public/speeches/223363.htm, 最終訪問日 2009 年 9 月 30 日)

[27] Masoudi G. F. (2007c) Objective Standards and the Antitrust Analysis of SDO and Patent Pool Conduct, address at the Annual Comprehensive Conference on Standards Bodies and Patent Pools Law Seminars International Arlington, Virginia, October 11, 2007 (http://www.usdoj.gov/atr/public/speeches/227137.htm, 最終訪問日 2009 年 9 月 30 日)

[28] Merges, R. P. (1996) Contracting into Liability Rules: Intellectual Property Rights and Collective Rights Organizations, *California Law Review*, **84**(5): 1293–1393

[29] Merges, R. P. and J. M. Kuhn (2009) An Estoppel Doctrine for Patented Standards, *California Law Review*, **97**(1): 1–50

[30] Miller, J. S. (2007) Standard Setting, Patents, and Access Lock-in: RAND Licensing and the Theory of the Firm, *Indiana Law Review*, **40**(2): 351–396

[31] 中村　修・カー・クリストファー (2008)「PlatformWCDMA の現状とジョイント特許ライセンス」NTT DOCOMO テクニカル・ジャーナル **16**(3): 59 頁以下

[32] Shapiro, C. (2001) Navigating the Patent Thicket: Cross Licenses, Patent Pools, and Standard Setting, in Jaff, A., J. Lerner and S. Stern (eds.), *Innovation Policy and the Economy*, Vol.1, pp.119–150, MIT Press

[33] Sidak, J. G. (2007–2008) Holdup, Royalty Stacking, and the Presumption of Injunctive Relief for Patent Infringement: A Reply to Lemley and Shapiro, *Minnesota Law Review*, **92**(3): 714–748

[34] Skitol, R. E. (2004–2005) Concerted Buying Power: Its Potential for Addressing the Patent Holdup Problem in Standard Setting, *Antitrust Law Journal*, **72**(2): 727–753

[35] Swanson D. G. and W. J. Baumol (2005–2006) Reasonable and Nondiscriminatory (RAND) Royalties, Standards Selection, and Control of Market Power, *Antitrust Law Journal*, **73**(1): 1–58

[36] Tang, Y. H. (2006–2007) The Future of Patent Enforcement After e-Bay v. MercExchange, *Harvard Journal of Law & Technology*, **20**(1): 235

[37] Teece, D. J. and E. F. Sherry (2002–2003) Standards Setting and Antitrust, *Minnesota Law. Review*, **87**(6): 1913–1994

[38] U.S. Department of Justice and the Federal Trade Commission (2007) Antitrust Enforcement and Intellectual Property Rights: Promoting Innovation and Competition (April 2007).

索引

[あ行]

あからさまな共同ボイコット　172
アクセス告示　178
アクセスチャージ　51
アップル　45, 105, 114, 210
アナログ変調　201
アプリケーション開発ツール　209
アプリケーションストア　4, 10, 19–22, 75, 214
アプリケーションの自由化　73
アプリケーション流通プラットフォーム　75
アマゾン・ドットコム　78
アンチコモンズ（反共有地）の悲劇　220
アンバンドル　146
暗黙のライセンス法理　224

位置情報提供機能　138
一般サイト　81
イノベーション市場　64
イー・モバイル　11
インセンティブ　126

エッセンシャルファシリティ　→　EF
　　──理論　→　EF 理論
エンド　86, 102

欧州委員会　26, 27
オークション　26
オフコム　31
オープンアクセス　97, 151
　　──ルール　75, 76
オープン化　46, 56, 124
　　──の定義　73
オープン型モバイルビジネス環境　81, 82
オープン型　106
オープン標準　221
オープンプラットフォーム　29, 97

オレンジ　15, 16
卸売アクセス　146

[か行]

外部性　108
開放性　85
価格戦略　113, 115
拡散変調　202
囲い込み　93, 95
過剰慣性　109
過剰転移　109
合併規制　53
仮定的独占者基準　66, 160
家庭用ゲーム機器　107, 114, 129
家庭用ビデオ　→　VTR
加盟国　177
ガラパゴス化　132
川下市場　183, 188
関係特殊的投資　125
間接的ネットワーク効果　107

機会主義的な行動　125
機会費用　119
企業内取引　124
企業の境界　124
技術革新　194
規制当局　190
規模の経済　188
欺瞞的行為　227
逆拡散　202
供給可能性　171
供給義務　184, 185, 189
供給拒絶　166, 175, 183
競争回避　64
競争基盤　151
競争政策　50, 123
競争の実質的制限　187
競争排除　64

競争法　166
　　——82条　174
競争ポータル　81
競争ルール　62
共同事業　192
共同の取引拒絶　172
共同ボイコット　168, 172, 193

グーグル　45, 105, 107, 113
クラウドサービス　48
クールノー効果　220

継続出願制度　219
検索エンジン　114

小売アクセス　146
公式サイト　80
公正競争阻害性　187
購入独占　231
衡平法上のエストッペル　223
効率性　184
合理の原則　233, 235–237
互換性標準　150
国際競争力　82
国際電気通信連合　238
国際特許評価コンソーシアム　240
コースの定理　112
国家的援助　177
コーディネーション　108
混合合併　154
コンテンツ配信　55, 59

[さ行]

詐欺　225
搾取的濫用　67, 68
サードパーティ　19
サードパーティ開発者　21, 22
差別的な取引拒絶　174
参入障壁　25, 28, 157

シカゴ学派　154
事業構造　113, 123
事業提携　192
事業法　190
事後規制　63

市場画定　57, 58, 65, 66, 159
市場支配力　53, 58, 63–68, 111
　　——行使　155
市場取引　124
市場の定義　123
次世代通信網　47, 50, 57
事前規制　63, 194
事前相談　239
自然独占性　52
私的秩序　220
私的独占　189
支配的地位　176
　　——の濫用　174, 182
司法省　171
シャーマン法　167
　　——1条　232, 237
　　——2条　169, 226, 230, 237
自由競争減殺　65
周波数　24–26, 28, 101
　　——オークション　86
出願公開制度　219
需要創出　37, 59
需要の価格弾力性　117
ジョイントライセンス契約　238
消費者厚生　65
情報通信サービス　92
情報の効率性　126
知らされる権利　88
新規参入　186
シンビアン　212
　　——・ファウンデーション　213

垂直的統合　124, 152
垂直統合　79, 186
垂直統合型　40, 42, 47
　　——ビジネスモデル　2, 105, 123, 131
　　——モデル　76
水平分業型　45, 55, 58
　　——ビジネスモデル　3
水平分業（協働）モデル　77
スプリント・ネクステル　14
スマートフォン　209–211, 215
　　——OS　211, 214

正当化理由　179, 182, 190

接続料　25, 53
セーフハーバー基準　53
潜在的需要　181
潜在的な新商品・サービスの登場　182

相互運用　192, 193
相互接続　25, 26, 28, 30, 191
　　──アクセス　146
ソニー　109, 129
ソフトバンク　11

[た行]

第3のパイプ　96, 97
代替的手段　180
第二種指定電気通信設備　191
　　──制度　36, 51, 56
抱合せ　→　バンドル
多面性　111
多面的市場　111, 139, 148, 151, 159, 160
多面的プラットフォーム　110
単独の取引拒絶　168, 174
端末の自由化　73
端末プラットフォーム　74
端末補助　26
端末API　150

知的財産権　181, 217–219
　　──管理(DRM)機能　138
知的財産法　218
着うた事件　194
着信ボトルネック　54
直接的ネットワーク効果　106

通信プラットフォーム　55, 57
　　──研究会　84

適用除外　190
デジタル変調　202
デバイスMVNO　78
デファクトスタンダード(事実上の標準)　109
電気通信サービス　92
電気通信事業法　51, 191
電波の有限希少性　51

投資インセンティブ　95, 171, 174, 185, 194
当然違法の原則　172, 232
投入物閉鎖　95
投入要素　183
独占意図　172
独占化行為　169
独占企業　117
独占の梯子　→　レバレッジ
独占利潤拡張不能理論　154
独占力　226
特許の藪　220
特許プール　220, 221
特許濫用法理　224
独禁法　54, 165, 187, 192
ドミナント規制　36, 51
取引義務　193
取引拒絶　166, 172, 185, 189
取引費用　112, 124

[な行]

ナンバーポータビリティ　40, 86

二重限界化　153
日本型携帯エコシステム　79, 80, 82
認証・課金　55
　　──機能　138, 191
　　──プラットフォーム　192
任天堂　129

ネットワーク効果　39, 41, 106, 139, 188
ネットワーク中立性　32, 85, 145, 147, 155, 159

ノキア　212

[は行]

排除型私的独占　187
排他的行為　226, 227, 229
ハイブリッド型ビジネスモデル　45, 49, 55
ハーシュマン・ハーフィンダール指数　53
パソコンインターネット　84, 94, 122
ハチソン3G　15
パテントプール　155
反競争的効果　165

反トラスト法　166, 225
バンドル　152–155
販売奨励金　40, 49, 80
汎用 OS　210

非差別義務　101, 102
非差別的　178
ビジネスレビュー・レター　233, 239
非対称規制　50, 54
標準化　219
標準開発組織促進法　233
標準設定機関　217
標準ライセンス契約　238
ビル・ゲイツ　126

ブイグ・テレコム　16
フェムトセル　206
不可欠性　171, 178, 180
不完備契約　125
複製可能　183
　——性　171
不公正な競争方法　228
不公正な取引　165
不公正又は欺瞞的な行為又は慣行　228
不当廉売　160, 161
プラットフォーム　3, 29, 31, 44, 110, 137, 145–150, 153, 154, 157, 158, 165, 209, 211
　——安定　153
　——機能　145, 149, 153
　——レイヤー　145, 146, 149, 153
ブロードバンド化　149
プロパテント政策　218, 224
分割出願制度　219

平衡原則　230
ベライゾン・ワイヤレス　14

方式別加入者比率　199
補完性　107
ボーダフォン　11, 15
ボーダフォン D2　16
ポータル機能　138, 191
ボトルネック　62, 69, 166, 171
ホールドアップ　42, 55, 219–221, 223

——問題　121, 125, 127

[ま行]
マイクロソフト　114, 126, 147, 211
マークアップ　117
メディア　107, 114
モバイル WiMAX　205
モバイルアプリケーション　19
モバイルインターネット　1, 10, 114
モバイル産業　114
　——の価格付け　121
モバイルビジネス活性化プラン　81
モバイルビジネス研究会　84

[ら行]
ライセンス料金　213
ライバル費用引き上げ戦略　173

料金規制　26

レイヤー型市場構造　86
レイヤーごと規制　29
レバレッジ　42, 48, 57, 94, 173
レベニューシェア　19
連邦通信委員会　75, 170

ロイヤルティ　116
ロックイン　228
ローミング　54

[欧文]
Amelio　120
AMPS 方式　201
Android　2, 74, 77, 99, 113, 213
　——Market　77
App Store　19, 21, 75, 76
Armstrong　120
it Aspen 事件　170
Associated Press 事件　167
AT&T　14
Atari　129

Basic Network Neutrality ルール　87, 94

索引　249

B&I 事件　176
Black Berry　210
Bluetooth　89

CDMA　202
cdma2000 1x EV-DO　204
cdma2000 方式　203
Coalition for 4G in America　97
Coase　124
　　――Theorem　112
Commercial Solvents 事件　175
Critical Mass　148

DAMPS 方式　203
deceptive act and practice　227
Dell 事件　225
Disclosure ルール　87, 88

eBay 事件連邦最高裁判決　224
EDGE　203
EF　64, 166
　　――理論　156–158, 167, 169, 171, 176, 178, 182
efficient component-pricing rule (ECPR)　230
ESN　90
essential　178
Evans　114, 123
EZweb　9, 11
E プラス　16

Farrell　109
FCC　28, 32, 75, 170
FDMA　201
FRAND 条件　222
fraud　225
FTC 法 5 条　227, 228, 230

Gaillaud　119
GPRS　203
GSM 方式　203

Hagiu　112, 121
HSDPA　204
HSPA　204

HSUPA　204

IBM　126, 147
IMS Health 事件　180
IMT　207
IMT-2000　207
IMT-2000 方式　238
IMT-Advanced　207
indispensable　180
Interchange Fee　161
IP　56
　　――化　145, 149
iPhone　2, 22, 74, 76, 113, 210
iPhone, Android, Kindle のビジネスモデル　79
iPhone 3G　10
ITU　238
ITU-R　199
i モード　1, 9, 11, 80, 105, 106, 115, 130

Joint License Agreement (JLA)　238
Jullien　119, 120

Katz　109
Kindle　78

LiMo ファウンデーション　75
LTE　47, 204, 214

MacOS　114
Magill 事件　181
MCI 事件　169
MEID　90
MIMO　204
MNO　17, 25, 31, 53
MOAP(S)　213
Mobile Market　20
monopsony　231
MVNO (Movile Virtual Network Operator)　17, 25, 27, 30, 46, 49, 54, 78, 97, 142

NAP 条項事件　153
NGN　47
NMT 方式　201

No Retail ルール　98
NTT ドコモ　11, 105
NTT 方式　201

O2　15, 17
OFDMA　204
OHA　77
Open Access Rules　75
Open Applications ルール　97
Open Devices ルール　97
Open Networks ルール　97
Open Services ルール　97
OS　107, 114, 209, 211
Oscar Bronner 事件　179
Otter Tail 事件　168
Ovi　21

party principle　230
patent thicket　220
PDC-P　203
PDC 方式　10, 203
Platform WCDMA Ltd.　238–240
PlayStation　109
private order　220

QoS(Quality of Service)　96, 138

RAN　208
RAND 条件　222
RAND ないし FRAND 条件　230
RIM(Research In Motion)　210
Roche　116
Rochet　111
Rodby 事件　177
RRC　173
Rysman　111

S60　213
Sabena 事件　175
Saloner　109
SDK (Software Development Kit)　19
Sea Containers 事件　176
SFR　16

Shapiro　109
Shapley Value　231
SIM ロック　26, 30, 87, 90
Standardize Application Platforms ルール　87, 98
Standard License Agreement (SLA)　238
Standard-Setting Organization (SSO)　217
Symbian　211
Symbian OS　74

TACS 方式　201
TDMA　202
TD-SCDMA 方式　203
Terminal Railroad 事件　167
Tirole　111, 116
Trinko 事件　170
T モバイル　16
T モバイル UK　15
T モバイル USA　14

UMTS 方式　203
unfair method of competition　228
unfair practice or act　228
Union Oil Company of California 事件　225

Vizzari　130
VTR　42, 109

W-CDMA　10
W-CDMA 方式　203, 238
Wi-Fi 接続機能　91
Windows　114, 116
Wireless Carterfone ルール　87

1966 年通信法　170
3DO　43
3G Licensing Ltd.　238
700 MHz オークション　32, 96
82 条適用指針　182

執筆者紹介

編者

川濵　昇	京都大学大学院法学研究科教授	第4章，第9章
大橋　弘	東京大学大学院経済学研究科准教授	第3章
玉田康成	慶應義塾大学経済学部准教授	第7章

執筆者（五十音順）

河谷清文	中央大学法学部・大学院法務研究科准教授	第10章
小向太郎	情報通信総合研究所主席研究員	序章
左貝裕希子	情報通信総合研究所研究員	序章
三本松憲生	情報通信総合研究所副主任研究員	第1章
武田まゆみ	情報通信総合研究所研究員	第5章
武田邦宣	大阪大学大学院高等司法研究科准教授	第6章
中村邦明	情報通信総合研究所副主任研究員	第1章
八田恵子	情報通信総合研究所主任研究員	第2章
宮井雅明	立命館大学法学部教授	第13章
宮下洋子	情報通信総合研究所研究員	第12章
山崎将太	情報通信総合研究所研究員	第8章
山本耕司	情報通信総合研究所主任研究員	第11章

編者略歴

川濱　昇（かわはま・のぼる）
京都大学大学院法学研究科教授
1981 年　京都大学法学部卒業
1986 年　京都大学大学院法学研究科博士課程退学
1995 年より現職
著書：『ベーシック経済法──独占禁止法入門』（有斐閣，2006，共著）他

大橋　弘（おおはし・ひろし）
東京大学大学院経済学研究科准教授（経済学 PhD）
1993 年　東京大学経済学部経済学科卒業
2000 年　ブリティッシュ・コロンビア大学（カナダ）商学部
　　　　　助教授
2003 年より現職

玉田康成（たまだ・やすなり）
慶應義塾大学経済学部准教授（経済学 PhD）
1992 年　慶應義塾大学経済学部卒業
1997 年　慶應義塾大学経済学部専任講師
2002 年より現職
著書：『現代ミクロ経済学 中級コース』（有斐閣，2006）他

　　　モバイル産業論　その発展と競争政策
　　　　　2010 年 3 月 23 日　初　版

[検印廃止]

編　者　　川濱　昇・大橋　弘・玉田康成
発行所　　財団法人　東京大学出版会
　　　　　代表者　　長谷川寿一
　　　　　〒113-8654 東京都文京区本郷 7-3-1 東大構内
　　　　　電話 03-3811-8814　Fax 03-3812-6958
　　　　　振替 00160-6-59964
印刷所　　三美印刷株式会社
製本所　　有限会社永澤製本所

ⓒ2010 Noboru Kawahama et al.
ISBN978-4-13-040249-1　　Printed in Japan
Ⓡ〈日本複写権センター委託出版〉
本書の全部または一部を無断で複写複製（コピー）することは，著作権法上での例外を除き，禁じられています．本書からの複写を希望される場合は，日本複写権センター (03-3401-2382) にご連絡ください．

独占禁止法の経済学	岡田羊祐 他編	A5判/4500円
コンテンツ産業論	出口 弘 他編	A5判/4400円
イノベーション実践論	丹羽 清	A5判/2600円
ユビキタスでつくる情報社会基盤	坂村 健編	A5判/2800円
記憶のゆくたて	武邑光裕	四六判/3800円
専門知と公共性	藤垣裕子	四六判/3400円
情報メディア法	林紘一郎	A5判/5800円
日本の競争政策	後藤 晃 他編	A5判/4400円
規制と競争の経済学	清野一治	A5判/4800円
日本IC産業の発展史	金 容度	A5判/5000円

ここに表示された価格は本体価格です.ご購入の際には消費税が加算されますのでご了承ください.